新工科建设·电子信息类系列教材

数字图像处理

（MATLAB 版）

马昌凤　闫同新　谢亚君　柯艺芬　编著

電子工業出版社
Publishing House of Electronics Industry
北京·BEIJING

内 容 简 介

“数字图像处理”是一门理论方法和编程实践紧密结合的课程，具有很强的实用性. 越来越多的领域(如人工智能、互联网技术、智能交通、视频监控、安全检测、自动驾驶、军事和医疗等)需要数字图像处理技术. 本书较为系统地介绍了数字图像处理的基本理论、方法及其主要算法的 MATLAB 实现. 全书共 7 章，内容包括图像概论、图像工具箱、图像灰度变换、图像增强、图像复原、图像分割以及彩色图像处理. 本书内容新颖，取材精当，既注意保持理论分析的严谨性，又注重计算方法的实用性，强调图像处理算法在计算机上的程序实现.

本书的建议课时为 60 课时 (其中含上机实验 12 课时)，可作为高等学校计算机科学与技术、通信工程、信号与信息处理、自动化专业等高年级本科及研究生教材，也可供理工科其他有关专业的研究生和对数字图像处理感兴趣的工程技术人员参考使用.

图书在版编目（CIP）数据

数字图像处理 ：MATLAB 版 / 马昌凤等编著. -- 北京 ：电子工业出版社, 2022.12

ISBN 978-7-121-44616-0

Ⅰ. ①数… Ⅱ. ①马… Ⅲ. ①数字图象处理—Matlab 软件 Ⅳ. ①TN911.73

中国版本图书馆 CIP 数据核字(2022)第 229057 号

责任编辑：牛晓丽
印　　刷：北京七彩京通数码快印有限公司
装　　订：北京七彩京通数码快印有限公司
出版发行：电子工业出版社
　　　　　北京市海淀区万寿路 173 信箱　　　邮编：100036
开　　本：787×1092　1/16　　印张：13　　字数：332.8 千字
版　　次：2022 年 12 月第 1 版
印　　次：2025 年 1 月第 3 次印刷
定　　价：58.00 元

凡所购买电子工业出版社图书有缺损问题，请向购买书店调换。若书店售缺，请与本社发行部联系，联系及邮购电话：（010）88254888，88258888。

质量投诉请发邮件至 zlts@phei.com.cn，盗版侵权举报请发邮件至 dbqq@phei.com.cn。

本书咨询联系方式： QQ 9616328。

前言

数字图像处理 (Digital Image Processing) 是通过计算机对图像进行去除噪声、增强、复原、分割、提取特征等处理的方法和技术. 数字图像处理的产生和迅速发展主要受三个因素的影响: 一是计算机的发展, 二是数学的发展 (特别是离散数学理论的创立和完善), 三是各行各业应用需求的迅猛增长.

数字图像处理具有很强的实用性，越来越多的领域 (如人工智能、互联网技术、智能交通、视频监控、安全检测、自动驾驶、军事和医学等) 需要数字图像处理的技术.

本书深入浅出地介绍了数字图像处理的基本理论和方法, 各章内容如下:

第 1 章, 图像概论. 主要介绍了数字图像处理的基本概念和预备知识.

第 2 章, 图像工具箱. 简单介绍了 MATLAB 图像处理工具箱的使用方法, 包括 MATLAB 图像的存储格式、图像的显示和读写、存储格式和数据类型的转换, 以及常用的图像处理函数调用方式等.

第 3 章, 图像灰度变换. 主要包括灰度线性变换、分段线性变换、灰度指数变换、灰度对数变换、灰度阈值变换、灰度直方图、直方图均衡化以及直方图规定化等.

第 4 章, 图像增强. 主要包括图像几何变换 (平移变换、旋转变换、转置变换、镜像变换、缩放变换、插值算法), 图像空间域增强 (图像增强基础、空间域滤波、图像平滑、自适应平滑、中值滤波、图像锐化、高提升滤波) 和图像频率域增强 (傅里叶变换、FFT 及其实现、频率域滤波、低通滤波器、高通滤波器、带阻滤波器) 等.

第 5 章, 图像复原. 主要包括图像复原的基本概念、几种常见的噪声模型、空间域滤波复原、逆滤波复原、维纳滤波复原、约束最小二乘复原、L-R 算法复原以及盲去卷积复原等.

第 6 章, 图像分割. 主要包括点、线和边缘检测, 霍夫变换, 阈值分割, 区域分割 (区域生长及其实现、区域分裂合并) 等.

第 7 章, 彩色图像处理. 主要包括彩色图像基础, 彩色模型 (RGB 模型、HSI 模型、CMY(K) 模型、HSV 模型、YUV 模型、YIQ 模型、Lab 模型), RGB 图像处理基础 (彩色补偿、彩色平衡), 彩色图像空间增强 (彩色图像平滑、彩色图像锐化) 以及彩色图像分割等.

本书力求系统而精要地介绍数字图像处理的基本理论与方法，既注意保持理论分析的严谨性, 又注重图像处理方法的实用性. 全书内容选材恰当, 系统性强, 行文通俗流畅, 具有较强的可读性.

本书各章节的主要算法都给出了 MATLAB 程序及相应的计算实例. 为了更好地配合教学, 作者编制了与本教材配套的电子课件 (PDF 格式的 PPT) 和主要算法的 MATLAB 程序 (例如 ex201.m), 需要的读者可到华信教育资源网 (www.hxedu.com.cn) 上下载, 或发邮件至 macf@fjnu.edu.cn 索取.

本书的出版得到了福州外语外贸学院大数据学院以及数据科学与智能计算创新平台领导和同仁们的帮助和支持, 同时得到了福建省分析数学与应用重点实验室和福建省应用数学中心 (福建师范大学) 的人力物力支持，在此表示由衷的感谢.

由于作者水平有限, 书中难免出现各种错误, 殷切希望各位专家和读者予以批评指正.

作 者

2022 年 5 月

目 录

第 1 章 图像概论

所谓图像, 是指能在人的视觉系统中产生视觉印象的客观对象, 它是自然景物的客观反映, 是人们认识世界及其自身的重要源泉. 照片、绘画、剪贴画、地图、书法作品、传真、卫星云图、影视画面、X 光片、脑电图、心电图等都是图像.

那么, 什么叫数字图像呢? 所谓数字图像, 又称为数码图像或数位图像, 是用有限数字数值像素表示的二维图像, 其光照位置和强度都是离散的, 可用数组或矩阵来表示. 数字图像可以由模拟图像数字化得到, 也可以通过数码相机等直接获取. 数字图像的基本特点是以像素为元素, 可以用数字计算机或数字电路存储和处理.

本章主要介绍数字图像处理的基本概念, 以及一些数学预备知识和基本的图像操作.

1.1 数字图像处理的基本概念

我们知道, 自然界中的图像都是模拟量. 而计算机只能处理数字信号, 而不能直接处理模拟信号, 所以, 在用计算机处理图像之前, 要对图像进行数字化. 数字图像处理的重要性主要源自两个方面: (1) 改善图像信息, 以便人们对客观现象进行解释; (2) 为存储、传输和表示而对图像数据进行处理.

1.1.1 数字图像的基本元素

数字图像的基本元素是所谓的像素 (Pixel), 也称为像元. 像素是在数字化模拟图像时对连续空间离散化得到的有限数值. 每个像素具有一个位置坐标, 其数值取整数, 分别表示图像的行 (高) 和列 (宽), 同时每个像素都具有整数灰度值或颜色值.

在计算机中, 通常将图像的像素保存为二维整数数组 (矩阵), 这些值经常用压缩格式进行传输和存储.

数字图像既可以通过许多不同的输入设备和技术生成, 例如数码相机、扫描仪、坐标测量机等, 也可以从非图像数据合成得到, 例如数学函数或者三维几何模型. 三维几何模型是计算机图形学的一个主要分支. 数字图像处理领域主要研究它们的变换算法.

1.1.2 数字图像的种类

简单地说, 数字图像就是能够在计算机上显示和处理的图像, 可根据其特性分为两大类: 位图和矢量图. 位图通常使用数字阵列来表示, 常见格式有 BMP、JPG、GIF 等; 矢量图由矢量数据库表示, 我们接触最多的就是 PNG 图形.

数字图像的每个像素通常对应于二维空间中的一个特定的“位置”或“坐标”, 它表现为二维空间中的一个“点”, 是由一个或者多个与该点相关的采样值组成的数对. 根据这些采样数对及其特性的不同, 数字图像大致可分为下面 7 类.

1. 二值图像

二值图像 (Binary Image): 每个像素的亮度值 (Intensity) 仅可以取 0 和 1 两个值的图像, 0 表示黑色, 1 表示白色.

2. 灰度图像

灰度图像 (Gray Scale Image): 也称为灰阶图像, 图像中的每个像素可以由 0(黑) 到 255(白) 的亮度 (整数) 值表示. 0 ~ 255 之间的数值表示不同的灰度级. 在 uint8 型的灰度图像中, 像素可以取 0 ~ 255 之间的整数值.

3. 彩色图像

彩色图像 (Color Image): 每幅彩色图像由三幅不同颜色的灰度图像组合而成, 一个为红色 (R), 一个为绿色 (G), 另一个为蓝色 (B).

彩色图像中的每个像素值都分成 R、G、B 三个基色分量, 每个基色分量直接决定其基色的强度, 这样产生的色彩称为真彩色. 例如图像深度为 24, R、G、B 各占用 8 位来表示各自基色分量的强度, 每个基色分量的强度等级为 $2^8 = 256$ 种. 这样图像可容纳 $2^{24} \approx 16\text{M}$ 种色彩 (24 位色). 24 位色被称为真彩色, 它可以达到人眼分辨的极限.

4. 伪彩色图像

伪彩色图像 (False Color Image): 伪彩色图像的每个像素值实际上是一个索引值或代码, 该代码值作为色彩查找表 (Color Look-Up Table, CLUT) 中某一项的入口地址, 根据该地址可查找出包含实际 R、G、B 的强度值.

伪彩色图像处理是把一幅单色图像转变为彩色图像的技术, 在数字图像处理中广泛地应用了伪彩色图像显示. 由于将彩色图像转换为灰度图像是一个不可逆的过程, 即转换后的灰度图像不可能转换为原来的彩色图像, 而某些场合需要将灰度图像转变为彩色图像, 因此伪彩色处理显得尤为重要. 伪彩色处理是把黑白的灰度图像或者多波段图像转换为彩色图像的技术过程, 其目的是提高图像内容的可辨识度. 转换的方法有灰度分层法和灰度变换法.

5. 索引图像

索引图像 (Index Image): 一种把像素值直接作为 RGB 调色板下标的图像. 索引图像可把像素值“直接映射”为调色板数值.

一幅索引图像包含一个数据矩阵 $\boldsymbol{A}$ 和一个调色板矩阵 MAP, 数据矩阵通常是 uint8、uint16 或双精度类型的, 而调色板矩阵则总是一个 $m \times 3$ 的双精度矩阵. 调色板通常与索引图像存储在一起, 装载图像时, 调色板将和图像一同自动装载.

例如, 对于一幅长、宽各为 200 像素, 颜色数为 16 的彩色图像, 由于这幅图片中最多只有 16 种颜色, 那么可以用一张颜色表 (16×3 的二维数组) 保存这 16 种颜色对应的 RGB 值, 在表示图像的矩阵中使用这 16 种颜色在颜色表中的索引 (偏移量) 作为数据写入相应的行列位置. 这个颜色表就是常说的*调色板* (Palette), 也称为*颜色查找表* (Look Up Table,

LUT). Windows 位图中应用到了调色板技术. 许多其他的图像文件格式 (比如 PCX、TIF、GIF 等) 都使用了这种技术.

6. 立体图像

立体图像 (Stereo Image): 立体图像是一个物体从不同角度拍摄的一组图像, 通常情况下, 可以用立体图像计算出图像的深度信息. 通俗地说, 立体图像利用人们的两眼视觉差别和光学折射原理, 使人们可直接在一个平面内看到一幅三维立体图.

7. 三维图像

三维图像 (3D Image): 三维图像由一组堆栈的二维图像组成. 每一幅图像表示该物体的一个横截面. 数字图像也用于表示在一个三维空间分布点的数据, 例如计算机断层扫描 (CT) 设备生成的图像, 在这种情况下, 每个数据都称作一个体素. 三维图像与立体图像的区别是: 三维图像只表示事物的大小和远近, 而不具有真实的立体感; 而立体图像既表示物体的大小和远近, 又具有真实的立体感.

1.1.3 数字图像的显示和存储

无论是 CRT 显示器还是 LCD 显示器, 都是由许多点构成的, 显示图像时这些点对应着图像的像素, 显示器称为位映像设备. 所谓位映象, 就是一个二维的像素矩阵. 位图就是采用位映像方法显示和存储的图像. 当一幅数字图像被放大后, 可以明显地看出图像是由许多方格形状的像素构成的.

目前比较流行的图像格式包括光栅图像格式 BMP、GIF、JPEG、PNG、PSD 等, 以及矢量图像格式 WMF、SVG、CDR、EPS 等. 大多数浏览器都支持 GIF、JPG 以及 PNG 图像的直接显示. SVG 格式作为 W3C 的标准格式在网络上的应用越来越广.

1.1.4 数字图像的处理软件

图像处理软件是用于处理图像信息的各种应用软件的总称, 专业的图像处理软件有 Adobe 公司的 Photoshop 系列、基于应用的处理管理软件 Picasa、Corel 公司的 CorelDRAW、Macromedia 公司的 Freehand、三维动画制作软件 3ds Max 等. 此外, 还有国内很实用的大众型软件彩影、非主流软件美图秀秀等. 这些软件可以绘制矢量图形, 以数学方式定义页面元素的处理信息, 对矢量图形及图元独立进行移动、缩放、旋转和扭曲等变换, 并以不同的分辨率进行图形输出.

本书主要考虑使用 MATLAB 软件进行数字图像处理. MATLAB 是美国 MathWorks 公司出品的商业数学软件, 用于算法开发、数据可视化、数据分析以及数值计算的高级技术计算语言和交互式环境, 主要包括 MATLAB 和 Simulink 两大部分.

MATLAB 是一个高级的矩阵 (阵列) 语言, 它包含控制语句、函数、数据结构、输入和输出等, 具有面向对象编程特点. 用户可以在命令窗口中将输入语句与执行命令同步, 也可以先编写好一个较大且复杂的应用程序 (M文件) 后再一起运行. 第 2 章将专门介绍 MATLAB 图像处理的基本方法.

1.1.5 数字图像的数学表示

一幅图像可以看作一个二元函数 $f(x,y)$, 其中 x 和 y 是空间坐标, 在 xy 平面上任意一点 (x,y) 的函数值 (幅值) f 称为该点图像的灰度 (亮度或强度). 此时, 如果 x、y 和 f 都是有限离散值, 则称该图像为数字图像 (或位图).

一个大小为 $m \times n$ 的数字图像可以表示为一个 m 行 n 列的矩阵, 其每个元素都有特定的位置和幅值, 代表了其所在行列位置上图像的物理信息, 如灰度和色彩等, 这些元素称为图像元素, 简称像素.

为了表示像素的相对和绝对位置, 通常还需要对像素的位置进行坐标约定. 对一幅图像 $f(x,y)$ 采样后得到一个 M 行 N 列的图像, 通常原点定义在 $(x,y)=(0,0)$ 处, x 的范围是 $0 \sim M-1$, y 的范围是 $0 \sim N-1$, 以整数递增. 原点处于图像的左上角, 如图 1.1 (a) 所示.

然而, MATLAB 图像处理工具箱中的坐标约定稍有不同: (r,c) 表示行列, 坐标原点定义在 $(1,1)$ 处, r 的范围是 $1 \sim M$, c 的范围是 $1 \sim N$, 以整数递增, 称为像素坐标, 如图 1.1 (b) 所示.

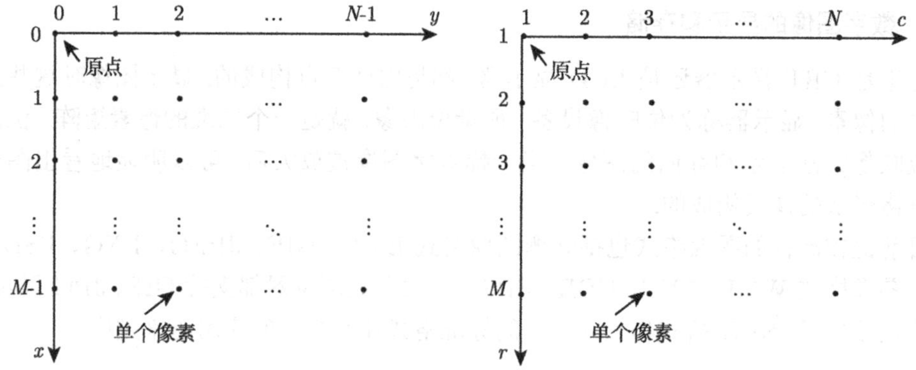

(a) 数字图像书籍中的坐标约定　　(b) 图像处理工具箱中的坐标约定

图 1.1　坐标约定

有了坐标约定之后, 一幅物理图像就可以转化成数字矩阵, 从而成为计算机能够处理的对象. 数字图像的矩阵表示如下:

$$\boldsymbol{f}=\begin{bmatrix} f(0,0) & f(0,1) & \cdots & f(0,N-1) \\ f(1,0) & f(1,1) & \cdots & f(1,N-1) \\ \vdots & \vdots & \ddots & \vdots \\ f(M-1,0) & f(M-1,1) & \cdots & f(M-1,N-1) \end{bmatrix}. \tag{1.1}$$

有时, 也可使用传统矩阵表示法来表示数字图像和像素:

$$\boldsymbol{F}=\begin{bmatrix} f_{0,0} & f_{0,1} & \cdots & f_{0,N-1} \\ f_{1,0} & f_{1,1} & \cdots & f_{1,N-1} \\ \vdots & \vdots & \ddots & \vdots \\ f_{M-1,0} & f_{M-1,1} & \cdots & f_{M-1,N-1} \end{bmatrix}, \tag{1.2}$$

其中, 行数、列数 (M 行 N 列) 必须为整数. 由于使用二进制整数值表示灰度值, 因此离散灰度级的数目 L 一般为 2 的 k 次幂, k 为整数, 图像的动态范围为 $[0, L-1]$. 存储图像所需要的比特数 (bit) 为 $M \times N \times k$. 注意, 在矩阵 $\boldsymbol{F}$ 中, 一般习惯先行下标、后列下标的表示方法, 故此处先是纵坐标 x (对应行), 然后才是横坐标 y (对应列).

1.1.6 图像的空间分辨率

图像的分辨率通常称为空间分辨率 (Spatial Resolution), 是指图像中每单位长度所包含的像素点数目, 常以像素/英寸 (pixels per inch, ppi) 为单位来表示. 例如, 72 ppi 表示图像中每英寸包含 72 个像素点. 一般来说, 分辨率越高, 图像将越清晰, 所需要的存储空间也越大, 编辑和处理所需的时间也越长.

换句话说, 像素点越小, 单位长度所包含的像素数据就越多, 分辨率也就越高, 同样物理大小范围内存储图像所需要的字节数也就越多. 因而, 在图像的放大缩小算法中, 放大就是对图像的过采样, 缩小就是对图像的欠采样. 一般在没有必要用像素的物理分辨率进行实际度量时, 通常会称一幅大小为 $M \times N$ 的数字图像的空间分辨率为 $M \times N$ 像素.

一般来说, 当高分辨率下的图像以低分辨率表示时, 在同等的显示或输出条件下, 图像的大小会变小且细节变得不明显. 而当将低分辨率下的图像放大时, 则会导致图像的细节变模糊, 只是尺寸变大而已. 这是因为缩小的图像已经丢失了大量的信息, 在放大图像时只能通过复制行列的插值的方法来确定新增像素的取值.

1.1.7 图像的灰度级分辨率

数字图像的灰度级分辨率是指在灰度级别中可分辨的最小变化. 灰度级分辨率又叫色阶, 是指图像中可分辨的灰度级数目. 当没有必要实际度量所涉及像素的物理分辨率和在原始场景中分析细节等级时, 通常把大小为 $M \times N$、灰度为 L 级的数字图像称为空间分辨率为 $M \times N$、灰度级分辨率为 L 级的数字图像. 由于灰度级度量的是投影到传感器上光辐射值的强度, 所以灰度级分辨率也叫辐射计算分辨率 (Radiometric Resolution).

空间分辨率和灰度级分辨率是数字图像的两个重要指标. 空间分辨率是图像中可辨别的最小细节, 采样间隔是决定图像空间分辨率的主要参数.

1.1.8 数字图像的实质

一般来说, 前面对于数字图像的定义仅适用于静态的灰度图像. 静态图像 (Static Image) 可以表示为两个变量的二元函数 $f(x,y)$. 而动态图像 (Video Sequence) 则需要三个变量的离散函数 $f(x,y,t)$ 来表示, 这里 (x,y) 是空间位置参数, 而 t 是时间参数. 函数值可能是一个数值标量 (对于灰度图像), 也可能是一个数值向量 (对于彩色图像).

可以说, 数字图像处理是一个涉及诸多研究领域的交叉学科. 如果从线性代数和矩阵论的角度来考虑, 数字图像就是一个由图像信息组成的二维矩阵, 矩阵的每个元素代表对应位置上的图像亮度和/或色彩信息. 当然, 这个二维矩阵在数据表示和存储上可能不是二维的, 这是因为每个单位位置的图像信息可能需要不止一个数值来表示, 这样可能需要一个三维矩阵来对其进行表示. 另一方面, 如果从统计学的角度来观察, 由于随机变化和噪声的原因, 数字图像在本质上具有统计性, 因此可以将图像函数作为随机过程的实现来观察其存在的优越性. 此时, 可以用概率分布和相关函数来描述和考虑有关图像信息和冗余的问题.

1.2 数字图像处理、分析和识别

数字图像处理、分析和识别是认知科学与计算机科学中的一个活跃分支. 从 20 世纪 70 年代开始, 人们对该分支的兴趣呈现爆炸性增长, 到 20 世纪末, 该分支逐渐步入成熟阶段. 其中, 遥感技术、医学平面和立体成像、自动驾驶技术和自动监视等是发展最快的一些方向. 市场上多种应用这类技术的产品纷纷涌现, 是这种发展最集中的体现. 事实上, 从数字图像处理到数字图像分析, 再到最前沿的数字图像识别, 其核心部分是对数字图像中所含信息的提取以及与其相关的各种辅助过程.

1.2.1 数字图像处理

数字图像处理 (Digital Image Processing) 是通过计算机对图像进行去除噪声、增强、复原、分割、提取特征等处理的方法和技术. 数字图像处理的产生和迅速发展主要受三个因素的影响: 一是计算机的发展; 二是数学的发展 (特别是离散数学理论的创立和完善); 三是环境、军事、工业和医学等方面应用需求的增长.

图像处理的输入是从传感器等设备获取的原始数字图像, 输出则是经过处理后的输出图像. 处理的目的是使输出的图像具有更好的效果, 或者是为图像分析和图像识别做预处理准备工作, 以便进一步供其他图像进行分析和识别.

1.2.2 数字图像分析

数字图像分析 (Digital Image Analyzing) 是图像处理的高级阶段, 是指对图像中感兴趣的目标进行检测和测量, 以获得客观的信息. 数字图像分析通常是指将一幅图像转化为另一种非图像的抽象形式, 例如图像中某物体与测量者的距离、目标对象的计数或其尺寸等. 数字图像分析包括边缘检测、图像分割、特征提取等.

图像分析的输入是经过处理的数字图像, 其输出通常不再是图像, 而是一系列与目标相关的图像特征, 如长度、颜色、曲率和个数等.

1.2.3 数字图像识别

数字图像识别 (Digital Image Recognition) 研究数字图像中各目标的性质及其相互关系, 识别出目标对象的类别, 从而理解图像的含义. 数字图像识别是图像处理的最前沿技术, 包括自动驾驶、人脸识别、光学字符识别 (OCR)、产品质量检验、医学图像扫描以及地貌图像的自动判读理解等.

图像识别是图像分析的进一步延伸, 它根据从图像分析中得到的相关描述 (特征) 对目标进行分类, 并输出人们感兴趣的目标类别标号信息等.

总而言之, 从图像处理到图像分析再到图像识别的过程, 是一个将所含信息抽象化、尝试降低信息熵、提炼有效信息的过程, 如图 1.2 所示.

从信息论的角度来说, 一幅数字图像是物体所含信息的抽象和概括. 数字图像处理主要侧重于将这些概括了的信息进行变换, 例如升高或降低信息熵的值. 数字图像分析则是将这些信息抽取出来以供其他过程调用. 通常, 在不太严格时, 数字图像处理也可以兼指数字图像处理和分析.

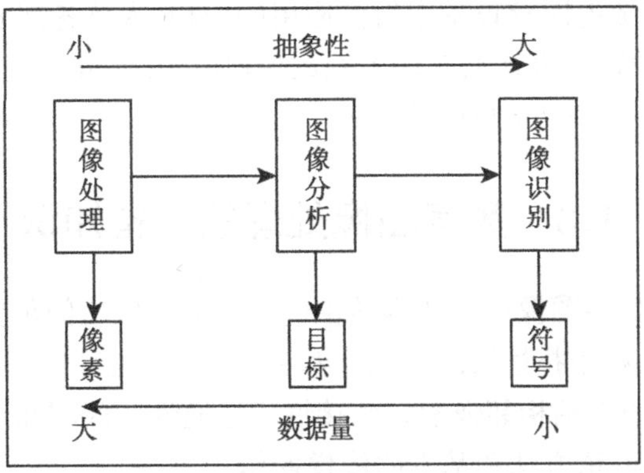

图 1.2　从图像处理到图像分析再到图像识别的过程

1.2.4　图像处理的研究内容

图像处理的主要研究内容如下.

1. 图像增强

图像增强主要用于改善图像的视感质量, 突出图像中人所感兴趣的部分. 具体地说, 图像增强是对一幅图像进行某种操作, 使其结果在特定应用中比原图更适合进行处理. 增强的方向由人的主观偏好决定, 因此具有较大主观性.

2. 图像编码

图像编码的目的是在保证图像质量的前提下对数据进行压缩, 以便于存储和传输, 可以解决数据量大的问题. 具体来说, 就是减少数据存储量, 降低数据传输速率, 以便减少传输带宽, 压缩信息量, 以便进行特征提取, 为后续的图像识别做准备.

3. 图像复原

图像复原也是改进图像外观的一个处理领域. 图像复原以图像退化的数学或概率模型为基础, 是客观的, 其目的是尽可能恢复图像的本来面貌. 图像复原针对图像整体, 并需要追究图像降质的原因, 最关键的是对每种退化都要有个合理的模型.

4. 图像分割

顾名思义, 图像分割就是将一幅图像划分为它的组成部分或目标. 具体地说, 图像分割是将图像按其灰度值或集合特性分割成若干区域的过程, 它是进一步进行图像处理 (如模式识别、机器视觉等) 的基础.

5. 图像分类

图像分类是指图像经过某些预处理 (如压缩、增强、复原等) 之后, 再将图像中有用物体的特征进行分割、特征提取, 把不同类别的目标区分开来. 图像分割是模式识别的一个分支.

6. 图像重建

图像重建是通过对物体外部测量数据进行数字处理获得三维物体的形状信息的技术. 图像重建技术最初是在放射医疗设备中得到应用的, 显示人体各部分的图像, 即计算机断层摄影技术, 简称 CT 技术, 后来逐渐在许多领域获得应用. 图像重建主要有投影重建、明暗恢复形状、立体视觉重建和激光测距重建等.

1.3 数字图像处理的预备知识

从几何学角度看, 数字图像可被认为是由一组具有一定空间位置关系的像素点组成的, 因而具有一些几何度量和拓扑性质. 因此, 学习数字图像处理的必要准备是在一定程度上理解像素间的关系, 其中包括相邻像素、邻接性、连通性、区域和边界等概念. 此外, 再简单介绍一些常见的距离度量方法和基本的图像操作.

1.3.1 邻接性、连通性、区域和边界

1. 邻域

在数字图像中, 邻域分为 4 邻域和 8 邻域. 4 邻域是指某个像素 $P(x,y)$ 的上、下、左、右 4 个点所组成的集合, 用 $N_4(P)$ 表示. 8 邻域是在 4 邻域的基础上再加上左上、右上、左下、右下共 8 个点组成的集合, 用 $N_8(P)$ 表示. 直观地说, 如果 Q 在 P 周围的 8 个点内, 就是 Q 在 P 的 8 邻域内. 4 邻域和 8 邻域如图 1.3 (a) 和图 1.3 (b) 所示.

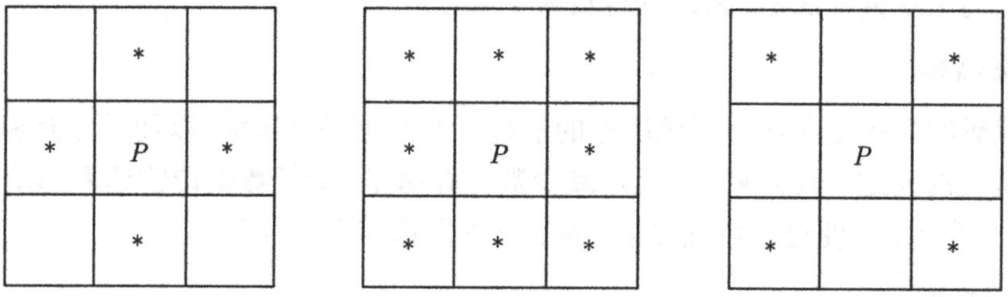

(a) P的4邻域$N_4(P)$　(b) P的8邻域$N_8(P)$　(c) P的对角邻域$N_D(P)$

图 1.3　P 的各种邻域示意图

此外, 还有所谓的对角邻域, 也称为 D 邻域. 通俗来说, 点 $P(x,y)$ 的 D 邻域就是它的左上、右上、左下、右下 4 个点组成的集合, 可表示为 $N_D(P)$, 如图 1.3 (c) 所示. 不难发现, 8 邻域 = 4 邻域 +D 邻域, 即

$$N_8(P) = N_4(P) + N_D(P).$$

2. 邻接

邻接包含了邻域, 如果说 Q 和 P 邻接, 那么 Q 和 P 必须互在邻域内, 而且这两个像素点还要在同一个集合 V 内. 数字图像中常见的邻接有三种: 4 邻接、8 邻接和 m 邻接. 如果 Q 在 P 的 4 邻域内, 且 Q 和 P 的值都在集合 V 中, 那么就说 Q 和 P 是 4 邻接的.

8 邻接的概念与 4 邻接相同. 还有一种所谓的 m 邻接, 也叫混合邻接, 其定义是: 对于灰度值在集合 V 中的像素 P 和 Q, 如果: (1) Q 在 P 的 4 邻域中, 或者 (2) Q 在 P 的 D 邻域中, 并且 P 的 4 邻域与 Q 的 4 邻域的交集是空的 (即没有灰度值在集合 V 中的像素点), 那么称这两个像素是 m 邻接的, 即 4 邻接和 D 邻接的混合邻接. 可以说, m 邻接是为了消除 8 邻接的二义性而引进的. 例如, 对于 3×3 的矩阵

$$\boldsymbol{A}=\begin{bmatrix}0&1&1\\0&1&0\\0&0&1\end{bmatrix},$$

假设对于集合 $V=\{1\}$ 而言, 如果两个点能构成邻接, 就算有一条路可以通过, 那么右上角的 1 走到右下角的 1, 按照 8 邻接有两条路, 而按照 m 邻接只有一条路, 这就是 m 邻接提出的意义. 可以看出, m 邻接的实质是在像素间同时存在 4 邻接和 8 邻接时, 优先采用 4 邻接. 4 邻接、8 邻接和 m 邻接的示意图如图 1.4 所示.

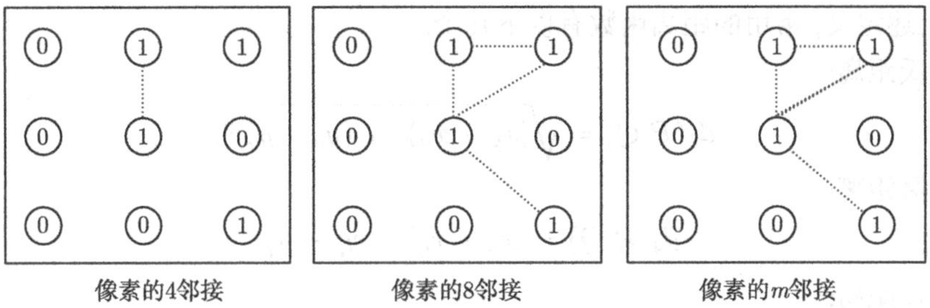

图 1.4 4 邻接、8 邻接和 m 邻接的示意图

3. 通路

如果从点 $P(x_0,y_0)$ 到点 $Q(x_n,y_n)$, 其中的每个点与前后都是 k 邻接的 $(k=4,8,m)$, 则说这两个点之间存在一条 k 通路. 注意, n 是这个通路的长度, 如果 (x_0,y_0) 和 (x_n,y_n) 是重合的, 则称它为一条闭合通路.

4. 连通和连通集

对于图像中的某一个像素子集 U 和其中的两个点 P 和 Q, 如果 P 和 Q 之间有一条由 U 中全部元素构成的通路, 那么就说 P 和 Q 是连通的. 对于 U 中的元素 P, U 中能连通到 P 的元素的集合称为 U 的连通分量, 如果 U 只有一个连通分量, 那么 U 就是一个连通集.

5. 区域、边界和边缘

区域的概念与连通集有着密切的关系. 令 U 是图像中的某一个像素子集, 如果 U 是一个连通集, 那么称 U 是一个区域 (Region).

而边界 (Boundary) 的概念是相对于区域而言的. 区域的边界是区域中所有由一个或多个不在区域中的邻接像素的像素所组成的集合. 显然, 如果区域 U 是整幅图像, 那么边界就由图像的首行、首列、末行和末列定义.

通常情况下, 区域是指一幅图像的子集, 并包括区域的边缘 (Edge). 区域的边缘是由某些具有导数值的像素组成的集合, 是一个像素及其直接邻域的局部性质. 边缘是一个具有大小和方向的矢量.

注意, 边界和边缘是不同的两个概念. 边界是与区域有关的全局概念, 而边缘表示图像函数的局部性质.

顺便提及一下, 理解上述概念的时候, 不能孤立地看, 要与图像分割的过程结合起来看. 比如图像的前景和背景, 就是跟区域有关的. 假设一幅图像中有 M 个不邻接的区域, 且它们都不接触图像的边界, 令 R_1 表示这 M 个区域的并集, R_2 表示其补集, 那么 R_1 中的所有点就是图像的前景, 而 R_2 中的所有点就是图像的背景.

1.3.2 几种常用的距离函数

假设对于像素 $P(x_p, y_p)$、$Q(x_q, y_q)$ 和 $R(x_r, y_r)$, 如果函数 $d(\cdot,\cdot)$ 满足下列三条性质: (1) $d(P,Q) \geqslant 0$, 且 $d(P,Q) = 0$ 当且仅当 $P = Q$, (2) $d(P,Q) = d(Q,P)$, (3) $d(P,Q) \leqslant d(P,R) + d(R,Q)$, 则称函数 d 为距离函数或度量.

基于上述定义, 常用的距离函数有以下几个.

(1) 欧氏距离:

$$d_2(P,Q) = \sqrt{(x_p - x_q)^2 + (y_p - y_q)^2}. \tag{1.3}$$

(2) 街区距离:

$$d_4(P,Q) = |x_p - x_q| + |y_p - y_q|. \tag{1.4}$$

(3) 棋盘距离:

$$d_8(P,Q) = \max\{|x_p - x_q|, |y_p - y_q|\}. \tag{1.5}$$

距离函数可以用于对图像特征进行比较和分类, 或者进行某种像素集操作. 最常用的距离是欧氏距离, 但在图像的数学形态学中也可能使用街区距离或棋盘距离.

1.3.3 图像处理的基础操作

下面介绍几种最为典型和基础的图像操作. 从图像操作的数量来看, 图像操作可分为对单幅图像操作 (如滤波等) 和对多幅图像操作 (如求和、求差和逻辑运算等); 根据图像操作的像素范围不同, 图像操作可分为点运算和邻域运算; 从图像操作的数学性质考虑, 图像操作可分为线性运算和非线性运算.

1. 点运算和邻域运算

点运算是指对图像中的每一个像素逐个进行同样的灰度变换运算, 即输出图像中每个像素点的灰度值仅由相对应输入像素点的灰度值确定. 点运算用于改变像素点的灰度值, 其实质是灰度到灰度的映射过程. 因此, 点运算也称为灰度变换、对比度增强、对比度拉伸等.

从数学的角度来考虑, 设 u 和 w 分别是输入图像 $f(x,y)$ 和输出图像 $g(x,y)$ 在任一点 (x,y) 的灰度值, T 是某个数学变换, 则点运算可以使用下式定义:

$$w = T(u). \tag{1.6}$$

如果将点运算扩展, 即对图像中每一个小范围 (邻域) 内的像素进行灰度变换运算, 则称为邻域运算或邻域滤波. 如果用 $\mathcal{N}(P_0,\delta)$ 表示以 $P_0(x_0,y_0)$ 为中心、以 δ 为半径的邻域, 则邻域运算可以使用如下定义:

$$g(x,y)=T(f(x,y)),\ \forall\,(x,y)\in\mathcal{N}(P_0,\delta). \tag{1.7}$$

2. 线性运算和非线性运算

设 T 是某个数学算子, 其输入和输出都是图像. 若对于任意两幅图像 A_1 和 A_2 及任意两个标量 α_1 和 α_2,

$$T(\alpha_1A_1+\alpha_2A_2)=\alpha_1T(A_1)+\alpha_2T(A_2) \tag{1.8}$$

都成立, 则称 T 为线性算子. 类似地, 不符合上述定义的算子称为非线性算子, 对应的是非线性图像运算. 图像处理用的线性运算有平均平滑滤波、高斯平滑滤波、梯度锐化等. 而中值滤波则是非线性运算.

线性运算由于其稳定性特点, 在图像处理中占有非常重要的地位. 尽管非线性算子常常也能提供较好的性能, 但它的不可预测性使其在一些如医学图像处理和军事图像处理等要求严格的领域难以获得广泛的应用.

第 2 章 图像工具箱

MATLAB 是美国 MathWorks 公司出品的一款商业数学计算软件, 可用于数据分析、无线通信、深度学习、图像处理与机器视觉、信号处理、机器人以及控制系统等领域. 不同于其他计算机高级编程语言, MATLAB 对数学运算进行了更直接的描述. MATLAB 图像处理工具箱 (Image Processing Toolbox, IPT) 封装了一系列针对不同图像处理需求的标准算法, 它们都是通过直接或间接地调用 MATLAB 中的矩阵运算和数值运算函数来完成图像处理任务的.

2.1 MATLAB 图像存储格式

要使用 MATLAB 处理图像, 首先要了解图像在 MATLAB 中是如何存储和表示的. 不同的图像类型在 MATLAB 中的存储和表示方式会有所不同. MATLAB IPT 主要支持 4 种类型的图像, 即灰度图像、RGB 图像、索引图像和二值图像. 此外也支持多帧图像的处理. 下面分别进行介绍.

1. 灰度图像 (Gray Image)

灰度图像也称为亮度图像. MATLAB 使用二维矩阵来存储灰度图像, 矩阵的每个元素直接表示一个像素的灰度信息. 例如, 一个 200×300 像素的图像被存储为一个 200 行 300 列的矩阵.

如果矩阵的元素是 8 位无符号整数 (uint8), 则其取值是 $0 \sim 255$ 之间的整数, 其中 0 表示黑色 (最小亮度), 255 表示白色 (最大亮度). 如果矩阵的元素是双精度的, 则其取值是区间 $[0,1]$ 上的任何实数, 其中 0 表示黑色, 1 表示白色.

2. RGB 图像 (RGB Image)

在 MATLAB 中, RGB 图像被存储在一个 $M \times N \times 3$ 的三维数组 (或 3 阶张量) 中. 对于图像中的每个像素, 存储的 3 个颜色分量合成像素的最终颜色. 例如, RGB 图像 G 中位置在 6 行 18 列的像素的 RGB 值为 $G(6,18,1:3)$ 或 $G(6,18,:)$, 该像素的红色分量为 $G(6,18,1)$、绿色分量为 $G(6,18,2)$、蓝色分量为 $G(6,18,3)$, 而 $G(:,:,3)$ 则表示整个的蓝色分量图像.

RGB 图像同样可由 8 位无符号整型数组或双精度型数组存储.

3. 索引图像 (Index Image)

MATLAB 中将索引图像存储成两个矩阵: 一个图像数据矩阵 (Image Matrix) 和一个颜色表矩阵 (Colormap). 对应于图像中的每个像素, 图像数据矩阵都包含一个指向颜色表矩阵的索引值.

颜色表矩阵是一个 $m \times 3$ 的双精度型矩阵, m 表示颜色数. 颜色表矩阵的每一行表示一种颜色的 3 个 RGB 分量值, 即 color=[R G B], 其中 R、G、B 是实数类型的双精度数, 取值区间为 $[0,1]$. 0 表示全黑, 1 表示最大亮度 (白).

图像数据矩阵和颜色表矩阵的关系取决于图像数据矩阵中存储的数据类型是无符号的 8 位整数类型还是双精度类型.

如果图像数据矩阵使用 8 位无符号整数存储, 则存在一个额外的偏移量 -1, 此时图像数据矩阵的数据 0 表示颜色表矩阵中的第 1 行, 数据 1 表示颜色表矩阵中的第 2 行, 以此类推. 8 位方式存储的图像可以支持 256 种颜色 (或 256 级灰度). 而如果图像数据矩阵使用双精度类型存储, 则图像数据矩阵的数据 1 表示颜色索引表中的第 1 行, 数据 2 表示颜色索引表中的第 2 行, 以此类推. 例如, 某索引图像的数据矩阵使用双精度类型存储, 则数据 13 表示颜色表中的第 13 种颜色 (没有偏移量).

4. 二值图像 (Binary Image)

MATLAB 将二值图像存储为一个二维矩阵, 其中每个元素只有 0 和 1 两种取值, 0 表示黑色, 1 表示白色.

可以认为二值图像是一种只有黑与白两种颜色的灰度图像, 当然, 也可以将其看作是颜色索引表中只存在两种颜色 (黑和白) 的索引图像.

5. 多帧图像 (Multiframe Image Array)

对于某些应用, 可能要处理多幅按时间或视角方式连续排列的图像, 称之为多帧图像, 例如磁共振成像数据或视频片段. MATLAB 提供了在同一个矩阵中存储多帧图像的方法, 实际上就是在图像矩阵中增加一个维度来代表时间或视角信息. 例如, 假设有 6 幅 300×200 像素的 RGB 图像 $G_1, G_2, \cdots, G_6$, 将其构造成多帧连续片段, 可以存储为一个 $300 \times 200 \times 3 \times 6$ 的超矩阵 (4 阶张量).

如果多帧图像使用索引图像的方式存储, 只有图像数据矩阵按多帧形式存储, 而颜色表只能共用. 因此, 在多帧索引图像中, 所有的索引图像共用同一个颜色表, 进而只能使用相同的颜色组合.

多帧图像可以由单帧图像通过 MATLAB 函数 cat 来生成. cat 函数的功能是在指定维度上连接数组, 其调用方式是 C = cat(dim,A1,A2,A3,$\cdots$).

此函数在第 dim 维度将第 $2 \sim n$ 个参数提供的数组连接起来. 例如, 将前面的 6 幅 RGB 图像构成多帧图像组, 可使用如下命令:

$$\mathrm{B} = \mathrm{cat}(4, \mathrm{G1}, \mathrm{G2}, \mathrm{G3}, \mathrm{G4}, \mathrm{G5}, \mathrm{G6}),$$

即在第 4 维度上将 6 幅图像连接起来.

默认情况下, MATLAB 将绝大多数数据存储为双精度类型 (64 位浮点数) 以保证运算的精确性. 但对于图像而言, 这种数据类型在图像尺寸较大时可能并不理想. 例如, 一幅 1000×1000 像素的图像拥有 100 万个像素, 如果每个像素用 64 位二进制数表示, 总共需要大约 8 MB 的内存空间.

有时, 为了减少图像信息的空间开销, 可将图像信息存为 16 位无符号整数 (uint16) 矩阵或 8 位无符号整数 (uint8) 矩阵, 这样只需要双精度浮点数 1/4 或 1/8 的空间. 当然, 在这 3 种存储类型中, uint8 类型和双精度类型使用最多, uint16 类型使用相对较少.

2.2 MATLAB 图像显示和读写

本节介绍 MATLAB 的图像文件显示、读取和写入函数: imshow、imread 和 imwrite. 这 3 个函数是图像处理工具箱 (IPT) 中使用频率最高的函数. MATLAB 可以处理如下类型的图像文件: BMP、HDF、JPEG、PCX、TIFF、XWD、ICO、GIF、CUR 等. 可以使用 imshow、imread 和 imwrite 函数对图像文件进行显示和读写操作, 还可以使用 imfinfo 函数来获得数字图像的相关信息.

1. imshow 函数

在 MATLAB IPT 中, 使用函数 imshow(·) 来显示一幅或多幅图像. 该函数可以创建一个图像对象, 并自动设置图像的诸多属性. imshow 函数的常用调用方式如下:

```
imshow(filename);
imshow(F,map);
imshow(F,[low high],par1,value1,par2,value2,…);
```

在上述调用方式中, 各参数的意义如下:

(1) filename 参数指定图像文件名, 这样可以不必将图像首先读入工作区.

(2) F 为要显示的图像矩阵.

(3) map 为颜色表, 除了显示索引图像, 在显示伪彩色图像时也会用到.

(4) 可选参数 [low high] 指定显示灰度图像的灰度范围, 灰度值低于 low 的像素被显示成黑色, 高于 high 的像素被显示成白色, 介于 low 和 high 之间的像素被按比例显示为各种等级的灰色. 如果将此参数设置为空矩阵 [ ], 则函数会将矩阵中的最小值指定为 low、最大值指定为 high, 从而达到灰度拉伸的显示效果. 这个参数常用来改善灰度图像的显示效果.

(5) 可选参数 par1、value1、par2、value2 等可用来显示图像的特定方法.

例如, 在 MATLAB 命令窗口键入下面的语句, 即可显示一幅图像:

```
imshow('kids.tif');
```

这里, kids.tif 是 MATLAB 系统内置的图像.

2. imread 函数

imread 函数可以将指定位置的图像文件读入工作区, 其调用方式如下:

```
F=imread(filename,fmt);%除索引图像以外的图像
[G,map]=imread(filename,fmt);%索引图像专用
```

在上述调用方式中, 各参数的意义如下:

(1) filename 指定图像文件的完整路径和文件名. 如果要读入的文件在当前工作目录中或者自动搜索列表中给出的路径下, 则只需提供文件名.

(2) fmt 参数指定图像文件的格式所对应的标准扩展名, 例如 GIF 等, 如果 imread 没有找到 filename 所指定的文件, 它会尝试 filename.fmt.

(3) F 是一个包含图像数据的矩阵. 对于灰度图, 它是一个 $m\times n$ 的矩阵. 对于 RGB 真彩色图, 它是一个 $m\times n\times 3$ 的超矩阵 (3 阶张量). 对于大多数图像文件, F 的类型为 uint8; 而对于某些 TIFF 和 PNG 图像, F 的类型为 uint16.

(4) G 为图像数据矩阵, map 是颜色表矩阵. 图像中的颜色索引数据会被归一化到 $0\sim 1$ 的范围内. 因为对于索引图像, 不论图像文件本身使用何种数据类型, imread 函数都会使用双精度类型存储图像数据.

例如, 在 MATLAB 命令窗口键入下面的语句, 即可将一幅图像读入工作区以供处理:

```
F=imread('onion.png');
imshow(F);
size(F);
```

这里, onion.png 是 MATLAB 系统内置的图像. 上述语句运行后, 将图像读入工作区并存为矩阵 F. 语句 imshow(F) 将图像矩阵显示为图像; 语句 size(F) 显示矩阵 F 的尺寸: 135 198 3, 它是一个三维数组 (3 阶张量).

3. imwrite 函数

imwrite 函数将指定的图像数据写入文件中, 通过指定不同的文件扩展名, 可以起到图像格式转换的作用. 其调用方式如下:

```
imwrite(F,filename,fmt);%除索引图像以外的图像
imwrite(F,map,filename,fmt);%索引图像专用
```

在上述调用方式中, 各参数的意义如下:

(1) F 是图像数据矩阵.

(2) filename 是要保存的文件名 (不必包含扩展名).

(3) fmt 是要保存的图像文件所采用的格式.

(4) map 是合法的 MATLAB 颜色表.

例如, 在 MATLAB 命令窗口键入下面的语句:

```
clear all
F=imread('pears.png'); %读取图像
whos %查看图像信息
imwrite(F,'D:\mypears.bmp');%写入文件
```

这里, pears.png 是 MATLAB 系统内置的图像. 上述语句运行后, 将图像读入工作区并存为矩阵 F. 语句 whos 显示读入的图像是一个 $486\times 732\times 3$ 的三维数组 (RGB 图像); 语句 imwrite(F,'D: \mypears.bmp') 将图像写入 D 盘中的文件 mypears.bmp, 同时起到了转换文件类型的作用.

4. 多幅图像的显示

有时候需要将多幅图像一起显示以比较它们之间的异同, 这在考察不同算法对同一幅图像的处理效果时尤为有用. 可以在同一窗口显示多幅图像, 其实现如下.

例 2.1 在同一窗口显示多幅图像 (ex201.m[①]).

```
F=imread('cameraman.tif'); %读取图像
subplot(2,2,1); imshow(F);
xlabel('(a) imshow(F)的显示效果')
subplot(2,2,2); imshow(F,[ ]);
xlabel('(b) imshow(F,[ ])的显示效果')
subplot(2,2,3); imshow(F,[40 220]);
xlabel('(c) imshow(F,[40 220])的显示效果')
subplot(2,2,4); imshow(F,[80 180]);
xlabel('(d) imshow(F,[80 180])的显示效果')
```

这里, cameraman.tif 是 MATLAB 系统内置的图像文件. 运行上述程序后, 可在同一窗口显示 4 幅图像. imshow 函数的不同显示效果如图 2.1 所示.

(a) imshow(F)的显示效果

(b) imshow(F, [ ])的显示效果

(c) imshow(F, [40 220])的显示效果

(d) imshow(F, [80 180])的显示效果

图 2.1　在同一窗口中显示多幅图像

注意, 上面的操作一般不适用于显示多幅索引图像. 由于系统的颜色表在默认情况下是 8 位的, 最多只能存储 256 种颜色, 如果图像的总颜色种类超过 256 种, 那么超出部分就不会被正确显示. 解决的办法是先用 ind2rgb(F) 将图像转换为 RGB 格式. 也可使用函数 subimage(F,map), 该函数在显示图像之前会自动将其转换成 RGB 格式.

① 注: ex201.m 表示与本教材配套的 MATLAB 源程序中以 ex201 命名的 M 文件. 后面的 ex202.m 等均与此类似.

5. 多帧图像的显示

在显示多帧图像时，可以显示多帧中的一幅，将它们显示在同一个窗口，或者将多帧图像转化成电影播放出来. 这 3 种方法的实现如下例所示.

例 2.2 MATLAB 系统内置了一组核磁共振的多帧图像，文件名为 mri.mat，其中数据矩阵为 D，颜色表矩阵为 map，一共 27 幅. 分别用上述的 3 种方法显示它们 (ex202.m).

```
load mri.mat %载入MATLAB自带的核磁共振图像
imshow(D(:,:,12), map); % 显示多帧中的第12帧
figure, montage(D, map); %同一窗口显示
figure, mov=immovie(D, map);%转化成为电影
colormap(map); %设定颜色表
movie(mov); %播放电影
```

可运行上述程序观察效果.

6. 查看图像的信息

函数 imfinfo 可以用于读取图像文件中的某些属性信息，比如修改日期、大小、格式、高度、宽度、色深、颜色空间，存取方式等. 调用方式如下：

```
imfinfo(filename,fmt);
```

其中，参数 filename 是指定的文件名；参数 fmt 是可选参数，指定文件格式. 例如，在 MATLAB 命令窗口键入 imfinfo('pout.tif')，回车即可查看该图像的有关信息.

2.3 MATLAB 的图像转换

在使用 MATLAB 处理图像时，有时必须将图像的存储格式加以转换才能使用某些图像处理函数. 例如，当使用 MATLAB 内置的某些滤镜时，需要将索引图像转换成 RGB 图像或灰度图像，MATLAB 才会将图像滤镜应用于图像数据本身，而不是应用于索引图像中的颜色表矩阵. 下面介绍如何利用 IPT 中的函数对图像的存储格式和数据类型进行相互转换.

2.3.1 图像存储格式的转换

MATLAB 提供了一系列存储格式转换函数，分别介绍如下.

1. im2bw 函数

该函数使用阈值法将灰度图像、索引图像或 RGB 图像转换为二值图像，返回逻辑型矩阵存储的图像. 调用方式为：

```
bw=im2bw(F,level);%除索引图像以外的图像
bw=im2bw(G,map,level);%索引图像专用
```

其中，参数 level 为指定的阈值.

2. ind2gray 函数

该函数将索引图像转换为灰度图像, 返回的图像与原图像类型相同, 调用方式为:

```
F=ind2gray(G,map);
```

例如 (ex203.m):

```
F=load('trees');%装载索引图像
G=ind2gray(F.X,F.map);%转换为灰度图像
figure(1),imshow(F.X,F.map);%显示原始索引图像
figure(2),imshow(G);%显示转换后的灰度图像
```

可运行上述程序观察效果.

3. ind2rgb 函数

该函数将索引图像转换为 RGB 图像, 返回双精度型存储的图像, 调用方式为:

```
F=ind2rgb(G,map);
```

4. gray2ind 函数

该函数将灰度图像转换成索引图像, 多数情况下返回 uint8 类型图像, 如果输出图像是包含大于 256 色颜色表的索引图像, 则使用 uint16 类型. 调用方式为:

```
[G,map]=gray2ind(F,n);
```

输出 G 为图像数据矩阵, map 是颜色表矩阵; 输入 F 为原始图像, n 为索引颜色数目. 例如 (ex204.m):

```
F=imread('cameraman.tif');%读取灰度图像
[X, map]=gray2ind(F,64);%转换为索引图像
figure(1),imshow(F);%显示原始灰度图像
figure(2),imshow(X,map);%显示转换后的索引图像
```

可运行上述程序观察效果.

5. mat2gray 函数

该函数使用归一化方法将一个矩阵中的数据扩展成对应的灰度图像, 返回图像使用双精度类型存储. 调用方式为:

```
G=mat2gray(F,[Fmin,Fmax]);
```

其中, Fmin 和 Fmax 指定了函数在转换时使用的下限和上限. F 中低于 Fmin 和高于 Fmax 的数据将被截取到 0 和 1. 例如 (ex205.m):

```
F=imread('rice.png');%读取图像矩阵
G=mat2gray(F);%转换为灰度图像
figure(1),imshow(F);%显示原始图像
figure(2),imshow(G);%显示转换后的灰度图
```

可运行上述程序观察效果.

6. rgb2gray 函数

该函数将 RGB 图像转换为灰度图像, 返回的图像与原图像类型相同. 调用方式为:

```
G=rgb2gray(F);
```

也可以处理颜色表, 调用方式为:

```
G=rgb2gary(map);
```

输入输出均为双精度类型. 例如 (ex206.m):

```
F=imread('example.tif');%读取RGB图像
G=rgb2gray(F);%转换为灰度图像
figure(1),imshow(F);%显示原始RGB图像
figure(2),imshow(G);%显示转换后的灰度图像
H=load('clown');%装载索引图像
Hmap=rgb2gray(H.map);%将颜色表矩阵转换成灰度图像
figure(3),imshow(H.X,H.map);%显示原始的索引图像
figure(4),imshow(H.X,Hmap);%显示转换后的灰度索引图像
```

可运行上述程序观察效果.

7. rgb2ind 函数

该函数将 RGB 图像转换成索引图像, 多数情况下返回 uint8 类型图像, 如果输出图像是包含大于 256 色颜色表的索引图像, 则使用 uint16 类型. 调用方式为:

```
[G,map]=rgb2ind(F,n);
```

或

```
G=rgb2ind(map);
```

输出 G 为图像数据矩阵, n 是颜色表中的颜色数, map 为输出或给定的颜色表. 例如 (ex207.m):

```
F=imread('ngc6543a.jpg');%读入RGB图像
[G,map]=rgb2ind(F,16);%转换成索引图像
figure(1),image(F);%显示原始RGB图像
figure(2);%开启第二个图形窗口
image(G);colormap(map);%显示索引图像
```

这里的图片文件 ngc6543a.jpg 是用哈勃太空望远镜拍摄的行星状星云 NGC 6543 图像. 此图像显示了几个有趣的结构, 如同心气体壳、高速气体喷射和异常气体结. 表示该图像的数据矩阵 F 是 uint8 类型的 $650 \times 600 \times 3$ 三维数组. 可运行上述程序观察转换效果.

8. grayslice 函数

该函数使用阈值法从灰度图像创建索引图像, 多数情况下返回 uint8 类型图像, 如果输出图像是包含大于 256 色颜色表的索引图像, 则使用 uint16 类型. 调用方式为:

```
G=grayslice(F,n);
```

或

```
G=grayslice(F,v);
```

G 为输出的索引图像; 输入 F 为原始图像, n 为需要均匀划分的阈值个数, v 为给定的阈值向量. 例如 (ex208.m):

```
F=imread('snowflakes.png');%读入灰度图像
G=grayslice(F,64);%使用阈值法转换成索引图像
figure(1),imshow(F);%显示原始灰度图像
figure(2),imshow(G,jet(32));%用32种颜色显示索引图像
```

可运行上述程序观察转换效果.

9. dither 函数

该函数用抖动的方式创建较小颜色信息量的图像. 例如, 从灰度图像转换成黑白图像, 或者从 RGB 图像转换成索引图像. 该函数多数情况下返回 uint8 类型的图像, 如果输出图像是包含大于 256 色颜色表的索引图像, 则使用 uint16 类型. 例如 (ex209.m):

```
F=imread('street1.jpg');%读入RGB图像
G=F(:,:,3);%按第三维度存取灰度图像
BW=dither(G);%将灰度图像转换为二值图像
figure(1),imshow(F,[]);%显示RGB图像
figure(2),imshow(G,[]);%显示灰度图像
figure(3),imshow(BW,[]);%显示二值图像
```

运行上述程序观察转换效果, 如图 2.2 所示.

(a) 原始RGB图像　(b) 第3颜色通道灰度图　(c) 转换后的二值图像

图 2.2　dither 函数的抖动效果图

2.3.2 图像数据类型的转换

MATLAB 图像处理工具箱支持的图像数据类型默认是 uint8, 使用 imread 函数读取的图像文件一般都为 uint8 类型. 但是, 很多数学函数如 log10、cos 等只支持 double 类型 (双精度型) 的数据. 例如, 当试图对 uint8 类型直接使用函数 log10 进行操作时, MATLAB 会提示错误:

```
F=imread('coins.png');%读入一幅uint8图像
log10(F);
```

运行上述语句, 命令窗口会提示错误信息:

```
未定义与'uint8'类型的输入参数相对应的函数'log10'
```

针对这种情况, 可以利用图像处理工具箱中内置的图像数据类型转换函数进行转换. 一些常用的图像数据类型转换函数如表 2.1 所示.

表 2.1 图像数据类型转换函数

函数	描述
im2uint8	将图像转换成 uint8 类型 (8 位无符号整数类型)
im2uint16	将图像转换成 uint16 类型 (16 位无符号整数类型)
im2double	将图像转换成 double 类型 (双精度实数类型)
uint8	格式为 B=uint8(A), 将矩阵 A 转换为 8 位无符号整数类型
double	格式为 B=double(A), 将矩阵 A 转换为双精度实数类型

1. im2double 函数

此函数将图像数据转换为 double 类型, 范围是 $0 \sim 1$. 如果是 255 的图像 (即 uint8 图像), 那么 255 转换为 1, 0 还是 0, 中间的数据做相应改变. 例如:

```
F=reshape(uint8(linspace(1,255,25)),[5,5]);
G=im2double(F);%转换成double类型
```

2. im2uint8 函数

此函数将图像数据转换为 uint8 类型, 范围是 $0 \sim 255$ 的整数. 例如:

```
F=reshape(uint16(linspace(0,65535,25)),[5,5]);
G=im2uint8(F);%转换成uint8类型
```

3. im2uint16 函数

此函数将图像数据转换为 uint16 类型, 范围是 $0 \sim 65535$ 的整数. 例如:

```
F=reshape(linspace(0,1,25),[5,5]);
G=im2uint16(F);%转换成uint16类型
```

4. uint8 和 im2uint8 的区别

在进行数据类型转换时, uint8 和 im2uint8 是有区别的. uint8 仅仅是将 double 类型数据小数点后面的部分去掉; 而 im2uint8 是将输入中所有小于 0 的数设置为 0, 将输入中所有大于 1 的数设置为 255, 再将所有其他值乘以 255.

如果转换前的数据符合图像数据标准 (比如如果是 double 类型, 则要求位于 $0 \sim 1$ 之间), 那么就可以直接使用函数 im2uint8. 如果转换前的数据分布不合规律, 则使用 uint8 将其自动切割至 $0 \sim 255$ (超过 255 的按 255), 因此最好使用 mat2gray 将一个矩阵转化为灰度图像的数据格式 (double).

5. double 类型图像的显示

图像数据在进行计算前通常要转化为double类型,这样可以保证图像数据运算的精度. 虽然很多矩阵数据也是 double 类型的, 但要想显示它, 必须先转换为图像的标准数据格式. 比如有一个 double 类型的矩阵 F, 如果直接运行 imshow(F), 会发现显示的是一个白色的图像. 这是因为 imshow 函数显示图像时认为 double 类型在 0 ~ 1 范围内, 大于 1 的数据都显示为白色, 而 imshow 显示 uint8 型图像的范围是 0 ~ 255, 故而经过运算的范围在 0 ~ 255 之间的 double 类型数据就被不正常地显示成了白色图像.

解决的具体方法有:

```
imshow(F/255); %将图像矩阵转化为0~1之间的数值
imshow(F,[ ]);  %自动调整数据的范围以便于显示(必须是灰度图像)
imshow(uint8(F)); %先转换成uint8 类型再显示图像
imshow(mat2gray(F));%先转换成灰度矩阵再显示图像
```

2.4 MATLAB 图像处理函数

MATLAB 图像处理工具箱 (IPT) 中集成了丰富的图像处理函数, 现对其功能进行简单的介绍 (后续章节中会用到大量的图像处理函数, 先列于此, 以备查找).

1. 图像文件输入/输出函数 (如表 2.2 所示)

表 2.2 图像文件输入/输出函数

函数名	功能说明	函数名	功能说明
imread	图像文件读入	load	将扩展名为 mat 的图像文件载入内存
imwrite	图像文件写出	save	将内存变量中的图像保存到 mat 文件中
dicomread	读取 DICOM 图像	dicomwrite	输出 DICOM 图像

2. 图像显示函数 (如表 2.3 所示)

表 2.3 图像显示函数

函数名	功能说明	函数名	功能说明
imshow	图像显示	montage	按矩形剪辑方式显示多帧图像
getimage	从坐标系中获取图像数据	immovie	用多帧索引图像制作电影
image	建立显示图像	movie	播放电影
subimage	在同一图像窗口显示多个图像	truesize	调整图像显示大小
imagesc	调整数据并显示图像	warp	显示图像为纹理映射表面
colorbar	颜色条显示	zoom	二维图像放大或缩小

3. 图像像素值统计函数 (如表 2.4 所示)

表 2.4 图像像素值统计函数

函数名	功能说明	函数名	功能说明
mean2	求平均值	std2	求标准差
corr2	求相关系数	imhist	求图像数据直方图
impixel	返回选定图像像素颜色值	improfile	图像中沿一个路径的数据值计算
imcontour	画图像数据轮廓 (等高线)	imfinfo	查看图像信息

4. 图像滤波函数 (如表 2.5 所示)

表 2.5 图像滤波函数

函数名	功能说明	函数名	功能说明
conv2	二维卷积	freqz2	计算二维频率响应
convmtx2	计算二维卷积矩阵	fsamp2	用频率抽样设计二维 FIR 滤波器
fspecial	产生预定义滤波器	ftrans2	用频率抽样转换二维 FIR 滤波器
filter2	二维线性数字滤波器	frespace	确定二维频率响应间隔
fwind1	用一维窗口方法设计二维 FIR 滤波器	fwind2	用二维窗口方法设计二维 FIR 滤波器

5. 图像增强及平滑函数 (如表 2.6 所示)

表 2.6 图像增强及平滑函数

函数名	功能说明	函数名	功能说明	函数名	功能说明
medfilt2	二维中值滤波	ordfilt2	顺序统计滤波	wiener2	二维 Wiener 滤波
histeq	直方图均衡	imnoise	给图像增加噪声	imadjust	对比度调整

6. 图像变换函数 (如表 2.7 所示)

表 2.7 图像变换函数

函数名	功能说明	函数名	功能说明
fft	计算一维快速傅里叶变换 (FFT)	dct	计算离散余弦变换
ifft	计算一维 FFT 的逆变换	idct	计算离散反余弦变换
fft2	计算二维 FFT	dct2	计算二维离散余弦变换
ifft2	计算二维逆 FFT	idct2	计算二维反离散余弦变换
fftn	计算多维 FFT	dctmtx	计算 DCT 矩阵
ifftn	计算多维逆 FFT	radon	计算 Radon 变换
fftshift	直流分量平移到频谱中心	ifftshift	fftshift 的逆变换

7. 图像邻域操作函数 (如表 2.8 所示)

表 2.8 图像邻域操作函数

函数名	功能说明	函数名	功能说明
bestblk	选择块处理的块大小	colfilt	使用列方向函数进行邻域运算
blkproc	对图像实行不同的块处理	nlfilter	进行一般邻域计算
im2col	重排图像块为矩阵列	col2im	重排矩阵列为图像块

8. 二值图像操作函数 (如表 2.9 所示)

表 2.9 二值图像操作函数

函数名	功能说明	函数名	功能说明
erode	对二值图像进行腐蚀运算	dilate	对二值图像进行膨胀计算
bwlabel	标识二值图像中的连接成分	bwarea	计算二值图像中的目标区域
bweuler	计算二值图像中的欧拉数	bwselect	选择二值图像中的目标
bwfill	二值图像背景区域填充	bwperim	确定二值图像中的目标边界
bwmorph	二值图像形态运算	applylut	使用查找表进行邻域操作
makelut	构造查找表 (applylut 使用)		

9. 基于区域操作的函数 (如表 2.10 所示)

表 2.10 基于区域操作的函数

函数名	功能说明	函数名	功能说明
roicolor	根据颜色选择要处理的区域	roifilt2	对要处理区域滤波
roifill	在任意区域内平滑差值	roipoly	选择要处理的多边形区域

10. 图像分析函数 (如表 2.11 所示)

表 2.11 图像分析函数

函数名	功能说明	函数名	功能说明
edge	灰度图像边缘检测	qtgetblk	获得四叉树分解块值
qtdecomp	执行四叉树分解	qtsetblk	设置四叉树分解块值

11. 图像几何运算函数 (如表 2.12 所示)

表 2.12 图像几何运算函数

函数名	功能说明	函数名	功能说明	函数名	功能说明	函数名	功能说明
imrotate	图像旋转	imresize	尺寸调整	interp2	二维插值	mcrop	图像剪裁

12. 图像颜色操作函数 (如表 2.13 所示)

表 2.13　图像颜色操作函数

函数名	功能说明	函数名	功能说明
brighten	增亮或加深颜色图	colormap	查看并设置颜色图
cmpermute	重新排列颜色图中的颜色	imapprox	由颜色较少的图像近似索引图像
cmunique	消除颜色图中的重复行并相应调整图像矩阵中的索引	rgbplot	绘制 RGB 颜色图

13. 颜色控件转换函数 (如表 2.14 所示)

表 2.14　颜色控件转换函数

函数名	功能说明	函数名	功能说明
hsv2rgb	将 HSV 颜色值转化为 RGB 颜色值	rgb2hsv	将 RGB 颜色值转换为 HSV 颜色值
ntsc2rgb	将 NTSC 颜色值转换为 RGB 颜色值	rgb2ntsc	将 RGB 颜色值转换为 NTSC 颜色值

第 3 章 图像灰度变换

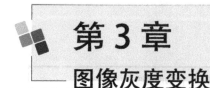

数字图像的灰度变换主要针对图像的空间域操作. 空间域技术直接对图像的像素进行操作, 灰度变换的空间域处理可用下面的表达式进行概括:

$$g(x, y) = T[f(x, y)], \tag{3.1}$$

其中, $f(x,y)$ 是输入图像, $g(x,y)$ 是输出图像, T 是对图像 f 的算子, 作用于点 (x,y) 的邻域 (模板), 如图 3.1 所示.

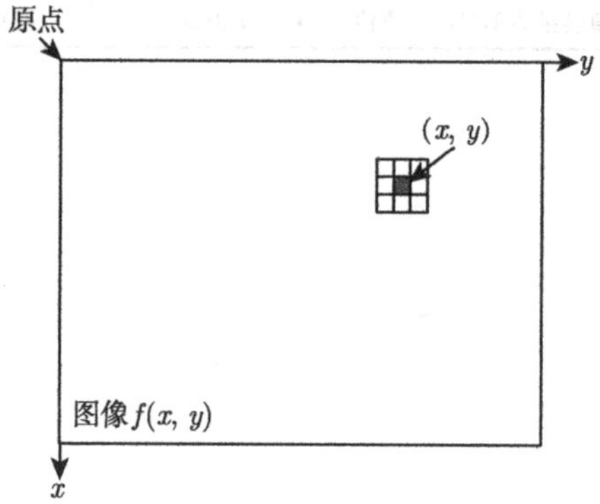

图 3.1　以点 (x,y) 为中心的 3×3 大小的邻域

将此邻域的中心从起始点开始逐个像素移动, 比如从左上角 (原点), 在移动的同时包含不同的邻域. 算子 T 作用于每个位置 (x,y), 从而得到相应位置的输出图像 g. 注意, 只有中心点在 (x,y) 处的邻域内的像素被用来计算 (x,y) 处 g 的值.

算子 T 最简单的情况就是如图 3.1 所示的邻域大小为 1×1 (单个像素) 的情况. 在这种情况下, g 的值仅由 f 在 (x,y) 这一点的灰度值决定, T 也就退化为灰度变换函数. 此时, 由于输出值仅取决于一个点的灰度值, 而不是取决于该点的邻域, 因此灰度变换函数通常写成如下简单形式:

$$w = T(u), \tag{3.2}$$

其中, u 表示图像 f 中的灰度, w 表示图像 g 中的灰度, 两者在图像中处于相同的坐标 (x,y) 处.

灰度变换函数 (3.2) 也称为点运算, 即对图像的每个像素依次进行同样的变换运算. 点运算常常用于改变图像的灰度范围及分布, 是图像数字化及图像显示时常常需要的工具.

3.1 imadjust 函数

在 MATLAB 图像处理工具箱中, 函数 imadjust 是灰度变换的基本函数. 此函数的功能是调整图像的灰度值或颜色表. 它将灰度图像 F 中的灰度值映射到图像 G 中的新值. 函数 stretchlim 可以指定灰度图像 F 中所有像素值底部和顶部 1% 的饱和度, 因而使得 imadjust 函数可以自动进行处理, 而不必关心其中的低高参数 [low_in, high_in].

1. 函数 imadjust 的使用方法

函数 imadjust 的常见调用方式如下.

(1) `G = imadjust(F);`

将图像 F 中的灰度值映射到 G 中的新值. 默认情况下, imadjust 对所有像素值中底部的 1% 和顶部的 1% 进行饱和处理. 此运算可提高输出图像 G 的对比度.

(2) `G = imadjust(F,[low_in, high_in]);`

将图像 F 中的灰度值映射到 G 中的新值, 使区间 [low_in, high_in] 之间的值映射到 [0, 1] 之间.

(3) `G = imadjust(F,[low_in, high_in],[low_out, high_out]);`

将 F 中的灰度值映射到 G 中的新值, 使区间 [low_in, high_in] 之间的值映射到 [low_out, high_out] 之间.

(4) `G = imadjust(F,[low_in, high_in],[low_out, high_out],gamma);`

将 F 中的灰度值映射到 G 中的新值. 其中, gamma 指定描述 F 和 G 中的值之间关系的曲线形状 (后文将详细阐述).

(5) `G = imadjust(RGB,[low_in, high_in],…);`

将真彩色图像 RGB 中的值映射到 G 中的新值. 可以为每个颜色通道应用相同的映射或互不相同的映射.

(6) `Nmap = imadjust(Omap,[low_in, high_in],…);`

将颜色表 Omap 中的值映射到 Nmap 中的新值. 可以为每个颜色通道应用相同的映射或互不相同的映射.

例 3.1 用 imadjust 函数调整 MATLAB 内置的灰度图像 pout.tif 的对比度.

编制 MATLAB 脚本程序如下 (ex301.m).

```
F=imread('pout.tif');%读入灰度图像
figure(1),imshow(F);%显示原始图像
G=imadjust(F);figure(2),imshow(G);
%调整图像的对比度, 分别对底部的1%和顶部的1%进行饱和处理,并显示它
H=imadjust(F,[0.25 0.75],[]);%在指定对比度限制的情况下调整图像的对比度
figure(3),imshow(H);%显示调整后的图像
```

运行上述程序观察转换效果, 如图 3.2 所示.

(a) 原始灰度图像　　(b) 默认值变换后的图像　　(c) 指定值变换后的图像

图 3.2　函数 imadjust 对灰度图像的变换效果

例 3.2　用 imadjust 函数调整 MATLAB 内置的 RGB 图像 greens.jpg 的对比度. 编制 MATLAB 脚本程序如下 (ex302.m).

```
F1=imread('greens.jpg');%读入彩色图像
figure(1),imshow(F1);%显示原始彩色图像
F2=imadjust(F1,[0.3,0.2,0.1;0.5,0.7,0.9],[]); %在指定对比度限制的情况下调整
%图像的对比度
figure(2),imshow(F2);%显示调整后的图像
```

运行上述程序观察转换效果, 如图 3.3 所示.

(a) 原始RGB图像　　(b) 指定值变换后的图像

图 3.3　函数 imadjust 对彩色图像的变换效果 (扫描右侧二维码可查看彩色效果)

2. 函数 stretchlim 的使用方法

函数 stretchlim 主要有下面两种调用方式.

(1) `lowhigh = stretchlim(F);`

计算灰度图像对比度拉伸或 RGB 图像的下限和上限, 其下限以 lowhigh 形式返回. 默认情况下, 限制指定所有像素值的底部 1% 和顶部 1%, 即 [0.01,0.99].

(2) `lowhigh = stretchlim(F,tol);`

指定图像 F 在低像素值和高像素值处饱和的分数 tol, 其中 tol 是一个两个元素的向量 [low_frac, high_frac]. 若 tol 是个标量, 则 low_frac=tol, high_frac=1−tol; 这将以低

像素值和高像素值充满相等的部分. tol 的默认值是 [0.01,0.99]. 若 tol=0, 则 lowhigh=[min(F(:)),max(F(:))].

例 3.3　用 stretchlim 函数找出 MATLAB 内置的灰度图像 rice.png 中拉伸对比度的限制.

编制 MATLAB 脚本程序如下 (ex303.m).

```
F=imread('rice.png');%读取灰度图像
figure(1), imshow(F); %显示原图像
G=imadjust(F,stretchlim(F,0.2),[]);%tol=0.2
%使用stretchlim调整图像中的对比度来设置限制, 该示例使用限制[0.2 0.8], 使顶部20%和
%底部20%饱和
figure(2),imshow(G);%显示变换结果图像
H=imadjust(F,stretchlim(F),[1,0]);%获得明暗反转图像
figure(3),imshow(H);%显示明暗反转图像
```

运行上述程序观察转换效果, 如图 3.4 所示.

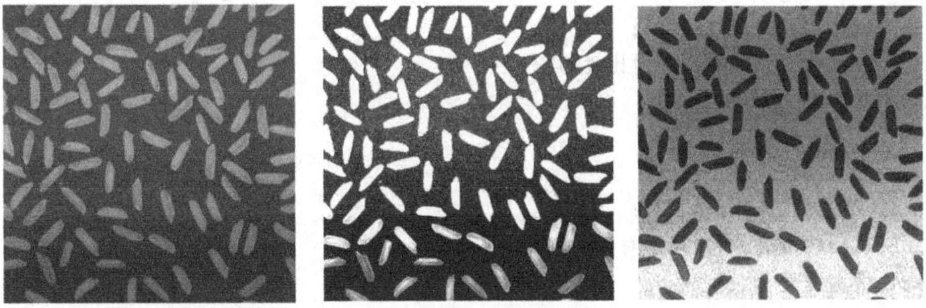

(a) 原始灰度图像　(b) 灰度拉伸后的图像　(c) 明暗反转后的图像

图 3.4　函数 stretchlim 和 imadjust 配合使用的变换效果

3.2　灰度线性变换

灰度线性变换是一种灰度变换, 通过建立灰度映射来调整原图像的灰度, 达到图像增强的目的.

灰度线性变换就是将图像的像素值通过指定的线性函数进行变换, 以此增强或减弱图像的灰度. 灰度线性变换的公式就是一维线性函数:

$$g(x,y) = a \cdot f(x,y) + b. \tag{3.3}$$

设 u 为原始的灰度值, 则变换后的灰度值 w 为

$$w = a \cdot u + b \ (0 \leqslant w \leqslant 255), \tag{3.4}$$

其中, a 表示直线的斜率, 即倾斜程度; b 表示线性函数在 y 轴的截距. 参数 a, b 的作用如表 3.1 所示.

表 3.1　参数 a, b 的作用

a, b 的值	作用
$a > 1$	增大图像的对比度, 像素值在变换后全部增大, 整体效果被增强
$a = 1$	通过调整 b, 实现对图像亮度 (灰度) 的调整
$0 < a < 1$	图像的对比度被削弱
$a < 0$	原来图像亮的区域变暗, 暗的区域变亮

使用 MATLAB 对图像进行灰度线性变换没有内置专门的函数. 下面的程序对 MATLAB 系统示例图像 football.jpg 进行了不同参数的线性变换操作. 程序代码如下 (ex304.m).

```
F=imread('football.jpg');%读入原图像
F=rgb2gray(F); %转换为灰度图像
F=im2double(F);%转换数据类型为double
subplot(2,3,1);imshow(F);%显示原图像
xlabel('原图像');
%增加对比度
a=1.5; b=-60;
G=a.*F+b/255;
subplot(2,3,2);imshow(G);
xlabel('a=1.5,b=-60增加对比度');
%减小对比度
a=0.75; b=-60;
G=a.*F+b/255;
subplot(2,3,3);imshow(G);
xlabel('a=0.75,b=-60减小对比度');
%线性增加亮度
a=1; b=60;
G=a.*F+b/255;
subplot(2,3,4);imshow(G);
xlabel('a=1,b=60线性平移增加亮度');
%线性减小亮度
a=1; b=-60;
G=a.*F+b/255;
subplot(2,3,5);imshow(G);
xlabel('a=1,b=-60线性平移减小亮度');
%反相显示
a=-1; b=255;
G=a.*F+b/255;
subplot(2,3,6);imshow(G);
xlabel('a=-1,b=255反相显示');
```

上述程序的运行结果如图 3.5 所示.

从图 3.5 可以看出, 单纯的线性变换可以在一定程度上解决视觉上的图像整体对比度问题, 但对图像细节部分的增强则较为有限, 结合后面将介绍的非线性变换技术可以解决这一问题.

(a) 原图像　(b) a=1.5, b=−60 增加对比度　(c) a=0.75, b=−60 减小对比度

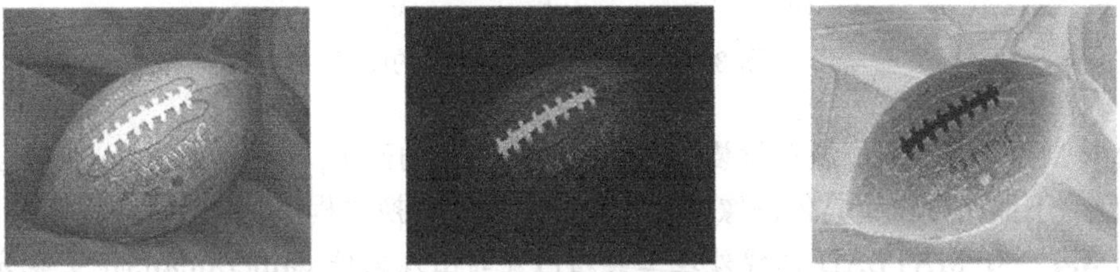

(d) a=1, b=60 线性平移增加亮度　(e) a=1, b=−60 线性平移减小亮度　(f) a=−1, b=255 反相显示

图 3.5　线性变换示意图

3.3 分段线性变换

分段线性变换是线性变换的升级, 它可以对灰度值进行分段处理. 利用分段线性函数来增强图像对比度的方法实际上是增强原图像各部分的反差, 即增强输入图像中感兴趣的灰度区域, 相对抑制那些不感兴趣的灰度区域. 分段线性函数的主要优势在于它的形式可以任意合成, 而其缺点是需要更多的用户输入.

分段线性函数的表达式如下:

$$g(x,y)=\begin{cases}\dfrac{c}{a}f(x,y), & 0\leqslant f(x,y)\leqslant a,\\ \dfrac{d-c}{b-a}\big[f(x,y)-a\big]+c, & a\leqslant f(x,y)\leqslant b,\\ \dfrac{M_g-d}{M_f-b}\big[f(x,y)-b\big]+d, & b\leqslant f(x,y)\leqslant M_f.\end{cases} \tag{3.5}$$

式 (3.5) 中最重要的参数是 a,b,c,d, 其中, 参数 a 和 b 给出需要转换的灰度范围, 参数 c 和 d 决定线性变换的斜率. 另外, M_f 和 M_g 分别是输入图像和输出图像的最大灰度值, 对于 uint8 图像, 其值通常均为 255, 而对于 double 类型图像, 其值通常均为 1.

分段线性变换函数的图形如图 3.6 所示.

分段线性变换可以有选择性地拉伸某段灰度区间, 以改善输出图像. 如果一幅图像灰度集中在较暗的区域而导致图像偏暗, 可以用灰度拉伸功能扩展 (斜率 >1) 物体的灰度区间以改善图像质量; 同样, 如果图像灰度集中在较亮的区域而导致图像偏亮, 也可以用灰度拉伸功能压缩 (斜率 <1) 物体灰度区间以改善图像质量.

灰度拉伸是通过控制输出图像中灰度级的展开程度来达到控制对比度的效果的. 一般情况下都限制 $a<b$, $c<d$, 从而保证函数是单调递增的, 以避免处理过的图像中灰度级发生颠倒.

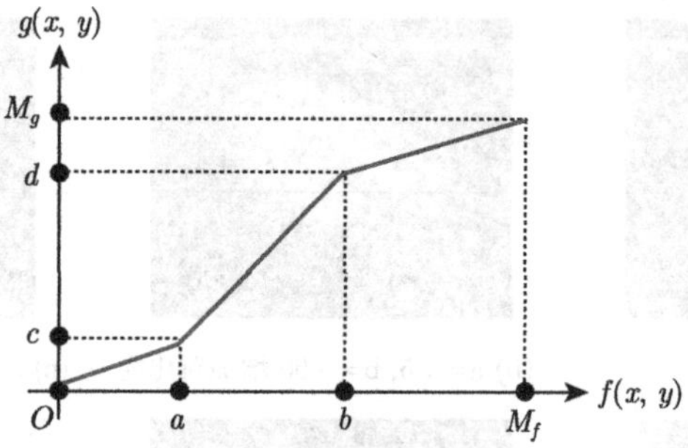

图 3.6　分段线性变换函数的图形

由于 MATLAB 系统没有封装实现分段线性变换的函数, 前面介绍的 imadjust 函数也无能为力. 下面结合一个具体图像编写实现分段线性变换的程序.

例 3.4　对 MATLAB 图像处理工具箱内置的图片文件 cameraman.tif 实施分段线性变换, 并与高低端灰度不变及截取式灰度变换两种情形进行比较.

编制 MATLAB 程序如下 (ex305.m).

```
f=imread('cameraman.tif');
%f=rgb2gray(f); %若是RGB图像, 转为灰度图像
f=im2double(f);%转换为double类型
[h,w]=size(f);
%分段线性变换
a=40/256; b=120/256;
c=50/256; d=210/256;
g1=zeros(h,w); %输出图像大小
for i=1:h
    for j=1:w
        if f(i,j)<=a
           g1(i,j)=c/a*f(i,j);
        elseif f(i,j)<b
           g1(i,j)=(d-c)/(b-a)*(f(i,j)-a)+c;
        else
           g1(i,j)=(1-d)/(1-b)*(f(i,j)-b)+d;
        end
    end
end
%高低端灰度值不变
g2=f;
for x=1:h
    for y=1:w
        if a<f(x,y)<b
            g2(x,y)=(d-c)/(b-a)*(f(x,y)-a)+c;
        end
    end
```

```
end
%截取式灰度变换
g3=imadjust(f,[a;b],[c;d]);
%[a,b]是输入图像的灰度区间,[c,d]是输出图像的灰度区间
%小于a的被直接赋值为c,大于b的被直接赋值为d
subplot(2,2,1),imshow(f),xlabel('(a) 原图像');
subplot(2,2,2),imshow(g1),xlabel('(b) 分段线性变换');
subplot(2,2,3),imshow(g2),xlabel('(c) 高低端灰度不变');
subplot(2,2,4),imshow(g3),xlabel('(d) 截取式灰度变换');
```

运行上述程序可得结果如图 3.7 所示.

(a) 原图像　(b) 分段线性变换

(c) 高低端灰度不变　(d) 截取式灰度变换

图 3.7　分段灰度变换的效果

3.4　灰度指数变换

灰度指数变换又称为幂次变换或伽马变换, 是一种常见的灰度非线性变换. 它主要用于图像的校正, 对灰度过高或者灰度过低的图像进行修正, 增强其对比度. 变换公式就是对原图像上的每一个像素值进行乘积运算:

$$w = c \cdot u^{\gamma},\ u \in [0,1], \tag{3.6}$$

其中, c 和 γ 为正常数, 伽马变换的名称由此而来. 有时考虑到偏移量, 也将变换公式写为:

$$w = c(u+\varepsilon)^{\gamma},\ u \in [0,1]. \tag{3.7}$$

通常, 灰度缩放系数 c 取为 1. γ 的不同取值选择性地增强低灰度区域的对比度或高灰度区域的对比度. γ 是图像灰度校正中非常重要的一个参数, 其取值决定了输入图像和输出图像之间的灰度映射方式, 即决定了是增强低灰度区域 (阴影区域) 的对比度还是增强高灰度区域 (高亮区域) 的对比度. γ 值对灰度变化的影响如表 3.2 所示.

表 3.2　γ 值对灰度变化的影响

γ 值	影响
$\gamma < 1$	增大灰度值, 图像变亮, 增强低灰度区的对比度
$\gamma > 1$	减小灰度值, 图像变暗, 增强高灰度区的对比度
$\gamma = 1$	退化为线性变换, 对比度保持不变

编制 MATLAB 程序如下 (ex306.m).

```
u=[0:0.01:1];%自变量取值范围
r=[0.04,0.1,0.2,0.4,0.7,1.0,1.5,3,6,18]';%gamma的几个不同取值
w=cell(10,1);hold on
for i=1:10,w{i}=u.^r(i);plot(u,w{i},'k-');end
grid on;box on;hold off;xlabel('输入灰度');ylabel('输出灰度');
text(0.05,0.95,'0.04');     text(0.1,0.85,'0.1');
text(0.15,0.75,'0.2');      text(0.25,0.65,'0.4');
text(0.35,0.55,'0.7');      text(0.43,0.5,'1.0');
text(0.5,0.33,'1.5');       text(0.6,0.2,'3.0');
text(0.73,0.13,'6.0');      text(0.89,0.1,'18');
```

运行上述程序, 可得到指数变换的映射关系如图 3.8 所示.

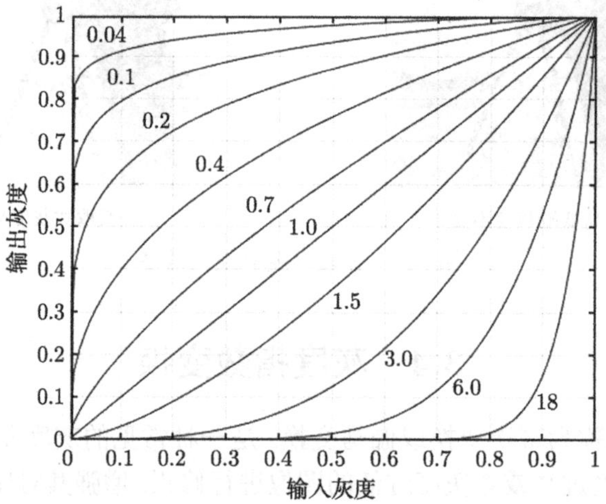

图 3.8　0 ~ 1 范围内的指数变换的映射关系

在进行变换时, 通常需要先将 0 ~ 255 的灰度动态范围变换到 [0, 1] 的动态范围, 执行完伽马变换之后再恢复原动态范围.

关于指数变换 (伽马变换) 的 MATLAB 实现, 可用前面 3.1 节介绍的 imadjust 函数来进行, 其调用方式如下:

```
G = imadjust(F, [low_in,high_in], [low_out,high_out], gamma);
```

该函数将输入图像 F 中从 low_in 到 high_in 之间的灰度值映射到输出图像 G 中从 low_out 到 high_out 之间的灰度值, low_in 以下和 high_in 以上的值被裁减.

除参数 gamma 外, 其他参数的使用方法已在 3.1 节中做了详细的说明, 这里只介绍参数 gamma 的使用方法. 参数 gamma 指定了变换曲线的形状 (类似于图 3.8), 其默认值是 1, 表示线性映射. 若 gamma<1, 则映射被加权至更高的输出值; 若 gamma>1, 则映射被加权至更低的输出值.

另外, 值得注意的是, 当参数 gamma 取值为 1 时, 可通过设置合适的 [low_in,high_in] 和 [low_out,hgih_out] 的取值, 实现 3.2 节讲述的灰度线性变换; 而当 [low_in,high_in] 和 [low_out,hgih_out] 的取值均为 [0,1] 时, 以不同的 gamma 值调用该函数则可以实现图 3.8 中的各种指数变换.

例 3.5　取不同的 gamma 值, 对 MATLAB 图像处理工具箱内置的图片文件 car2.jpg 实施指数变换, 观察不同的 gamma 值给图像的整体明暗程度带来的变化, 以及对图像暗部和亮部细节清晰度的影响.

编制 MATLAB 程序如下 (ex307.m), 该程序给出了不同 gamma 值的指数变换的实现.

```
F=imread('car2.jpg');%读取原图像
F=rgb2gray(F);%转换为灰度图像
subplot(2,2,1);imshow(F);xlabel('原图像');%显示原图像
subplot(2,2,2);imshow(imadjust(F,[],[],0.4));
xlabel('gamma=0.4');%gamma=0.4;
subplot(2,2,3);imshow(imadjust(F,[],[],1.0));
xlabel('gamma=1');%gamma=1.0;
subplot(2,2,4);imshow(imadjust(F,[],[],1.6));
xlabel('gamma=1.6');%gamma=1.6;
```

上述程序的运行结果如图 3.9 所示.

(a) 原图像

(b) gamma = 0.4

(c) gamma = 1

(d) gamma = 1.6

图 3.9　指数变换效果

可以看出, 当 gamma 值取 1 时, 图像没有任何改变. 由于指数变换并不是线性变换, 所以它不仅可以改变图像的对比度, 还能够增强细节, 从而带来整体图像效果的增强和改善.

3.5 灰度对数变换

灰度对数变换的通用形式为:

$$w = c\ln(1+u), \tag{3.8}$$

其中, c 为尺度比例常数; $u \geqslant 0$, 为原灰度值; w 为变换后的目标灰度值.

由对数函数的性质可知, 该变换将范围较窄的低灰度值映射为较宽范围的灰度值, 相反地, 对高输入灰度值也是如此.

在如图 3.10 所示的对数函数曲线上, 当自变量的值较小时, 曲线的斜率很大; 当自变量的值较大时, 曲线的斜率较小.

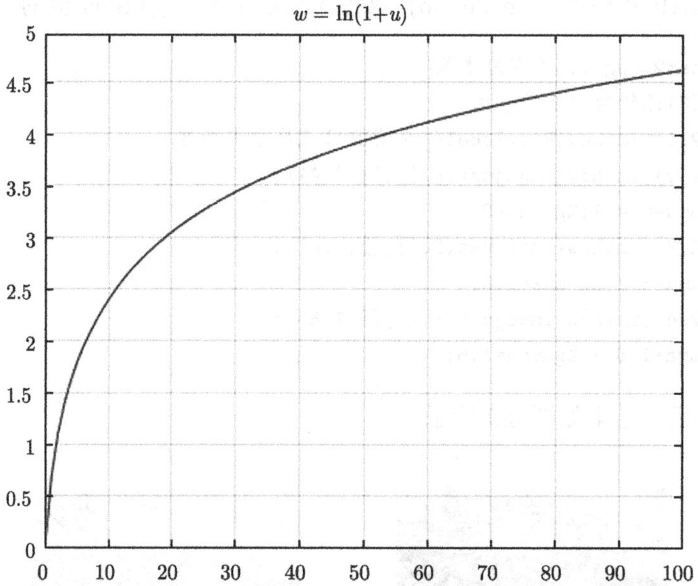

图 3.10　对数函数曲线

由对数函数曲线可知, 这种变换可以增强一幅图像中较暗部分的细节, 从而可用来扩展被压缩的高值图像中的较暗像素, 因此对数变换被广泛地应用于频谱图像的显示中. 一个典型的应用是傅里叶频谱, 其动态范围可能宽达 $0 \sim 10^6$. 直接显示频谱时, 图像显示设备的动态范围往往不能满足要求, 从而丢失大量的暗部细节. 而在使用对数变换后, 图像的动态范围被合理地非线性压缩, 从而可以清晰地显示.

对数变换的 MATLAB 实现, 可直接使用如下数学函数来对图像矩阵 F 进行变换:

```
G=log(1+F);
```

注意, 对数函数 log 会对输入的图像矩阵 F 中的每个元素进行操作, 但仅能操作 double 类型的矩阵. 从图像文件中得到的图像矩阵大多是 uint8 的, 因此需要首先使用 im2double 函数来执行数据类型转换.

例 3.6　对 MATLAB 图像处理工具箱内置的图像文件 foggysf1.jpg 实施对数变换, 观察图像整体明暗程度的变化, 以及对图像暗部和亮部细节清晰度的影响.

编制 MATLAB 程序如下 (ex308.m).

```
F=imread('foggysf1.jpg');%读取原图像
F=rgb2gray(F);%转换为灰度图像
figure(1);imshow(F);%显示原图像
F=im2double(F);%转换数据类型
G=log(1+F);%对数变换
figure(2);imshow(G);%对数变换后的图像
```

运行上述程序, 结果如图 3.11 所示.

(a) 原图像　　(b) 对数变换后的图像

图 3.11　对数变换效果

3.6　灰度阈值变换

阈值就是某种状态变化的临界值. 阈值变换是灰度图像转换为二值图像的一种常用方法. 图像的阈值变换在图像分割、边缘检测等诸多领域都会用到, 属于预处理方法的一种.

灰度阈值变换函数表达式为:

$$f(u)=\begin{cases}0, & u<T,\\ 255, & u\geqslant T,\end{cases}\quad (T\ \text{是指定的阈值}). \tag{3.9}$$

灰度阈值变换将一幅灰度图像转换成黑白的二值图像, 其原理是: 指定一个起到分界线作用的阈值, 若图像中某像素的灰度值小于该阈值, 则将该像素的灰度值设置为 0, 否则设置为 255. 灰度的阈值变换也常称为阈值化或二值化.

图 3.12 给出了灰度阈值变换的示意图.

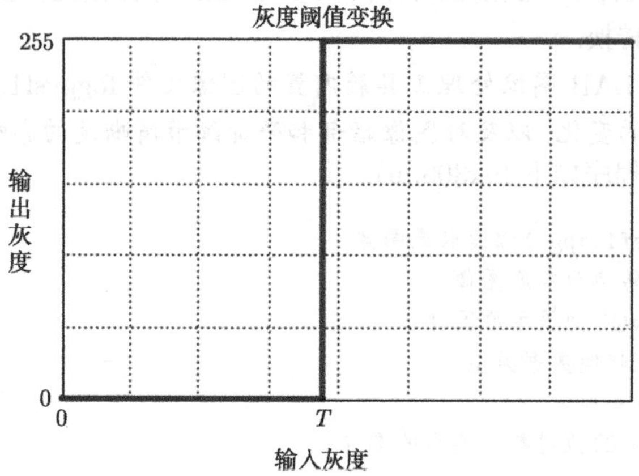

图 3.12　灰度阈值变换的示意图

灰度阈值变换的用途和可扩展性都非常广泛. 通过将一幅灰度图像转换为二值图像, 可以将图像内容直接划分为操作者关心的和不关心的两个部分, 从而在复杂背景中直接提取感兴趣的内容. 因此, 灰度阈值变换是图像分割的重要手段, 后续章节中还将进一步阐述.

在 MATLAB 图像处理工具箱中, 主要有两个函数 im2bw 和 graythresh 与灰度阈值变换有关, 分别介绍如下.

1. 函数 im2bw

该函数可用于实现阈值变换, 其调用方式如下:

```
BW=im2bw(F,level);
```

在上述调用方式中, 参数 F 是需要二值化的输入图像; level 是具体的变换阈值, 它是一个 $0 \sim 1$ 之间的双精度浮点数, 例如输入图像 F 为灰度范围在 $0 \sim 255$ 之间的 uint8 图像, 如果 level=0.5, 则对应于分割阈值为 128; 返回值 BW 为二值化后的输出图像.

2. 函数 graythresh

该函数用于自适应地确定变换所用的 “最优” 阈值, 其调用方式如下:

```
thresh=graythresh(F);
```

在上述调用方式中, 参数 F 是需要计算阈值的输入图像, 返回值 thresh 是计算得到的最优阈值.

需要注意的是, 阈值参数 level 的值既可由经验确定, 也可使用 graythresh 函数自适应地确定. 下面看一个例子.

例 3.7　对 MATLAB 图像处理工具箱内置的图像文件 pout.tif 实施阈值变换, 观察用 graythresh 函数获得最优阈值和人工设定阈值之间的差异.

编制 MATLAB 程序如下 (ex309.m).

```
F=imread('pout.tif');%读取图像
figure(1);imshow(F);%显示原图像
thresh=graythresh(F);%自适应确定阈值
B1=im2bw(F,thresh);%二值化
figure(2);imshow(B1);%显示自动选择阈值的二值图
B2=im2bw(F,0.51);%选择0.51为阈值
figure(3);imshow(B2);%显示人工设定阈值的二值图
```

上述程序的运行结果如图 3.13 所示.

(a) 原始灰度图像　(b) 自动选择阈值的二值图像　(c) 人工设定阈值的二值图像

图 3.13　阈值变换效果

由图 3.13 (b) 和图 3.13 (c) 可以看出, 单纯的灰度阈值变换无法很好地处理灰度变化较为复杂的图像, 常常给物体的边缘带来误差, 或者给整个画面带来噪声点. 这就需要通过其他图像处理手段来弥补, 我们将在后续章节介绍相关内容.

3.7 灰度直方图

灰度直方图是关于灰度级分布的函数, 是对图像中灰度级分布的统计. 具体地说, 灰度直方图按照灰度值的大小, 统计数字图像中所有像素出现的频数或频率. 还有一种特殊的灰度直方图叫归一化直方图, 可以直接反映不同灰度级出现的比率.

灰度直方图反映了图像像素分布的统计特性, 是数字图像处理中最为简单有效的工具, 广泛应用于图像处理的各个领域, 如灰度图像的阈值分割、图像匹配、特征提取以及图像分类等.

灰度直方图的形态在很大程度上可直观地反映图像的质量状况. 比如, 根据图 3.14 所示, 可以很快发现一幅图像是否过暗或过亮.

从图形上来说, 灰度直方图是一个二维图, 横坐标为图像中各个像素点的灰度 (亮度) 级别, 纵坐标表示具有各个灰度级别的像素在图像中出现的频数或频率. 如无特别说明, 本书中直方图的纵坐标都对应着该灰度级别在图像中出现的频数, 而归一化直方图则对应着该灰度级别在图像中出现的频率.

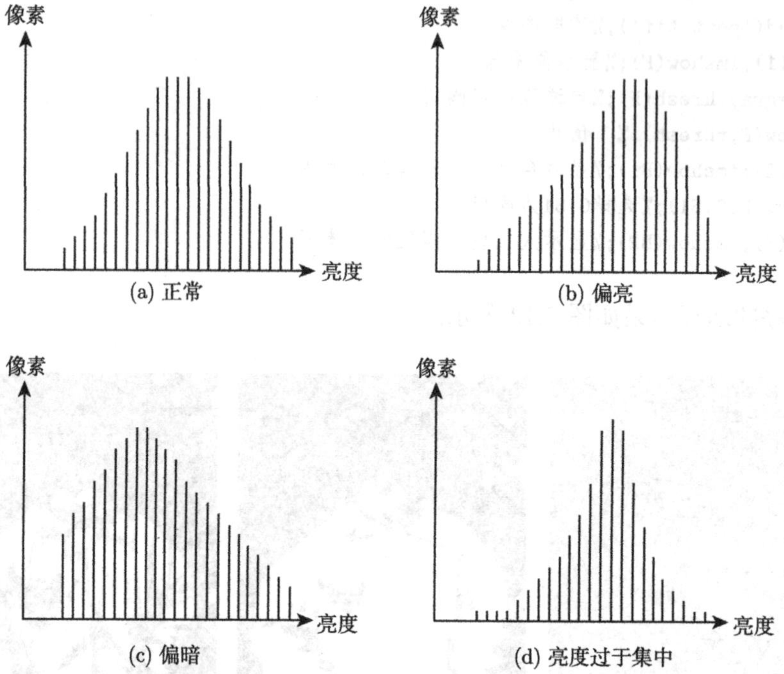

图 3.14 灰度直方图示意图

灰度直方图的计算是根据其统计定义进行的. 图像的灰度直方图是一个离散的函数, 它表示图像每一个灰度级与该灰度级出现频率的对应关系.

假设一幅图像的总像素为 n, 灰度级总数为 L, 其中灰度级为 ℓ 的像素总数为 n_ℓ, 满足

$$\sum_{\ell=0}^{L-1} n_\ell = n,$$

则这幅数字图像的灰度直方图横坐标即为 $\ell\,(0 \leqslant \ell \leqslant L-1)$, 纵坐标为灰度值出现的次数 n_ℓ.

进一步, 可以计算各个灰度级出现的频率:

$$f_\ell = \frac{n_\ell}{n},$$

从而可得到归一化直方图, 其纵坐标为频率 f_ℓ.

MATLAB 中封装了 imhist 函数用以实现图像的灰度直方图运算, 其调用方式如下:

(1) `imhist(F); %计算灰度图像F的直方图`

(2) `imhist(F,n); %指定n为直方图的灰度级数目`

(3) `imhist(X,map); %用颜色表map计算索引图像X的直方图`

(4) `[counts,x]=imhist(____); %输入参数为上述各种情形`

在上述调用方式中, 输入参数 F, X 分别是需要计算直方图的灰度图像和索引图像. 参数 n 是指定的灰度级数目, 如果指定参数 n, 则会将所有的灰度级均匀地分布在 n 个小区

间内. 返回参数 counts 是直方图数据向量, counts(i) 表示第 i 个灰度区间中的像素数. 输出参数 x 是保存对应的灰度小区间的向量.

若调用时不接收这个函数的返回值, 则直接显示直方图. 若得到这些返回数据, 则需使用 stem(x,counts) 来手工绘制直方图.

例 3.8　分别计算 MATLAB 图像处理工具箱中内置图像 rice.png 的灰度直方图和归一化直方图.

编制 MATLAB 程序如下 (ex310.m).

```
F=imread('rice.png');
figure(1);imshow(F);title('原图像');
figure(2);imhist(F,64);title('64个区间的直方图');
[counts,x]=imhist(F,32);
[m,n]=size(F);counts=counts/m/n;
figure(3);stem(x,counts);title('32个区间的归一化直方图');
```

上述程序的运行结果如图 3.15 所示.

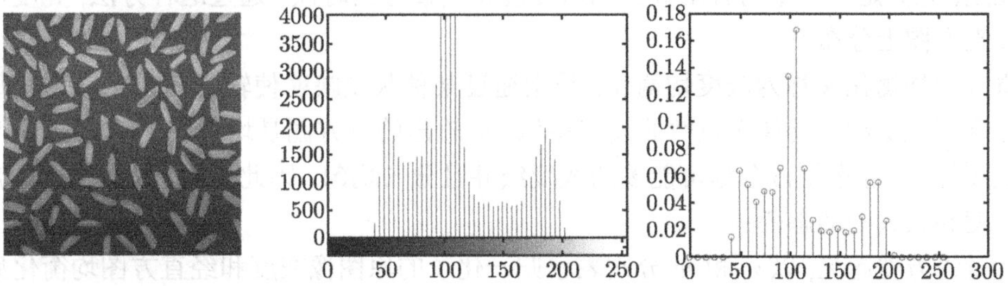

(a) 原图像　　(b) 64个区间的直方图　　(c) 32个区间的归一化直方图

图 3.15　灰度直方图和归一化直方图

通过分析图像的灰度直方图可以得到很多有效的信息. 实际上, 直方图的峰值位置说明了图像总体的亮度: 即如果峰值出现在直方图的靠右部分, 则图像较亮; 如果峰值出现在直方图的靠左部分, 则图像较暗, 从而造成暗部细节难以分辨. 如果直方图只有中间某一小段非零值, 则图像的对比度较低; 反之, 如果直方图的非零值分布很宽且比较均匀, 则图像的对比度较高.

例 3.9　分别计算 MATLAB 图像处理工具箱中内置索引图像 trees.tif 的灰度直方图和归一化直方图.

编制 MATLAB 程序如下 (ex311.m).

```
[X,map]=imread('trees.tif');
figure(1);imshow(X,map);%title('原图像');
figure(2);imhist(X,map);%title('直方图');
```

运行上述程序得到结果如图 3.16 所示.

(a) 原图像

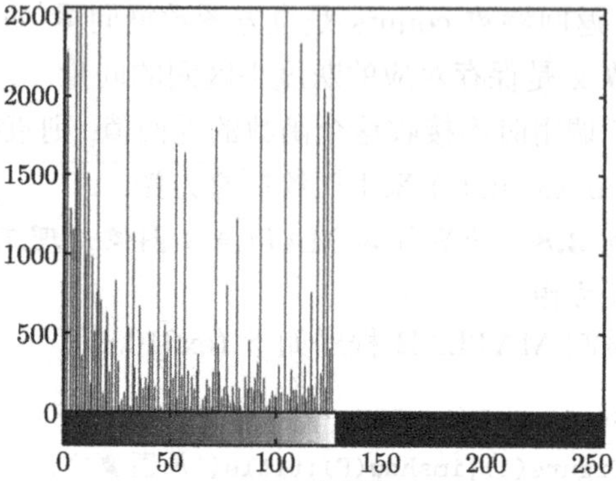

(b) 直方图

图 3.16　索引图像的灰度直方图

3.8　直方图均衡化

直方图均衡化是利用灰度直方图调整对比度的方法. 这种方法通常用来增加图像的全局对比度, 尤其是当图像的有用数据的对比度相当接近的时候. 通过这种方法, 亮度可以更好地在直方图上分布.

直方图均衡化又称为灰度均衡化, 是指通过某种灰度映射使输入图像转换为在每一灰度级上都有近似相同的像素点数的输出图像 (即输出的直方图是均匀的). 在经过均衡化处理后的图像中, 像素将占有尽可能多的灰度级并且分布均匀. 因此, 这样的图像将具有较高的对比度和较大的动态范围.

为讨论方便起见, 以 u 和 w 分别表示归一化了的原图像灰度和经直方图均衡化后的图像灰度 (因为归一化了, 故有 $0 \leqslant u, w \leqslant 1$) . 当 $u = w = 0$ 时, 表示黑色; 当 $u = w = 1$ 时, 表示白色; 当 $u, w \in (0,1)$ 时, 表示像素灰度在黑白之间变化. 所谓直方图均衡化, 其实就是根据直方图对像素点的灰度值进行变换, 属于点操作范围. 换言之, 即已知 u, 求其对应的 w.

在区间 $[0,1]$ 内的任何一个 u, 经变换函数 $T(u)$ 都可以产生一个对应的 w, 即

$$w = T(u). \tag{3.10}$$

值得注意的是, 变换 $T(u)$ 必须是单调递增的 (以保证均衡化后的灰度级从黑到白的次序不变), 且 $0 \leqslant T(u) \leqslant 1$ (以保证均衡化后的像素灰度值在允许的范围内).

由于 T 是单调递增的, 故一定存在逆变换

$$u = T^{-1}(w). \tag{3.11}$$

不难知道, $T^{-1}(u)$ 同样是单调递增的且值域亦为 $[0,1]$.

由概率论可知, 如果已知随机变量 u 的概率密度是 $p_u(u)$, 而随机变量 w 是 u 的函数, 则 w 的概率密度 $p_w(w)$ 可以由 $p_u(u)$ 求出. 假定随机变量 w 的分布函数用 $F_w(w)$ 表示, 根据分布函数的定义有

$$F_w(w) = \int_{-\infty}^{w} p_w(w)\mathrm{d}w = \int_{-\infty}^{u} p_u(u)\mathrm{d}u. \tag{3.12}$$

又因为概率密度函数是分布函数的导数, 因此有

$$p_w(w)=\frac{\mathrm{d}F_w(w)}{\mathrm{d}w}=\frac{\mathrm{d}}{\mathrm{d}u}\left(\int_{-\infty}^{u}p_u(u)\mathrm{d}u\right)\frac{\mathrm{d}u}{\mathrm{d}w}=p_u(u)\frac{\mathrm{d}u}{\mathrm{d}w}=p_u(u)\frac{\mathrm{d}u}{\mathrm{d}T(u)}. \tag{3.13}$$

从式 (3.13) 可以看出, 通过变换函数 $T(u)$ 可以控制图像灰度级的概率密度函数 $p_w(w)$, 从而改善图像的灰度层次, 这就是直方图均衡化的理论基础.

从人眼的视觉特性来考虑, 一幅图像的灰度直方图如果是均匀分布的, 那么该图像应该看上去效果比较好. 因此要做直方图均衡化, 此处的 $p_w(w)$ 应当是均匀分布的概率密度函数. 我们知道, 均匀分布在区间 $[a,b]$ 上的概率密度函数为 $\dfrac{1}{b-a}$. 如果原图像没有进行归一化, 即 $u\in[0,L-1]$, 那么

$$p_w(w)=\frac{1}{(L-1)-0}=\frac{1}{L-1}.$$

归一化之后应该有 $u\in[0,1]$, 所以这里的 $p_w(w)$ 满足

$$p_w(w)=\frac{1}{1-0}=1.$$

由式 (3.13) 有

$$p_w(w)\mathrm{d}w=p_u(u)\mathrm{d}u.$$

又因为 $p_w(w)=1,\ 0\leqslant w\leqslant 1$, 故有

$$\mathrm{d}w=p_u(u)\mathrm{d}u. \tag{3.14}$$

式 (3.14) 两边对 u 积分得

$$w=T(u)=\int_0^u p_u(u)\mathrm{d}u. \tag{3.15}$$

式 (3.15) 即为我们所求的变换函数 $T(u)$. 它表明当变换函数 $T(u)$ 是原图像直方图的累积分布概率时, 能达到直方图均衡化的目的.

对于灰度级离散的数字图像, 可用频率来代替概率, 则变换函数 $T(u_k)$ 的离散形式可以表示为

$$w_k=T(u_k)=\sum_{i=0}^{k}p_u(u_i)=\sum_{i=0}^{k}\frac{n_i}{n}, \tag{3.16}$$

式 (3.16) 中, $0\leqslant u_k\leqslant 1,\ k=0,1,\cdots,L-1,\ u_k=\dfrac{k}{L-1}$ 表示归一化后的灰度级, k 表示归一化前的灰度级. 由式 (3.16) 可知, 均衡化后各像素的灰度级 w_k 可直接由原图像的直方图算出来. 需要说明的是, 这里的 w_k 是归一化后的灰度级, 其值在 $0\sim1$ 之间. 对于 uint8 图像, 需要将其乘以 255 再取整, 使其灰度级范围在 $0\sim255$ 之间, 这样才能与原图像一致.

此外, 需要说明的是, 对于式 (3.16), 通常无法再像连续变换时那样得到严格的均匀密度函数. 但无论如何, 式 (3.16) 的应用有展开输入图像直方图的一般趋势, 可使得均衡化过的图像灰度级具有更大的范围, 从而得到近似均匀的直方图.

MATLAB 图像处理工具箱提供了用于直方图均衡化的函数 histeq, 其调用方式如下:

```
[G,T]=histeq(F);
```

其中, F 为输入图像, G 为经过直方图均衡化的输出图像, T 是变换矩阵.

由于图像易受光照、视角、方位、噪声等的影响, 因此, 同一类图像的不同变形体之间的差距有时大于该类图像与另一类图像之间的差距, 这就给图像识别造成了困扰. 图像归一化就是将图像转换成唯一的标准形式以抵御各种变换, 从而消除同类图像不同变形体之间的外观差异.

当图像归一化用于消除灰度因素 (光照等) 造成的图像外观变化时, 称为灰度归一化. 下面的例子展示了如何利用直方图均衡化来实现图像的灰度归一化.

例 3.10 利用直方图均衡化技术实现 MATLAB 内置灰度图像 pout.tif 的灰度归一化. 编制 MATLAB 程序如下 (ex312.m).

```
F=imread('pout.tif');%读取灰度图像
F=im2double(F);%转成double类型,灰度归一化
G=histeq(F);%直方图均衡化
subplot(221),imshow(F);title('原图像');
subplot(222),imshow(G);title('均衡化后的图像');
subplot(223),imhist(F);title('原图像的直方图');
subplot(224),imhist(G);title('均衡化图像的直方图');
```

上述程序运行的结果如图 3.17 所示.

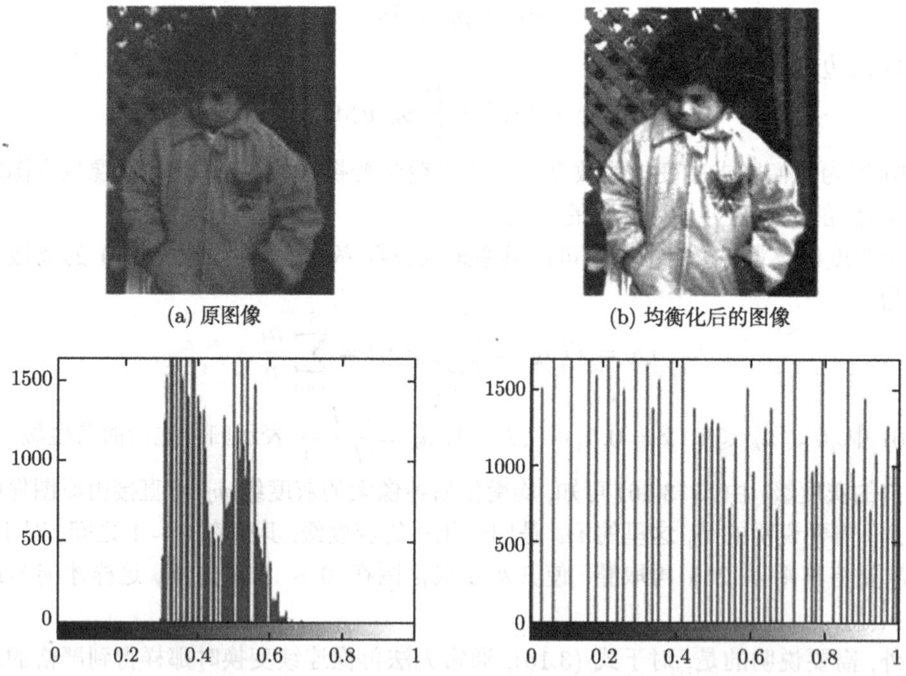

(a) 原图像　(b) 均衡化后的图像

(c) 原图像的直方图　(d) 均衡化图像的直方图

图 3.17　灰度均衡化效果

函数 histeq 一般适用于灰度图像的直方图均衡化. 对于彩色图像而言, 可以分别对 R、G、B 三个分量来做直方图均衡化, 这也确实是一种方法. 但有些时候, 这样做很有可能会导致结果图像色彩失真. 因此, 有人建议将 RGB 空间转换为 HSV 空间之后, 对 V 分量进行直方图均衡化, 以保证图像色彩不失真. HSV 分别指彩色图像的色调、饱和度和亮度.

例 3.11　对 MATLAB 图像处理工具箱中内置的图像 baby.jpg 分别做 RGB 空间和 HSV 空间的直方图均衡化.

编制 MATLAB 程序如下 (ex313.m).

```
F=imread('baby.jpg');
subplot(131);imshow(F);title('原图像');
%分别提取R、G、B三个分量
R=F(:,:,1);G=F(:,:,2);B=F(:,:,3);
%分别对三个分量进行直方图均衡化
R=histeq(R,256);G=histeq(G,256);B=histeq(B,256);
H=F;H(:,:,1)=R;H(:,:,2)=G;H(:,:,3)=B;
subplot(132);imshow(H);title('RGB空间均衡化图');
hsvF=rgb2hsv(F);%将RGB空间转换为HSV空间
v=hsvF(:,:,3);%提取V分量,这里的v是double类型的矩阵
v=histeq(v);%对V分量均衡化
hsvF(:,:,3)=v;%将均衡化的V分量存回去
H=hsv2rgb(hsvF);%转换为RGB图像
subplot(133);imshow(H);title('HSV空间均衡化图');
```

上述程序运行的结果如图 3.18 所示.

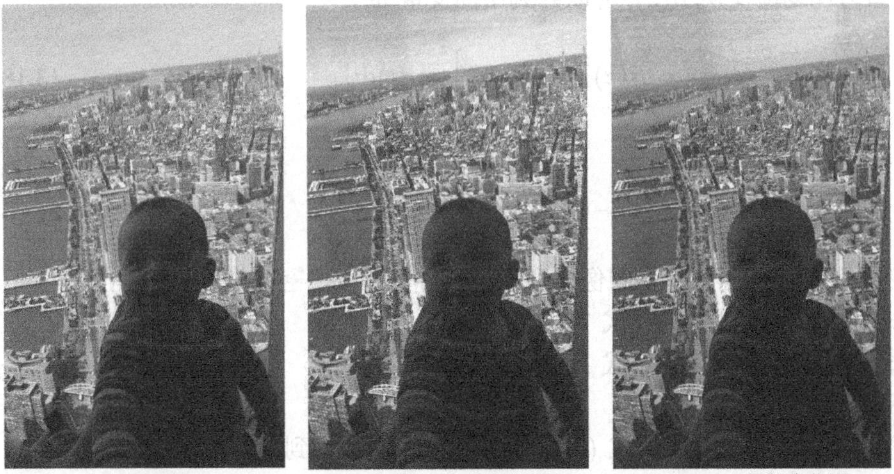

(a) 原图像　　(b) RGB 空间均衡化图　　(c) HSV 空间均衡化图

图 3.18　RGB 图像均衡化效果 (扫描右侧二维码可查看彩色效果)

从图 3.18 可以看出, 在 RGB 空间分别对三个分量进行均衡化, 图像颜色有点失真; 而转换到 HSV 空间后对 V 分量实施均衡化得到的图像较好地保持了原图像的色彩.

从灰度直方图的意义上说, 如果一幅图像的非零范围占了所有可能的灰度级并且在这些灰度级上分布均匀, 那么这幅图像的对比度较高, 而且灰度色调较为丰富, 从而易于进行判读. 直方图均衡化恰恰能满足这一要求.

3.9 直方图规定化

直方图均衡化可以自动确定变换函数, 可以很方便地得到变换后的图像. 但是在有些应用中, 这种自动的图像增强可能并不是最好的方法. 有时候, 需要图像具有某一特定的直方图形状 (即灰度分布), 而不是均匀分布的直方图, 这时候可以使用直方图规定化.

直方图规定化, 也叫作直方图匹配, 用于将图像变换为某一特定的灰度分布, 也就是其目标图像的灰度直方图是已知的. 这其实和均衡化很类似, 均衡化后的灰度直方图也是已知的, 是一个均匀分布的直方图; 而规定化后的直方图可以随意指定, 也就是在执行规定化操作时, 首先要知道变换后的灰度直方图, 这样才能确定变换函数. 规定化操作能够有目的地增强某个灰度区间, 相比于均衡化操作, 规定化操作多了一个输入, 但是其变换后的结果更灵活.

下面来看直方图规定化的基本原理. 令 u 和 z 分别表示输入图像和输出图像 (规定化处理后) 的灰度级. 给定输入图像灰度级概率密度函数为 $p_u(u)$, 而 $p_z(z)$ 是我们希望输出图像所具有的指定概率密度函数, 因此需要求得 $u \mapsto z$ 灰度变量映射关系.

我们先将 u 进行直方图均衡变换 $T(u)$ 为中间变量 w:

$$w = T(u) = (L-1)\int_0^u p_u(s)\mathrm{d}s, \tag{3.17}$$

再将 z 也进行直方图均衡变换 $R(z)$, 并映射到中间变量 w:

$$w = R(z) = (L-1)\int_0^z p_z(t)\mathrm{d}t, \tag{3.18}$$

则这三个变量之间的关系为:

$$z = R^{-1}(w) = R^{-1}(T(u)). \tag{3.19}$$

于是, 可以按照如下步骤由输入图像得到一个具有规定概率密度函数的图像:

(1) 根据式 (3.17) 得到变换关系式 $T(u)$.

(2) 根据式 (3.18) 得到变换关系式 $R(z)$.

(3) 求得反函数 $R^{-1}(w)$.

(4) 对输入图像的所有像素应用式 (3.19) 中的变换, 从而得到输出图像.

当然, 在实际计算中利用的是上述公式的离散形式, 这样就不必关心函数 $T(u)$、$R(z)$ 以及反函数 $R^{-1}(w)$ 的具体解析形式, 而可以直接将它们作为映射表来处理. 其中, $T(u)$ 是输入图像均衡化的离散灰度级映射关系; $R(z)$ 是标准图像均衡化的离散灰度级映射关系; 而 $R^{-1}(w)$ 则是标准图像均衡化的逆映射关系, 给出了从经过均衡化处理的标准化图像到原标准图像的离散灰度映射, 相当于均衡化处理的逆过程.

下面来考虑直方图规定化的 MATLAB 实现. 3.8 节介绍的函数 histeq 不仅可以用于直方图均衡化, 也可以用于直方图规定化, 此时需要提供可选参数 hgram. 其调用方式如下:

```
[G,T]=histeq(F,hgram);
```

该函数会将原始图像 F 处理成一幅以操作者指定向量 hgram 作为直方图的图像. 参数 hgram 的分量数目就是直方图的收集箱数目. 对于 double 类型图像, hgram 的元素取值范围为 [0,1]; 对于 uint8 类型图像, 其取值范围为 0 ~ 255 之间的整数值; 对于 uint16 类型图像, 其取值范围为 0 ~ 65535 之间的整数值. 其他参数的意义与直方图均衡化中的相同.

例 3.12　直方图规定化.

下面的程序 (ex314.m) 实现了从图像 F 到图像 G 的直方图规定化.

```
F=imread('woman.jpg');%读取原图像
G=imread('lena.jpg');%读取要匹配直方图的图像
F=im2double(F);G=im2double(G);%转为double类型
[hgram,x]=imhist(F);%计算直方图
F1=histeq(F,hgram);%执行直方图均衡化
figure(1);%绘图
subplot(1,3,1);imshow(F);title('原图像');
subplot(1,3,2);imshow(G);title('标准图像');
subplot(1,3,3);imshow(F1);title('规定化图像');
figure(2);%绘直方图
subplot(1,3,1);imhist(F);title('原图像的直方图');
subplot(1,3,2);imhist(G);title('标准图像的直方图');
subplot(1,3,3);imhist(F1);title('规定化图像的直方图');
```

上述程序运行的结果如图 3.19 和图 3.20 所示. 可以看到, 经过规定化处理, 原图像的直方图与目标图像的直方图变得较为相似.

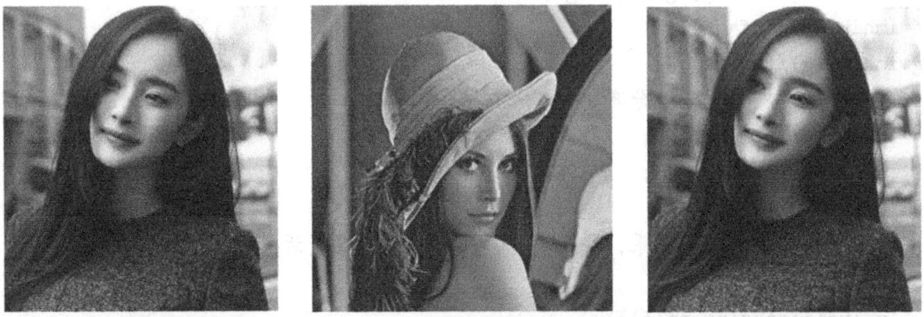

(a) 原图像　(b) 标准图像　(c) 规定化图像

图 3.19　直方图规定化效果

当然, 我们也可以自己编制实现直方图规定化的 MATLAB 函数 imhistspec. 程序代码如下.

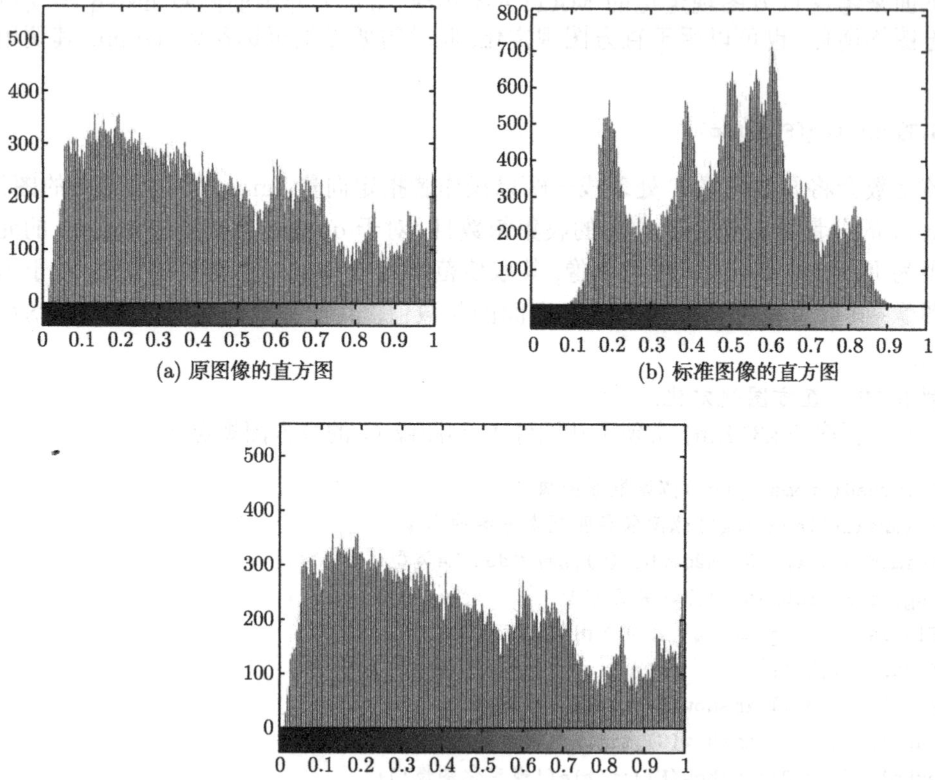

(a) 原图像的直方图　　(b) 标准图像的直方图

(c) 规定化图像的直方图

图 3.20　直方图规定化后的灰度直方图

```
function outf=imhistspec(f,g)
%灰度图的直方图规定化
%输入:f是读入的原图,g是读入的规定化的标准图
%输出:outf是将f规定到g之后的图像
[hf,wf]=size(f);[hg,wg]=size(g);
pf=imhist(f)/(hf*wf);
pg=imhist(g)/(hg*wg);
for i=2:256 %求累积概率分布
    pf(i)=pf(i-1)+pf(i);
    pg(i)=pg(i-1)+pg(i);
end
%求原图和标准图的映射关系, 找到两个累积直方图距离最近的点
for j=1:256
    value{j}=abs(pg-pf(j));
    [temp{j},index(j)]=min(value{j});
    %index中存的是最小值的下标,temp中存的是最小值
end
outf=zeros(hf,wf);
for i=1:hf
```

```
        for j=1:wf
            outf(i,j)=index(f(i,j)+1)-1;
        end
    end
    outf=uint8(outf);
    end
```

然后, 可以编制一个调用函数 imhistspec 的 MATLAB 脚本文件 (ex315.m).

```
F=imread('lena.jpg');%原图像
G=imread('woman1.jpg');%标准图像
H=imhistspec(F,G);%调用函数
subplot(2,3,1);imshow(F);title('原图像');
subplot(2,3,2);imshow(G);title('标准图像');
subplot(2,3,3);imshow(H);title('匹配到标准图像后');
subplot(2,3,4);imhist(F);title('原图像直方图');
subplot(2,3,5);imhist(G);title('标准图像直方图');
subplot(2,3,6);imhist(H);title('匹配到标准图像后直方图');
```

上述程序运行的结果如图 3.21 所示.

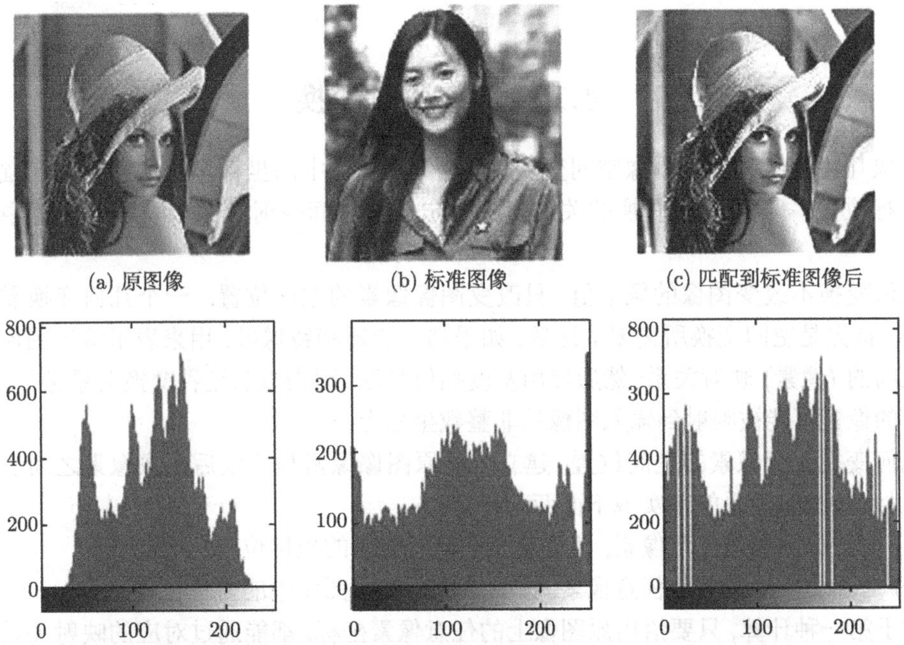

(a) 原图像　(b) 标准图像　(c) 匹配到标准图像后

(d) 原图像直方图　(e) 标准图像直方图　(f) 匹配到标准图像后直方图

图 3.21　直方图规定化效果

最后指出, 直方图规定化本质上是一种拟合过程, 因此变换得到的直方图与标准目标图像的直方图并不会完全一致. 然而, 即使只是相似的拟合, 仍然使规定化的图像在对比度和亮度上具有类似标准图像的特性, 这正是直方图规定化的目的所在.

第 4 章 图像增强

图像增强是数字图像处理最常用的技术之一, 其目的是改进图像的质量或者说视觉效果, 以达到一定的主观目的.

所谓增强, 通常是增强图像中的有用信息, 有目的地强调图像的整体或局部特性, 将原来不清晰的图像变得清晰或强调某些感兴趣的特征, 扩大图像中不同物体特征之间的差别, 抑制不感兴趣的特征, 改善图像质量、丰富信息量, 加强图像判读和识别效果, 满足某些特殊分析的需要.

图像增强要完成的工作通常是去除图像中的噪声, 使边缘清晰以及突出图像中的某些性质等. 图像增强可分成两大类: 空间域增强和频率域增强.

空间域增强利用图像几何变换去除或减弱图像的噪声. 而频率域增强把图像看成一种二维信号, 对其进行傅里叶变换, 然后采用低通滤波去除噪声, 采用高通滤波增强边缘等高频信号.

4.1 图像几何变换

图像几何变换又称为图像空间变换, 它将一幅图像中的坐标位置映射到另一幅图像中的新坐标位置. 学习几何变换的关键就是确定这种空间映射关系以及映射过程中的变换参数.

几何变换不改变图像的像素值, 只改变图像像素的空间位置. 一个几何变换需要两部分运算: 首先是空间变换所需要的运算, 如平移、旋转和镜像等, 用来表示输出图像与输入图像之间的 (像素) 映射关系; 然后使用灰度插值算法, 因为按照这种变换关系进行计算, 输出图像的像素可能被映射到输入图像的非整数坐标上.

几何变换改变像素的空间位置, 建立一种原图像像素与变换后图像像素之间的映射关系, 通过这种映射关系能够实现下面两种计算:

(1) 对于原图像的任意像素, 计算其在几何变换后的坐标位置.

(2) 对于变换后图像的任意像素, 计算该像素在原图像中的坐标位置.

对于第一种计算, 只要给出原图像上的任意像素坐标, 都能通过对应的映射关系获得到该像素在变换后图像上的坐标位置. 这种由输入图像坐标映射到输出图像坐标的过程称为“向前映射”. 反过来, 知道任意变换后图像上的像素坐标, 计算其在原图像中的像素坐标, 这种由输出图像映射到输入图像的过程称为“向后映射”.

4.1.1 图像平移变换

所谓图像平移变换, 就是将图像中所有的像素点按照指定的平移量水平或垂直移动.

设 (x_0, y_0) 是原图像上的一点, 图像水平平移量是 δx, 垂直平移量是 δy, 则平移之后的点坐标 (x_1, y_1) 为:

$$\begin{cases} x_1 = x_0 + \delta x, \\ y_1 = y_0 + \delta y. \end{cases} \tag{4.1}$$

用模板 (矩阵) 表示为:

$$[x_1, y_1, 1] = [x_0, y_0, 1]\begin{bmatrix} 1 & 0 & 0 \\ 0 & 1 & 0 \\ \delta x & \delta y & 1 \end{bmatrix}. \tag{4.2}$$

容易发现, 平移矩阵是可逆的, 式 (4.2) 两边同乘其逆矩阵, 得到平移的逆变换为:

$$[x_0, y_0, 1] = [x_1, y_1, 1]\begin{bmatrix} 1 & 0 & 0 \\ 0 & 1 & 0 \\ -\delta x & -\delta y & 1 \end{bmatrix}, \tag{4.3}$$

或

$$\begin{cases} x_0 = x_1 - \delta x, \\ y_0 = y_1 - \delta y. \end{cases} \tag{4.4}$$

这样, 平移后的目标图像中的每一点都可以在原图像中找到对应的点. 例如, 对于新图像中的 (i, j) 像素, 代入式 (4.4) 可求出对应原图像中的像素 $(i - \delta x, j - \delta y)$. 而此时如果 $\delta x > i$ 或 $\delta y > j$, 则点 $(i - \delta x, j - \delta y)$ 超出原图范围, 可以直接将它的像素值统一设置为 0 或 255.

对于原图像中被移出图像显示区域的点, 通常有两种处理方法: 一种是直接丢弃; 另一种是通过适当增加目标图像尺寸的方法使得新图像中能够包含这些点, 比如将新生成的图像宽度增加 δx、高度增加 δy. 在后面给出的程序实现中, 我们采用了第一种方法.

由于 MATLAB 没有封装用于图像平移的函数, 因此可以直接编制 MATLAB 程序来实现图像的平移 (ex401.m).

```
F_in=imread('beauty.jpg');
F=F_in(:,:,1); F=double(F);
[h,w,c]=size(F_in);%读取原图像的尺寸
G=zeros(h,w);%目标图像与原图像同样大
dx=20;dy=40;%水平、竖直方向的平移值
for i=1:h
    for j=1:w
       i1=i+dx;j1=j+dy;%平移后的新坐标
       if(i1>=0&i1<=h&j1>=0&j1<=w)
          G(i1,j1)=F(i,j);
       else
          G(i,j)=255;
```

```
        end
    end
end
F_out=uint8(G);
subplot(1,2,1);imshow(F_in);title('原图像');%显示
subplot(1,2,2);imshow(F_out);title('平移后的图像');
```

上述程序的运行结果如图 4.1 所示. 注意, 对于映射在原图像之外的点, 算法直接采用白色 (1) 填充, 丢弃了变换后目标图像中被移出图像显示区域的像素.

(a) 原图像　　(b) 平移后的图像

图 4.1　图像平移变换效果

4.1.2　图像旋转变换

所谓图像旋转, 是指将图像围绕某点旋转一个角度. 通常, 旋转变换也会改变图像的大小. 跟图像平移的处理一样, 可以把转出显示区域的图像截去, 也可以改变输出图像的大小以扩展显示范围.

1. 以原点为中心的图像旋转

设点 $P_0(x_0, y_0)$ 围绕原点 O 逆时针旋转角度 α 到点 $P_1(x_1, y_1)$, 则线段 OP_0 的长度为 $\ell = \sqrt{x_0^2 + y_0^2}$. 不失一般性, 可设 $\ell = 1$, 并令 OP_0 与 x 轴的夹角为 β, 则有:

$$\sin\beta = \frac{y_0}{\ell} = y_0,\ \cos\beta = \frac{x_0}{\ell} = x_0. \tag{4.5}$$

旋转到 P_1 点后, 有:

$$x_1 = \cos(\alpha + \beta) = \cos\alpha\cos\beta - \sin\alpha\sin\beta,$$
$$y_1 = \sin(\alpha + \beta) = \sin\alpha\cos\beta + \cos\alpha\sin\beta.$$

结合式 (4.5) 即得旋转变换公式:

$$\begin{cases} x_1 = x_0\cos\alpha - y_0\sin\alpha, \\ y_1 = x_0\sin\alpha + y_0\cos\alpha. \end{cases} \tag{4.6}$$

令 $c=\cos\alpha$, $s=\sin\alpha$, 则式 (4.6) 的矩阵形式为:

$$[x_1, y_1, 1] = [x_0, y_0, 1]\begin{bmatrix} c & s & 0 \\ -s & c & 0 \\ 0 & 0 & 1 \end{bmatrix}. \tag{4.7}$$

其逆变换为:

$$[x_0, y_0, 1] = [x_1, y_1, 1]\begin{bmatrix} c & -s & 0 \\ s & c & 0 \\ 0 & 0 & 1 \end{bmatrix}. \tag{4.8}$$

2. 以任意点为中心的图像旋转

式 (4.8) 是以坐标原点为中心进行旋转的. 那么, 如何围绕任意的指定点来旋转呢? 将坐标平移和旋转结合起来即可实现, 即先进行坐标平移, 将指定点平移到新坐标系的原点; 再以新坐标系的原点为中心旋转, 之后将新原点平移回原坐标系的原点即可. 这一过程可归纳成下列 3 个步骤:

(1) 将坐标系 I 下的指定点平移到坐标系 II 的原点.

(2) 以坐标系 II 的原点为中心顺时针旋转角度 α.

(3) 再将坐标系 II 的原点平移回坐标系 I.

下面以围绕图像中心的旋转为例, 具体说明上述变换的过程. 设坐标系 I 以图像左上角角点为原点, 向右为 x 轴正方向, 向下为 y 轴正方向; 而坐标系 II 以图像中心为原点, 向右为 x 轴正方向, 向上为 y 轴正方向. 那么坐标系 I 与坐标系 II 之间的转换关系如何呢?

如图 4.2 所示, 在图像矩阵中, 我们的坐标系通常是 AD 和 AB 方向的, 而传统的笛卡儿直角坐标系是以矩阵中心为原点建立坐标系的. 令图像表示为 $h\times w$ 的矩阵, 对于点 A 来说, 两个坐标系中的坐标分别是 $(0,0)$ 和 $(-0.5w, 0.5h)$. 图像矩阵 (坐标系 I) 中的点 (x_0, y_0) 转换为笛卡儿坐标系 (坐标系 II) 中的点 (x_1, y_1), 其转换关系为:

$$\begin{cases} x_1 = x_0 - 0.5w, \\ y_1 = -y_0 + 0.5h. \end{cases}$$

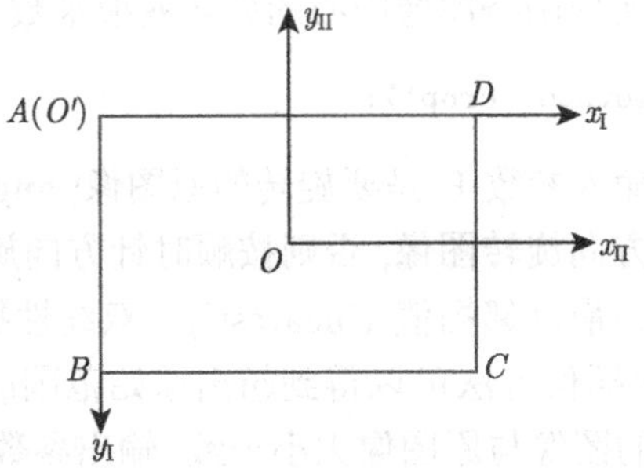

图 4.2 新旧坐标系示意图

写成齐次坐标关系, 即:

$$\begin{bmatrix} x_1 \\ y_1 \\ 1 \end{bmatrix}^{\mathrm{T}} = \begin{bmatrix} x_0 \\ y_0 \\ 1 \end{bmatrix}^{\mathrm{T}} \begin{bmatrix} 1 & 0 & 0 \\ 0 & -1 & 0 \\ -0.5w & 0.5h & 1 \end{bmatrix}.$$

其逆变换为:

$$\begin{bmatrix} x_0 \\ y_0 \\ 1 \end{bmatrix}^{\mathrm{T}} = \begin{bmatrix} x_1 \\ y_1 \\ 1 \end{bmatrix}^{\mathrm{T}} \begin{bmatrix} 1 & 0 & 0 \\ 0 & -1 & 0 \\ 0.5w & 0.5h & 1 \end{bmatrix}.$$

至此, 已经实现了上述 3 个步骤中的第 (1) 步和第 (3) 步. 再加上第 (2) 步的旋转变换就得到了围绕图像中心点旋转的最终变换矩阵. 该矩阵实际上就是 3 个变换步骤中分别用到的 3 个变换矩阵的连乘积:

$$\begin{aligned} \begin{bmatrix} x_1 \\ y_1 \\ 1 \end{bmatrix}^{\mathrm{T}} &= \begin{bmatrix} x_0 \\ y_0 \\ 1 \end{bmatrix}^{\mathrm{T}} \begin{bmatrix} 1 & 0 & 0 \\ 0 & -1 & 0 \\ -0.5w & 0.5h & 1 \end{bmatrix} \begin{bmatrix} c & -s & 0 \\ s & c & 0 \\ 0 & 0 & 1 \end{bmatrix} \begin{bmatrix} 1 & 0 & 0 \\ 0 & -1 & 0 \\ 0.5w & 0.5h & 1 \end{bmatrix} \\ &= \begin{bmatrix} x_0 \\ y_0 \\ 1 \end{bmatrix}^{\mathrm{T}} \begin{bmatrix} c & s & 0 \\ -s & c & 0 \\ -0.5(wc-hs-w) & -0.5(ws+hc-h) & 1 \end{bmatrix}. \end{aligned} \tag{4.9}$$

上述变换的逆变换为:

$$\begin{bmatrix} x_0 \\ y_0 \\ 1 \end{bmatrix}^{\mathrm{T}} = \begin{bmatrix} x_1 \\ y_1 \\ 1 \end{bmatrix}^{\mathrm{T}} \begin{bmatrix} c & -s & 0 \\ s & c & 0 \\ -0.5(wc+hs-w) & 0.5(ws-hc+h) & 1 \end{bmatrix}. \tag{4.10}$$

这样, 就可以根据上面的逆变换公式来实现围绕图像中心的旋转变换. 类似地, 可以进一步推导出以任意点为中心的图像旋转变换.

3. MATLAB 实现

MATLAB 系统封装了实现围绕图像中心的旋转变换函数 imrotate, 其调用方式如下:

```
G=imrotate(F, angle, method,'crop');
```

在上面的调用方式中, 输入参数 F 是要旋转的原图像; angle 是旋转的角度, 单位为度, 若其值大于零, 则按逆时针方向旋转图像, 否则按顺时针方向旋转; 可选参数 method 为插值方法, 提供三种取值选择: 最近邻插值 ('nearest')、双线性插值 ('bilinear') 和双三次插值 ('bicubic'), 其中, 双三次插值方法可以得到超出原始范围的像素值; 'crop' 选项会裁剪旋转后增大的图像, 使得到的图像与原图像大小一致; 输出参数 G 是旋转后的目标图像.

下面给出图像旋转的 MATLAB 程序实现 (ex402.m).

```
%围绕中心点的图像旋转变换
F=imread('beauty.jpg');%读入图像
%最近邻插值法逆时针旋转30°,并剪切图像
G=imrotate(F,30,'nearest','crop');
subplot(1,2,1);imshow(F);title('原图像');
subplot(1,2,2);imshow(G);title('逆时针旋转30°的图像');
```

运行程序的结果如图 4.3 所示.

(a) 原图像　　(b) 逆时针旋转30°的图像

图 4.3　图像旋转变换效果

4.1.3　图像转置变换

所谓图像转置, 是指将图像的 x 坐标和 y 坐标互换, 这样, 图像的大小将随之改变, 即高度和宽度互换. 图像转置变换的公式如下:

$$\begin{cases} x_1 = y_0, \\ y_1 = x_0. \end{cases}$$

用齐次坐标表示, 即:

$$[x_1, y_1, 1] = [x_0, y_0, 1]\begin{bmatrix} 0 & 1 & 0 \\ 1 & 0 & 0 \\ 0 & 0 & 1 \end{bmatrix}. \tag{4.11}$$

显然, 式 (4.11) 中的转置矩阵的逆矩阵就是其本身, 故转置变换的逆变换具有相同的形式.

下面来考虑图像转置变换的 MATLAB 实现. 可以编制 MATLAB 程序如下 (ex403.m).

```
%图像转置变换
F_in=imread('beauty.jpg');%读取原图
F=F_in(:,:,1);%读取第一通道
F=double(F);%转换成double类型
[h,w,c]=size(F_in);
for i=1:h %转置变换
```

```
    for j=1:w
        G(j,i)=F(i,j);
    end
end
F_out=uint8(G);%转换成uint8类型
subplot(1,2,1);imshow(F_in);title('原图像');
subplot(1,2,2);imshow(F_out);title('转置后的图像');
```

运行上述程序的结果如图 4.4 所示.

(a) 原图像　　(b) 转置后的图像

图 4.4　图像转置变换效果

4.1.4 图像镜像变换

图像镜像变换分为水平镜像和竖直镜像. 水平镜像即将图像左半部分和右半部分以图像竖直中轴线为中心轴进行对换, 而竖直镜像则是将图像上半部分和下半部分以图像水平中轴线为中心轴进行对换.

设图像的宽度为 w、高度为 h, 则镜像变换的公式如下.

(1) 水平镜像的变换公式为:

$$[x_1, y_1, 1] = [w - x_0, y_0, 1] = [x_0, y_0, 1]\begin{bmatrix} -1 & 0 & 0 \\ 0 & 1 & 0 \\ w & 0 & 1 \end{bmatrix}, \tag{4.12}$$

其逆变换为:

$$[x_0, y_0, 1] = [w - x_1, y_1, 1] = [x_1, y_1, 1]\begin{bmatrix} -1 & 0 & 0 \\ 0 & 1 & 0 \\ w & 0 & 1 \end{bmatrix}. \tag{4.13}$$

(2) 竖直镜像的变换公式为:

$$[x_1, y_1, 1] = [x_0, h - y_0, 1] = [x_0, y_0, 1]\begin{bmatrix} 1 & 0 & 0 \\ 0 & -1 & 0 \\ 0 & h & 1 \end{bmatrix}, \tag{4.14}$$

其逆变换为:

$$[x_0, y_0, 1] = [x_1, h - y_1, 1] = [x_1, y_1, 1]\begin{bmatrix} 1 & 0 & 0 \\ 0 & -1 & 0 \\ 0 & h & 1 \end{bmatrix}. \tag{4.15}$$

现在来看图像镜像变换的 MATLAB 实现. 可以编制 MATLAB 程序如下 (ex404.m).

```
%图像镜像变换
F=imread('lena.bmp');
[h,w,c]=size(F);
G=zeros(h,w,c);
for k=1:c %水平镜像
    for i=1:h
        for j=1:w
            G(i,w-j+1,k)=F(i,j,k);
            %注意图像坐标系与笛卡儿坐标系的不同
        end
    end
end
H=zeros(h,w,c);
for k=1:c  %垂直镜像
    for i=1:h
        for j=1:w
            H(h-i+1,j,k)=F(i,j,k);
        end
    end
end
subplot(1,3,1);imshow(F);title('原图像');
subplot(1,3,2);imshow(uint8(G));title('水平镜像');
subplot(1,3,3);imshow(uint8(H));title('垂直镜像');
```

运行上述程序得到结果如图 4.5 所示.

(a) 原图像　　(b) 水平镜像　　(c) 垂直镜像

图 4.5　图像镜像变换效果

MATLAB 中内置的 imtransform 函数可用于完成一般的二维空间变换, 包括平移、旋转、转置、镜像变换等, 其调用方式如下:

```
G=imtransform(F,tform,method);
```

其中, 输入参数 F 为要进行几何变换的图像; tform 为空间变换结构, 它指定具体的变换类型; 可选参数 method 是允许选择的插值方法, 一般有三种选择: 'bicubic' —— 双三次插值、'bilinear' —— 双线性插值、'nearest' —— 最近邻插值, 默认为双线性插值; 输出参数 G 为经 imtansform 变换后的图像.

有两种方法创建 tform 结构: (1) 使用 maketform 函数; (2) 使用 cp2tform 函数. 这里只介绍用 maketform 函数获得 tform 结构的调用方式:

```
tform = maketform(transformtype,matrix);
```

其中, 参数 transformtype 指定变换的类型, 如 'affine' 为二维或多维仿射变换, 包括平移、旋转、比例、拉伸和错切等; 参数 matrix 为相应的齐次坐标变换矩阵.

用 imtransform 函数实现镜像变换的程序代码如下 (ex405.m):

```
%图像镜像变换
F=imread('beauty.jpg');%读入图像
[h,w,c]=size(F);
tform=maketform('affine',[-1,0,0;0,1,0;w,0,1]);
%定义水平镜像变换矩阵
G=imtransform(F,tform,'nearest');%最近邻插值
tform2=maketform('affine',[1,0,0;0,-1,0;0,h,1]);
%定义竖直镜像变换矩阵
H=imtransform(F,tform2,'nearest');%最近邻插值
figure(1);imshow(F); title('原图像');
figure(2);imshow(uint8(G)); title('水平镜像');
figure(3);imshow(uint8(H)); title('垂直镜像');
```

运行上述程序得到结果如图 4.6 所示.

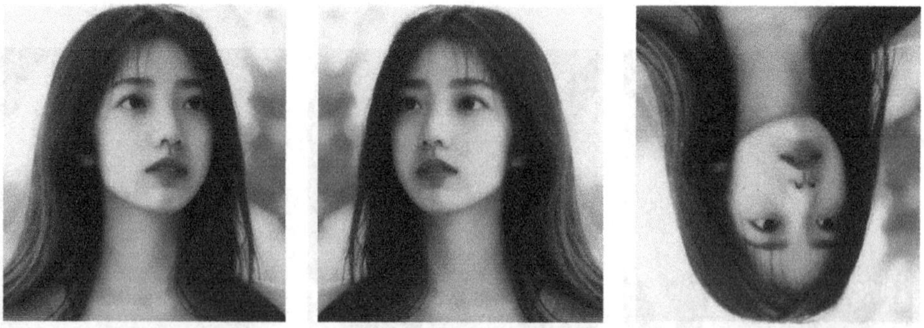

(a) 原图像　(b) 水平镜像　(c) 垂直镜像

图 4.6　图像镜像变换效果

4.1.5　图像缩放变换

所谓图像缩放, 就是指图像的大小按照指定的比例系数放大或缩小. 设图像 x 轴的缩放比率为 s_x, y 轴方向的缩放比率为 s_y, 相应的缩放变换公式如下:

$$[x_1, y_1, 1] = [s_x x_0, s_y y_0, 1] = [x_0, y_0, 1]\begin{bmatrix} s_x & 0 & 0 \\ 0 & s_y & 0 \\ 0 & 0 & 1 \end{bmatrix}. \tag{4.16}$$

其逆变换如下:

$$[x_0, y_0, 1] = [s_x^{-1} x_1, s_y^{-1} y_1, 1] = [x_1, y_1, 1]\begin{bmatrix} s_x^{-1} & 0 & 0 \\ 0 & s_y^{-1} & 0 \\ 0 & 0 & 1 \end{bmatrix}. \tag{4.17}$$

需要注意的是, 在直接根据缩放公式计算得到的目标图像中, 某些映射原坐标可能不是整数, 从而找不到相应的像素位置. 例如, 当 $s_x = s_y = 2$ 时, 图像放大两倍, 放大图像中的像素 (0,1) 对应于原图像中的 (0,0.5), 这不是整数坐标位置, 自然也就无法提取其灰度值. 因此, 用户必须进行某种近似处理. 一种简单的策略是直接将它最近邻的整数坐标位置 (0,0) 或 (1,1) 处的像素灰度值赋给它, 这就是最近邻插值方法. 当然, 还可以用其他插值方法来近似, 后文将详细介绍.

至于缩放变换的 MATLAB 实现, 仍然可以借助于 imtransform 函数来进行. 此外, MATLAB 还内置了一个专门用于图像缩放的函数 imresize, 其具体调用方式如下:

```
G=imresize(F,scale,method);
```

其中, 输入参数 F 是用于缩放的原图像; scale 为统一的缩放比例; 可选参数 method 为指定的插值方法, 默认为最近邻插值; 输出参数 G 是缩放后的目标图像.

如果希望在 x 和 y 方向上以不同比例进行缩放, 可使用如下方式调用 imresize 函数:

```
G=imresize(F,[mrows,ncols],method);
```

其中, 数组参数 [mrows,ncols] 指明变换后目标图像 G 的具体行数 (高) 和列数 (宽), 其余参数含义均与上述调用方式相同.

下面是图像等比例缩放的 MATLAB 程序代码 (ex406.m).

```
%图像缩放变换
F=imread('beauty.jpg');%读入图像
G=imresize(F,1.2,'nearest');%放大1.2倍
figure(1);imshow(F);title('原图像');
figure(2);imshow(G);title('缩放后的图像');
```

运行上述程序得到结果如图 4.7 所示.

(a) 原图像

(b) 缩放后的图像

图 4.7　图像缩放变换效果

4.1.6　图像插值算法

实现几何运算时, 通常有两种方法.

一种是向前映射法, 其原理是将输入图像的像素逐个地转移到输出图像中, 即从原图像坐标计算出目标图像坐标: $g(x_1, y_1) = f(a(x_0, y_0), b(x_0, y_0))$. 前面介绍的图像平移和镜像等变换就可以采用这种方法.

另一种是向后映射法, 它是向前映射的逆变换, 即输出像素逐个地映射回输入图像中. 如果一个输出像素映射到的不是输入图像的整数坐标处的像素点, 那么它的灰度值就需要基于整数坐标的灰度值进行插值. 由于向后映射法是逐个像素产生输出图像, 不会出现计算浪费问题, 所以在图像缩放、旋转等变换中多采用这种方法.

下面介绍最近邻插值、双线性插值和双三次插值三种插值方法. 一般来说, 处理效果好的插值方法需要较大的计算量.

1. 最近邻插值

最近邻插值法是最简单的插值方法, 其输出像素的值为输入图像中与其最近邻的采样点的像素值. 因此, 最近邻插值可表示为:

$$f(x, y) = g(\text{round}(x), \text{round}(y)). \tag{4.18}$$

最近邻插值法非常简单, 在多数情况下输出效果也是不错的. 但是, 最近邻插值法会在图像中产生人为加工的痕迹, 可见后面的例子.

2. 双线性插值

双线性插值的形式通常是:

$$f(x, y) = ax + bxy + cy + d. \tag{4.19}$$

双线性插值是线性插值在二维时的推广, 在两个方向上共做了三次线性插值. 定义了一个双曲抛物面与四个已知点拟合. 具体操作为在 x 方向上进行两次线性插值计算, 然后在 y 方向上进行一次插值计算. 双线性插值示意图如图 4.8 所示.

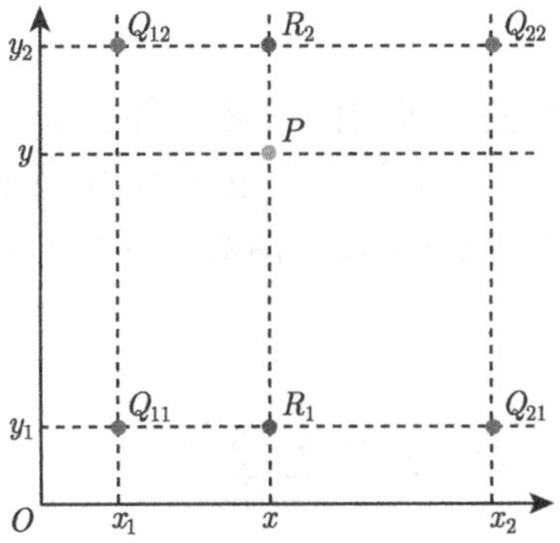

图 4.8　双线性插值示意图

首先, $f(x,y)$ 是二元函数, 假设知道 $Q_{11}(x_1,y_1), Q_{21}(x_2,y_1), Q_{12}(x_1,y_2), Q_{22}(x_2,y_2)$ 四个点的值. 这四个点确定一个矩形, 希望通过插值得到矩形内任意点的函数值.

先在 x 方向上进行两次线性插值, 得到 $R_1(x,y_1)$, $R_2(x,y_2)$:

$$f(x,y_1) \approx \frac{x-x_2}{x_1-x_2}f(x_1,y_1) + \frac{x-x_1}{x_2-x_1}f(x_2,y_1), \tag{4.20}$$

$$f(x,y_2) \approx \frac{x-x_2}{x_1-x_2}f(x_1,y_2) + \frac{x-x_1}{x_2-x_1}f(x_2,y_2). \tag{4.21}$$

再在 y 方向上进行一次线性插值, 即由 $R_1(x,y_1)$, $R_2(x,y_2)$ 插值得到 $P(x,y)$:

$$\begin{aligned} f(x,y) &\approx \frac{y-y_2}{y_1-y_2}f(x,y_1) + \frac{y-y_1}{y_2-y_1}f(x,y_2) \\ &= \frac{y-y_2}{y_1-y_2}f(x,y_1) + \frac{y-y_1}{y_2-y_1}f(x,y_2). \end{aligned} \tag{4.22}$$

最后, 将式 (4.20) 和式 (4.21) 代入式 (4.22), 得到

$$\begin{aligned} f(x,y) = &\frac{(x-x_2)(y-y_2)}{(x_1-x_2)(y_1-y_2)}f(x_1,y_1) + \frac{(x-x_1)(y-y_2)}{(x_2-x_1)(y_1-y_2)}f(x_2,y_1) + \\ &\frac{(x-x_2)(y-y_1)}{(x_1-x_2)(y_2-y_1)}f(x_1,y_2) + \frac{(x-x_1)(y-y_1)}{(x_2-x_1)(y_2-y_1)}f(x_2,y_2). \end{aligned} \tag{4.23}$$

如果选择一个坐标系统, 使 $f(x,y)$ 已知的四个点的坐标分别为 $(0,0),(0,1),(1,0),(1,1)$, 那么确定一个单位正方形, 四个点分别为正方形的四个顶点. 即将 $x_1=0, x_2=1, y_1=0, y_2=1$ 代入式 (4.23) 并整理得到:

$$\begin{aligned} f(x,y) = &f(0,0) + [f(1,0)-f(0,0)]x + [f(0,1)-f(0,0)]y + \\ &[f(0,0)-f(1,0)-f(0,1)+f(1,1)]xy. \end{aligned} \tag{4.24}$$

双线性插值的计算比最近邻插值复杂, 计算量较大但没有灰度不连续的缺点, 因此在一般情况下, 都能取得很好的效果. 双线性插值具有低通滤波的性质, 使高频分量受阻, 可能会导致图像有点模糊.

3. 双三次插值

在数值分析中, 双三次插值是二维空间中最常用的插值方法之一. 在这种方法中, 函数 $f(x,y)$ 的值通过矩形网格中距点 (x,y) 最近邻的 16 个网格点的加权平均得到. 因此, 需要使用 x 方向和 y 方向的两个三次多项式函数来进行插值.

双三次插值的计算公式为:

$$f(x,y) \approx \sum_{i=0}^{3}\sum_{j=0}^{3} a_{ij}x^i y^j. \tag{4.25}$$

式 (4.25) 中的 $a_{ij}(i,j=0,1,2,3)$ 就是前面介绍的加权系数, 关键是将这 16 个系数求出来.

计算系数 a_{ij} 的过程依赖于插值数据的特性. 如果已知插值函数的导数, 常用的方法就是使用四个顶点的高度以及每个顶点的三个导数. 一阶导数 f'_x 与 f'_y 表示 x 与 y 方向的表面斜率, 二阶混合导数 f''_{xy} 表示同时在 x 与 y 方向的斜率. 这些值可以通过分别连续对 x 与 y 向量取微分得到. 对于网格单元的每个顶点, 将局部坐标 (0,0)、(1,0)、(0,1) 和 (1,1) 代入这些方程, 再解这 16 个方程即得.

下面是使用上述方法得到的一个分段三次插值多项式, 其图形如图 4.9 所示.

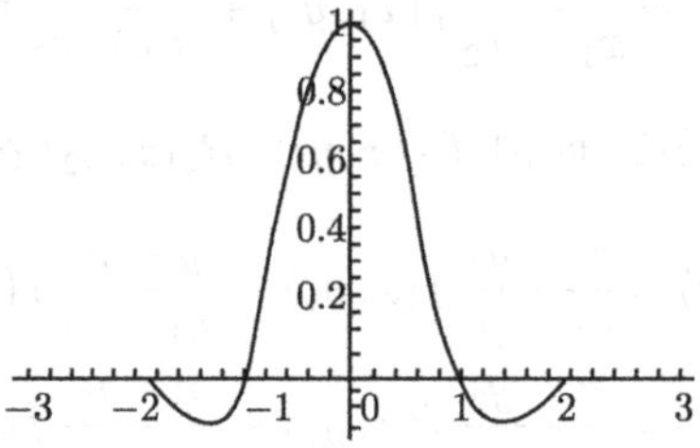

图 4.9　分段三次插值多项式的图形

这个插值多项式的表达式如下:

$$s(x)=\begin{cases}1-2|x|^2+|x|^3, & |x|\leqslant 1,\\ 4-8|x|+5|x|^2-|x|^3, & 1<|x|<2,\\ 0, & |x|\geqslant 2.\end{cases} \tag{4.26}$$

式 (4.26) 中, $|x|$ 是周围像素沿 x 轴方向与原点的距离. 待求像素 (x,y) 的灰度值由其周围 16 个点的灰度值加权插值得到, 其计算公式为:

$$\begin{aligned}&f(x,y)=f(i+u,j+v)\\&=\begin{bmatrix}s(1+v)\\ s(v)\\ s(1-v)\\ s(2-v)\end{bmatrix}^{\mathrm{T}}\begin{bmatrix}f(i-1,j-1) & f(i-1,j) & f(i-1,j+1) & f(i-1,j+2)\\ f(i,j-1) & f(i,j) & f(i,j+1) & f(i,j+2)\\ f(i+1,j-1) & f(i+1,j) & f(i+1,j+1) & f(i+1,j+2)\\ f(i+2,j-1) & f(i+2,j) & f(i+2,j+1) & f(i+2,j+2)\end{bmatrix}\begin{bmatrix}s(1+v)\\ s(v)\\ s(1-v)\\ s(2-v)\end{bmatrix}.\end{aligned} \tag{4.27}$$

三次插值通常用在光栅显示中, 它在允许任意比例的缩放操作的同时, 较好地保持了图像细节.

例 4.1　图像旋转的三种插值效果的比较.

编制 MATLAB 代码如下 (ex407.m).

```
F=imread('cameraman.tif'); %读入图像
G=imrotate(F,-30,'nearest');%图像旋转-30°插值方法比较
H=imrotate(F,-30,'bilinear');J=imrotate(F,-30,'bicubic');
figure(1);imshow(F);title('原图像');
figure(2);imshow(G);title('最近邻插值');
figure(3);imshow(H);title('双线性插值');
figure(4);imshow(J);title('双三次插值');
```

运行上述程序的结果如图 4.10 所示.

(a) 原图像　(b) 最近邻插值　(c) 双线性插值　(d) 双三次插值

图 4.10　插值方法效果比较

图 4.10 分别给出了采用最近邻插值、双线性插值和双三次插值时图像旋转的效果, 整体来看, 最近邻插值还是可以接受的. 但当图像中包含的像素之间的灰度级有明显的变化

时, 从结果图像的锯齿形边缘可以看出三种插值方法的效果依次递减, 最近邻插值的锯齿比较多, 而双三次插值得到的图像较好地保持了原图像的细节. 这是因为参与计算输出点的像素值的拟合点个数不同, 个数越多越精确. 当然, 参与计算的像素个数会影响计算的复杂度. 实验结果表明, 双三次插值花费的时间比另外两种插值多一些. 所以, 在计算时间和质量之间有一个折中的问题.

4.2 图像空间域增强

图像增强技术基本上可分成两大类, 即空间域增强和频率域增强. 本节主要介绍图像空间域增强技术, 下一节介绍图像频率域增强技术.

4.2.1 图像增强基础

图像增强是指根据特定的需要突出一幅图像中的某些信息, 或者削弱和去除某些不需要的信息, 其主要目的是使处理后的图像对某种特定的应用来说, 比原始的图像更适用. 因此, 这类处理是为了某种应用目的而去改善图像质量的, 可使图像更适合于人的观察或机器的识别系统.

需要知道的是, 图像增强并不能增强原始图像的信息, 只能增强对某种信息的辨别能力, 而与此同时可能会损失一些其他的信息. 正因为如此, 人们很难找到一个评价图像增强效果优劣的客观标准, 也就没有特别通用的模式化图像增强方法, 总是要使用者根据具体期望的处理效果做出取舍.

图像增强是数字图像处理相对简单却极具艺术性的领域之一, 其目的是消除噪声, 显现那些被模糊了的细节或突出图像中用户感兴趣的特征. 一个简单的例子是增强图像的对比度, 使其看起来更加一目了然. 值得注意的是, 图像增强是数字图像处理中一个非常主观的领域, 它以怎样构成好的增强效果这样的主观偏好为基础, 也正是这一点为其赋予了艺术性. 这与图像复原技术刚好相反, 图像复原也是改进图像外貌的一个处理领域, 但它是客观的.

当然, 空间域增强和频率域增强不是两种截然不同的图像增强技术, 实际上它们是在不同的领域做同样的事情, 可以说是殊途同归. 只不过有些增强 (滤波) 更适合在空间域完成, 而有些则更适合在频率域完成.

图像空间域增强技术主要包括直方图修正、灰度变换增强、图像平滑化及图像锐化等. 在增强过程中可以采用单一处理方法, 但更多实际情况是需要采用几种方法联合处理, 才能达到预期的增强效果. 不要指望某个单一的图像处理方法能够解决全部问题.

其实, 我们在第 3 章中已经初步接触到了图像增强技术. 第 3 章通过灰度变换改善图像外观的方法以及直观图修正技术 (即直方图均衡化和直方图规定化) 都是图像增强的有效手段. 这些方法的共同点是变换直接针对像素灰度值, 与该像素所处的邻域无关, 因此也称为点运算. 而空间域增强则基于图像中每一个邻域内的像素进行灰度变换, 某个点变换之后的灰度值由该点邻域内的所有点的灰度值共同决定. 因此, 空间域增强也称为邻域运算或邻域滤波. 空间域变换可使用下列公式描述:

$$g(x,y) = T[f(x,y)],\ \forall\,(x,y) \in \Omega. \tag{4.28}$$

4.2.2 空间域滤波

滤波本来是信号处理中的一个术语, 是指将信号中特定波段频率滤除. 在数字信号处理中, 通常通过傅里叶变换及其逆变换来实现滤波操作. 由于空间域增强本质上与傅里叶变换下频率域的滤波是等效的, 故而也称之为滤波. 空间域滤波主要直接基于邻域 (空间域) 对图像中的像素执行计算, 本节使用空间域滤波这一术语, 以区别于下一节的频率域滤波.

1. 空间域滤波和邻域处理

若对一幅图像中的每个像素点 (x, y) 重复下面的两步操作:

(1) 对预先定义的以 (x, y) 为中心的邻域内的像素进行运算,

(2) 将 (1) 中运算的结果作为点 (x, y) 的新的响应,

那么这一过程就称为空间域滤波或邻域处理. 一幅数字图像可以看成一个二元函数 $f(x, y)$, 而 xy 平面表明了空间位置信息, 称为空间域. 基于 xy 空间域的滤波操作叫作空间域滤波. 如果对于邻域中的像素计算为线性运算, 则称为线性空间域滤波, 否则称为非线性空间域滤波.

图 4.11 直观地展示了用一个 3×3 的模板 (又称为滤波器、掩模、核或者窗口) 进行空间域滤波的过程, 模板是 $\boldsymbol{w}$, 其中心是 $w(0,0)$. 需要注意的是, 在滤波器子图中, $w(i,j)$ 的值是系数值, 而不是像素值.

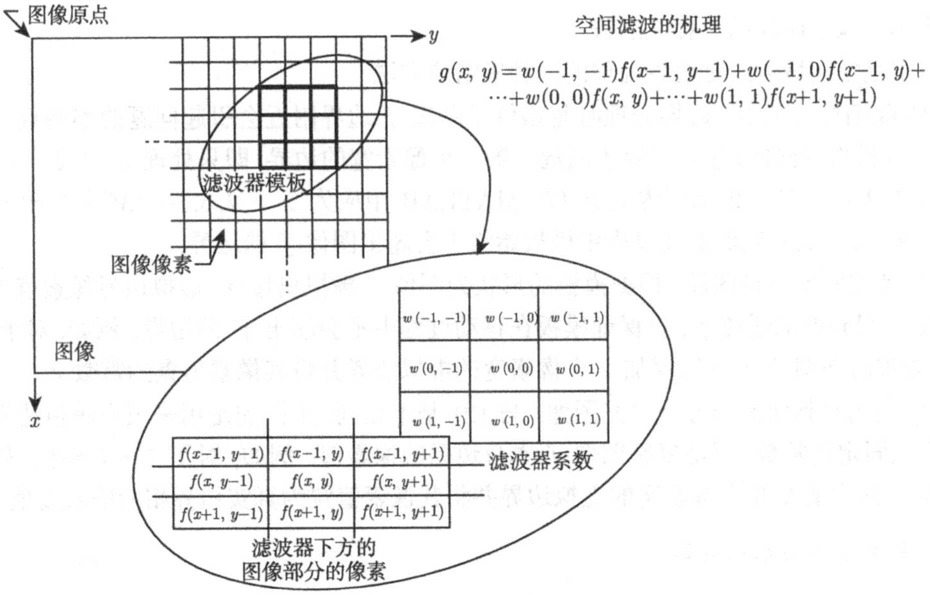

图 4.11 空间域滤波示意图

滤波过程就是在图像 $f(x, y)$ 中逐点地移动模板, 使模板中心和点 (x, y) 重合. 在每一点 (x, y) 处, 滤波器在该点的响应是根据模板的具体内容并通过预先定义的关系来计算的. 一般来说, 模板中的非 0 元素重合的像素参与了决定点 (x, y) 像素值的操作. 在线性空间滤

波中, 模板的系数则给出了一种加权模式, 即 (x,y) 处的响应由模板系数与模板下面区域的相应 f 的像素值的乘积之和给出. 例如, 对于图 4.11 而言, 此刻对于模板的响应 $g(x,y)$ 为:

$$g(x,y)=w(-1,-1)f(x-1,y-1)+w(-1,0)f(x-1,y)+\cdots+\\ w(0,0)f(x,y)+\cdots+w(1,0)f(x+1,y)+w(1,1)f(x+1,y+1).$$

更一般的情况为, 对于一个大小为 $m\times n$ 的模板, 其中 $m=2k+1, n=2l+1$, k,l 均为正整数. 也就是说, 模板的长与宽都是奇数, 偶数尺寸的模板因为不具有对称性而不被使用. 此外, 由于 1×1 尺寸的模板退化为点运算, 因此最小尺寸的模板应该是 3×3 模板. 可以将滤波操作形式化地表示为:

$$g(x,y)=\sum_{i=-k}^{k}\sum_{j=-l}^{l}w(i,j)f(x+i,y+j).$$

对于大小为 $M\times N$ 的图像 $f(x,y)$, 对 $x=0,1,\cdots,M-1$ 和 $y=0,1,\cdots,N-1$ 依次应用公式, 从而完成对于原图像 f 所有像素的处理, 得到新图像 g.

2. 空间域滤波的边界处理

在进行空间域滤波的过程中, 当模板移动到图像的边缘时, 就会产生模板的某些元素很可能会位于图像之外的情况. 这时, 在边缘附近执行滤波操作就需要所谓的边界处理, 以避免引用本不属于图像的无意义的值.

以下是空间域滤波时边界处理的三种策略或方法.

(1) 收缩处理范围. 边界处理时忽略位于图像 f 边界附近会引起问题的那些点. 例如, 对于 3×3 模板, 处理时忽略图像 f 四周一圈 1 个像素宽的边界, 即只处理 $x=1,2,\cdots,M-2$ 和 $y=1,2,\cdots,N-2$ 范围内的点 (在 MATLAB 中应为 $x=2,3,\cdots,M-1$ 和 $y=2,3,\cdots,N-1$), 从而确保滤波过程中模板始终不会超出图像 f 的边界.

(2) 使用常数填充图像. 根据模板的形状为图像 f 虚拟出边界, 虚拟边界像素值为指定的常数 c, 得到虚拟图像 f', 以保证模板在移动过程中不会超出 f' 的边界. 例如, 对于 5×5 模板, 处理时在图像 f 四周增加 2 个像素宽的虚拟边界并将其像素值置为常数 c.

(3) 使用复制像素的方法填充图像. 与 (2) 基本相同, 不同的是用来填充虚拟边界像素值的不是固定的常数, 而是复制图像 f 本身边界的像素值. 例如, 对于 7×7 模板, 处理时在图像 f 四周增加 3 个像素宽的虚拟边界并将其像素值置为真实边界相应的灰度值.

3. 相关运算与卷积运算

相关运算是滤波器模板移过图像并计算每个相应位置元素值乘积之和, 卷积的机理与其相似, 但滤波时首先要将模板旋转 180°.

(1) 相关运算的计算步骤

① 移动相关模板的中心元素, 使它与输入图像待处理的像素点 (x,y) 重合.

② 将模板的元素作为权重, 乘以图像重合区域的相应像素值, 然后对其和进行输出.

相关运算的计算公式如下:

$$g(x,y)=\sum_{i=-k}^{k}\sum_{j=-l}^{l}w(i,j)f(x+i,y+j). \tag{4.29}$$

(2) 卷积运算的计算步骤

① 卷积模板绕自己的中心点顺时针旋转 180°.

② 移动卷积模板的中心, 使它与输入图像待处理的像素点 (x,y) 重合.

③ 将旋转后模板的元素作为权重, 乘以图像重合区域的相应像素值, 然后对其求和.

卷积运算的计算公式如下:

$$g(x,y)=\sum_{i=-k}^{k}\sum_{j=-l}^{l}w(-i,-j)f(x+i,y+j). \tag{4.30}$$

在卷积运算中, 超出边界时要补充像素, 一般是添加 0 或者添加原始边界的像素值. 可以发现, 卷积与相关的主要区别在于计算卷积的时候, 卷积模板要先旋转 180°.

值得注意的是, 卷积与相关尽管差别很细微, 但却有本质上的不同: 卷积时模板是相对其中心点做镜像后再对 f 位于模板下的子图像做加权和的. 或者说, 在做加权和之前, 模板先要以其中心点为原点旋转 180°. 如果忽略了这一细微差别, 将导致完全错误的结果. 只有当模板本身关于中心点对称时, 相关和卷积的结果才会相同.

此外, 注意, 式 (4.30) 等价于:

$$g(x,y)=\sum_{i=-k}^{k}\sum_{j=-l}^{l}w(i,j)f(x-i,y-j). \tag{4.31}$$

4. 空间域滤波的 MATLAB 实现

MATLAB 中与滤波有关的函数主要有 imfilter 和 fspecial. 函数 imfilter 完成滤波操作, 而函数 fspecial 可以为用户创建一些预定义的二维滤波器, 直接供函数 imfilter 使用.

(1) 滤波函数 imfilter 的调用方式如下:

```
g = imfilter(f, w, option1, option2,…);
```

其中, f 是要进行滤波的图像; w 为滤波操作所使用的模板, 是一个二维数组 (矩阵); g 为滤波后的输出图像; 而可选参数 option1, option2, ··· 包括以下内容.

① 边界选项, 主要有下列 4 种取值:

(a) x, 表示用固定常数 x 填充虚拟边界, 默认值为 0.

(b) 'symmetric', 填充虚拟边界通过镜像反射其边界来扩展.

(c) 'replicate', 填充虚拟边界通过复制外边界的值来扩展.

(d) 'circular', 认为原图像模式具有周期性, 从而周期性地填充虚拟边界的内容.

注意, 如果采用第一种方式 (固定值) 填充虚拟边界, 图像会在边缘附近产生梯度, 采用后面三种方式填充可让边缘显得平滑.

② 尺寸选项, 主要有下列两种取值:

(a) 'same', 表示输出图像 g 与输入图像 f 的大小相同, 该值为默认值.

(b) 'full', 表示输出图像 g 的尺寸是填充虚拟边界后的尺寸, 因而大于输入图像 f 的尺寸.

③ 模式选项, 主要有下列两种取值:

(a) 'corr', 表示滤波过程是相关, 该值为默认值.

(b) 'conv', 表示滤波过程是卷积.

例 4.2 读入灰度图像 lena.bmp, 用模板

$$w=\frac{1}{9}\begin{bmatrix}1&1&1\\1&1&1\\1&1&1\end{bmatrix}$$

对灰度图像进行相关滤波, 采用镜像反射的边界填充方式.

程序代码如下 (ex408.m).

```
F=imread('lena.bmp');%读入图像
subplot(121), imshow(F);%显示原图像
xlabel('(a) 滤波前的图像');
w=[1 1 1; 1 1 1; 1 1 1]/9;%滤波模板
G=imfilter(F,w,'symmetric');
subplot(122),imshow(G);%滤波后的图像
xlabel('(b) 经滤波后的图像');
```

运行结果如图 4.12 所示.

(a) 滤波前的图像 (b) 经滤波后的图像

图 4.12 相关滤波前后对比

(2) 可创建预定义二维滤波器的 fspecial 函数的调用方式如下:

```
w = fspecial(type,parameters);
```

在上述调用方式中, 参数 type 指定了滤波器的类型, 其中一些类型的滤波器将在后面章节介绍. type 的一些合法值如下.

① 'average', 平均模板.

② 'disk', 圆形邻域的平均模板.

③ 'gaussian', 高斯模板.

④ 'log', 高斯-拉普拉斯模板.

⑤ 'laplacian', 拉普拉斯模板.

⑥ 'prewitt', Prewitt 水平边缘检测算子.

⑦ 'sobel', Sobel 水平边缘检测算子.

可选输入参数 parameters 是与所选定的滤波器类型 type 相关的配置参数, 如尺寸和标准差等. 如果不提供, 则函数使用该类型的默认参数配置. 返回值 w 为特定的滤波器.

下面结合以下几种代表性的情况具体说明.

① `w=fspecial('average',wsize);`

返回一个大小为 wsize 的平均模板 w. 参数 wsize 可以是一个含有两个分量的向量, 指明 w 的行和列的数目; 也可以仅为一个正整数, 此时对应于模板为方阵的情况. wsize 的默认值为 [3,3].

② `w=fspecial('disk',radius);`

返回一个半径为 radius 的圆形平均模板. w 是一个 (2radius+1)×(2radius + 1) 的方阵. radius 的默认值为 5.

③ `w=fspecial('gaussian',wsize,sigma);`

返回一个大小为 wsize、标准差 σ =sigma 的高斯低通滤波器. wsize 的默认值为 [3,3], sigma 的默认值为 0.5.

④ `w=fspecial('sobel');`

返回一个加强水平边缘的竖直梯度算子:

$$w=\begin{bmatrix} 1 & 2 & 1 \\ 0 & 0 & 0 \\ -1 & -2 & -1 \end{bmatrix},$$

如果需要检测竖直边缘, 则使用它的转置.

4.2.3　图像平滑

图像平滑滤波是一种可以减少和抑制图像噪声的实用数字图像处理技术. 在空间域中一般可以采用邻域平均来达到平滑的目的.

1. 均值平滑

均值平滑, 也称为平均平滑或均值滤波, 是指对每一个像素, 在以其为中心的窗口内, 取邻域像元的平均值来代替该像元的灰度值. 均值平滑算法简单, 计算速度快, 但对图像的边缘和细节有一定的削弱作用.

从图 4.12 所示的滤波前后效果对比可以看出, 滤波后的图像 g 有平滑或者说模糊的效果, 这完全是模板作用的结果. 例 4.2 中的模板提供了一种平均的加权模式, 以点 (x,y) 为中心的 3×3 邻域内的点都参与了决定新图像 g 中点 (x,y) 像素值的运算; 所有系数都相同表示它们在参与决定图像 $g(x,y)$ 值的过程中贡献 (权重) 都相同; 此外, 要保证所有的权系数之和为 1, 这里应为 1/9, 这样就能够让新图像与原始图像保持在一个灰度范围中 (如 [0,255]). 这样的模板叫作平均模板, 是用于图像平滑的模板中的一种, 相当于局部平均. 更一般的平均模板为:

$$\boldsymbol{w}=\frac{1}{(2k+1)^2}\begin{bmatrix}1 & 1 & \cdots & 1\\ 1 & 1 & \cdots & 1\\ \vdots & \vdots & \ddots & \vdots\\ 1 & 1 & \cdots & 1\end{bmatrix}_{(2k+1)\times(2k+1)} \tag{4.32}$$

一般来说, 图像具有局部连续性质, 即相邻像素的数值相近, 而噪声的存在使得在噪声点处产生灰度跳跃, 但一般可以合理地假设偶尔出现的噪声影响并没有改变图像局部连续的性质, 例如下面的局部图像矩阵 $\boldsymbol{F}$, 其中的 5 和 1 为噪声点, 在图像中表现为亮区中的两个暗点. 对 $\boldsymbol{F}$ 用 5×5 的平均模板进行平滑滤波后, 得到平滑后的图像矩阵为 $\boldsymbol{G}$, 如图 4.13 所示.

$$\boldsymbol{F}=\begin{bmatrix}201 & 195 & 222 & 218 & 206\\ 218 & 5 & 209 & 219 & 211\\ 199 & 207 & 202 & 201 & 217\\ 205 & 215 & 210 & 220 & 198\\ 203 & 219 & 212 & 1 & 203\end{bmatrix}\xrightarrow{\text{平均模板}}\boldsymbol{G}=\begin{bmatrix}182 & 185 & 189 & 215 & 211\\ 183 & 184 & 187 & 212 & 212\\ 186 & 186 & 188 & 210 & 210\\ 206 & 208 & 187 & 185 & 184\\ 208 & 211 & 168 & 162 & 159\end{bmatrix}$$

图 4.13　平滑滤波示意图

显然, 通过平滑滤波, 原局部图像中噪声点的灰度值得到了有效修正, 像这样将每一个点用周围点的平均值替代从而减少噪声的过程称为平滑或模糊.

利用 MATLAB IPT 内置的函数 imfilter 和 fspecial 可以实现平滑滤波. 以不同尺寸的平均模板实现平均平滑的 MATLAB 程序如下 (ex409.m).

```
F=imread('lena_noise.jpg');%读入图像
subplot(221); imshow(F);title('受噪声污染的老相片');
w=fspecial('average',3);%3×3平均模板
F3=imfilter(F,w,'corr','replicate');%相关滤波, 重复填充边界
subplot(222); imshow(F3);title('经3×3平均模板滤波');
w=fspecial('average',5);%5×5平均模板
F5=imfilter(F,w,'corr','replicate');
subplot(223); imshow(F5);title('经5×5平均模板滤波');
w=fspecial('average',7);%7×7平均模板
F7=imfilter(F,w,'corr','replicate');
subplot(224);imshow(F7);title('经7×7平均模板滤波');
```

上述程序的运行结果如图 4.14 所示.

从图 4.14 中可以看出, 随着模板的增大, 滤波过程在平滑掉更多噪声的同时也使得图像变得越来越模糊, 这是由平均模板的工作原理所决定的. 当模板增大到 7×7 时, 图像中的某些细节就变得难以辨识了. 实际上, 当图像细节与滤波器模板大小相近时就会受到比较大的影响, 尤其是当它们的灰度值又比较接近时, 混合效应导致的图像模糊更明显. 随着模板的进一步增大, 一些细节会被当作噪声平滑掉. 因此, 用户在确定模板大小时, 应考虑好要滤除的噪声点的大小, 有针对性地进行滤波.

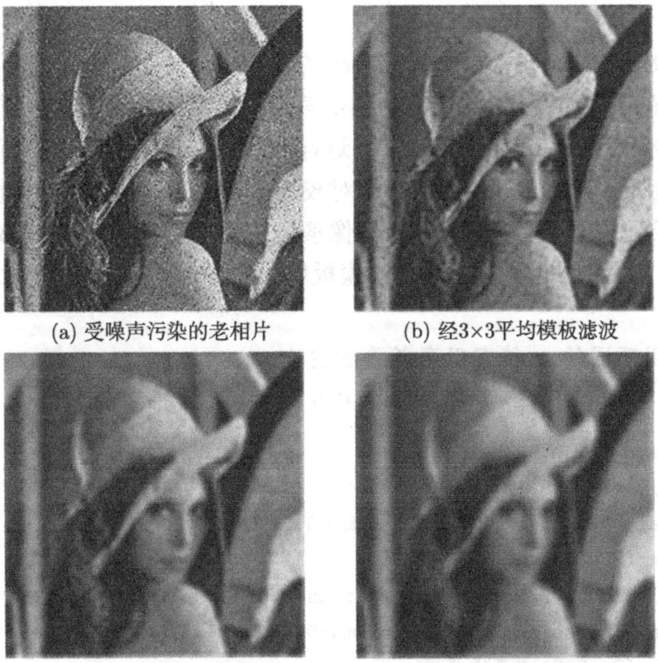

(a) 受噪声污染的老相片　(b) 经3×3平均模板滤波

(c) 经5×5平均模板滤波　(d) 经7×7平均模板滤波

图 4.14　不同大小的平均模板的平滑效果

2. 高斯平滑

均值平滑对于邻域中的像素是一视同仁的, 也就是使用相同的加权系数. 为了减少平滑处理中的模糊, 得到更自然的平滑效果, 有必要适当加大模板中心点的权重. 随着距离中心点的距离增大, 权重迅速减小, 从而可以确保中心点看起来更接近于与它距离更近的点, 基于这样考虑得到的模板就是高斯模板.

常用的 3×3 高斯模板为:

$$\boldsymbol{w} = \frac{1}{16}\begin{bmatrix} 1 & 2 & 1 \\ 2 & 4 & 2 \\ 1 & 2 & 1 \end{bmatrix}. \tag{4.33}$$

高斯模板名称的由来是二元高斯函数, 即二维正态分布密度函数. 我们知道, 一个均值

为 0、方差为 σ^2 的二元高斯函数表达式为:

$$\varphi(x,y)=\frac{1}{2\pi\sigma^2}\exp\left(-\frac{x^2+y^2}{2\sigma^2}\right). \tag{4.34}$$

高斯模板正是对连续的二元高斯函数的离散化表示, 因此任意大小的高斯模板都可以通过建立一个 $(2k+1)\times(2k+1)$ 的矩阵 $\boldsymbol{M}$ 得到, 其 (i,j) 位置的元素值可如下确定:

$$\boldsymbol{M}(i,j)=\frac{1}{2\pi\sigma^2}\exp\left(-\frac{(i-k-1)^2+(j-k-1)^2}{2\sigma^2}\right). \tag{4.35}$$

值得指出的是, 在高斯模板中, 标准差 σ 的选择十分关键. 当 σ 取不同的值时, 二元高斯函数的形状会有很大的变化. 如果 σ 过小, 偏离中心点的所有像素权重将会非常小, 相当于加权和响应基本不考虑邻域像素的作用, 这样滤波操作退化为图像的点运算, 无法起到平滑噪声的作用; 相反, 若 σ 过大, 而邻域相对较小, 这样在邻域内高斯模板将退化为平均模板; 只有当 σ 取合适的值时, 才能得到一个像素值的较好估计. MATLAB IPT 中 σ 的默认值是 0.5, 在实际应用中, 通常对 3×3 的模板取 σ 为 0.8 左右, 对于更大的模板可适当增大 σ 的值.

例 4.3 采用不同的 σ 值实现高斯平滑滤波.

编制 MATLAB 程序代码如下 (ex410.m).

```
F=imread('lena_noise.jpg');%读入图像
subplot(231);imshow(F);title('受噪声污染的老相片');
w305=fspecial('gaussian',3,0.5);%sigma=0.5的3×3高斯模板
F305=imfilter(F,w305); %高斯平滑
subplot(232);imshow(F305);title('经sigma=0.5的3×3高斯模板滤波的效果');
w308=fspecial('gaussian',3,0.8);%sigma=0.8的3×3高斯模板
F308=imfilter(F,w308);%高斯平滑
subplot(233);imshow(F308);title('经sigma=0.8的3×3高斯模板滤波的效果');
w318=fspecial('gaussian',3,1.8);%sigma=1.8的3×3高斯模板
F318=imfilter(F,w318);%高斯平滑
subplot(234);imshow(F318);title('经sigma=1.8的3×3高斯模板滤波的效果');
w508=fspecial('gaussian',5,0.8);%sigma=0.8的5×5高斯模板
F508=imfilter(F,w508);%高斯平滑
subplot(235);imshow(F508);title('经sigma=0.8的5×5高斯模板滤波的效果');
w712=fspecial('gaussian',7,1.2);%sigma=1.2的7×7高斯模板
F712=imfilter(F,w712);%高斯平滑
subplot(236);imshow(F712);title('经sigma=1.2的7×7高斯模板滤波的效果');
```

上述程序的运行结果如图 4.15 所示.

图 4.15 (b) 所示的图像由于 σ 偏小而平滑效果不明显, 当 σ 增大至 1.8 时, 图 4.15 (d) 所示的高斯平滑效果类似于图 4.15 (b). 随着模板的增大, 原图像中的噪声得到了更好的抑制, 比较图 4.15 (f) 和图 4.14 (d) 会发现, 在大小都为 7×7 的情况下, 高斯滤波后的图像中的图像细节被较好地保留.

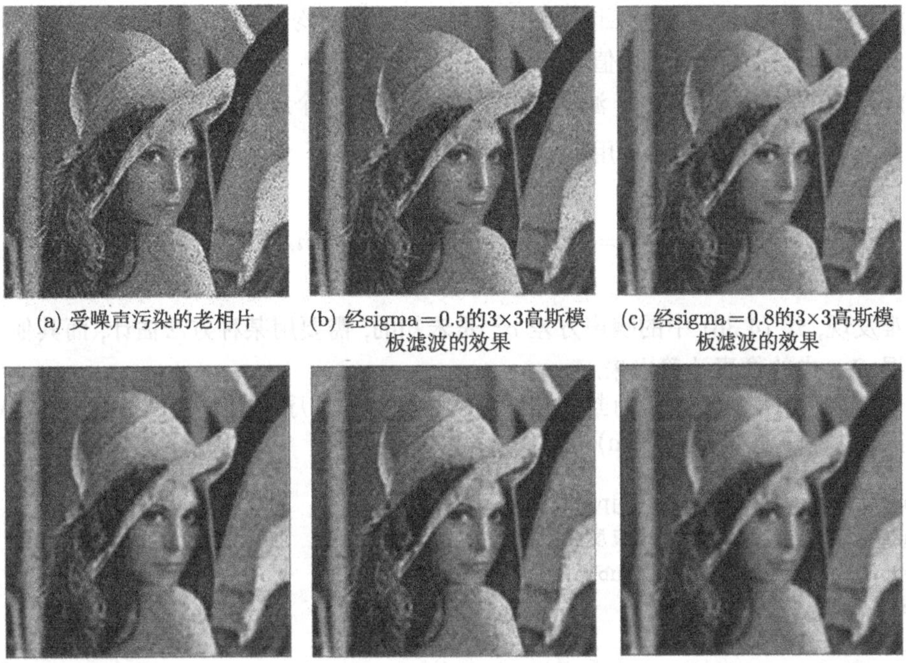

(a) 受噪声污染的老相片　(b) 经sigma＝0.5的3×3高斯模板滤波的效果　(c) 经sigma＝0.8的3×3高斯模板滤波的效果

(d) 经sigma＝1.8的3×3高斯模板滤波的效果　(e) 经sigma＝0.8的5×5高斯模板滤波的效果　(f) 经sigma＝1.2的7×7高斯模板滤波的效果

图 4.15　不同大小 σ 值的高斯平滑效果

4.2.4 自适应平滑

单纯的平滑滤波可以去除噪声, 但是会丢失图像的很多细节, 最明显的就是让图像变得模糊, 而自适应平滑滤波可以在去除噪声的同时增加细节, 使图像的增强效果达到最佳.

算法根据图像中像素灰度值的突变特性, 自适应改变滤波器的权值, 在区域平滑的过程中使图像的边缘锐化, 较好地处理了平滑噪声和锐化边缘的矛盾.

自适应平滑的思想是有选择地进行平滑, 即只在噪声局部区域进行平滑, 而在无噪声区域不进行平滑, 将模糊的影响降到最低.

那么, 怎样判断该局部区域是包含噪声、需要平滑的区域, 还是无明显噪声、不需平滑的区域呢? 这要基于噪声的性质来考虑. 一般而言, 噪声的存在会使图像在噪声点处产生灰度跳跃, 从而使噪声点局部区域灰度跨度较大.

假设滤波器作用于图像局部区域 S_{xy}, 其在中心区域上任何点 (x,y) 处的滤波器响应基于以下 4 个量:

(1) $g(x,y)$, 表示噪声图像在点 (x,y) 的值.

(2) σ_η^2, 表示干扰 $f(x,y)$ 以形成 $g(x,y)$ 的方差.

(3) m_ℓ, 表示在 S_{xy} 上像素点的局部均值.

(4) σ_ℓ^2, 表示在 S_{xy} 上像素点的局部方差.

基于上述 4 个量, 自适应均值滤波的流程如下:

(1) 若 $\sigma_\eta^2=0$, 滤波器返回 $g(x,y)$ 的值, 因为 $g(x,y)$ 在零噪声的情形下等同于 $f(x,y)$.

(2) 若 $\sigma_\eta^2=\sigma_\ell^2$, 滤波器返回局部区域 S_{xy} 上像素的均值, 即局部图像与全局图像有相同特性的情形下, 局部噪声用均值来降低.

(3) 若 σ_ℓ^2 与 σ_η^2 高度相关, 滤波器返回 $g(x,y)$ 的一个近似值.

因此, 自适应均值滤波器可用下式来表示:

$$\hat{f}=g(x,y)-\frac{\sigma_\eta^2}{\sigma_\ell^2}\left[g(x,y)-m_\ell\right]. \tag{4.36}$$

不难发现, 式 (4.36) 中的噪声方差 σ_η^2 是未知的, 需要用某种方法估计, 而其他 3 个量可以根据 S_{xy} 中的像素计算出来.

由于 MATLAB IPT 中没有封装自适应均值滤波的程序, 我们可以自己编制 MATLAB 程序来实现. 程序如下 (ex411.m).

```
image=imread('lena_noise.jpg');%读入原图像
image=rgb2gray(image); %灰度化
F=double(image);%转换为double型
%均值滤波
tic;%计时开始
s=5;%滤波器大小
[h,w]=size(F); mb=ones(s,s)/(s*s);
G=F;%初始化滤波结果的规模
for i=1:h-s+1
    for j=1:w-s+1
        D=F(i:i+s-1,j:j+s-1).*mb;
        means=sum(sum(D));
        G(i+(s-1)/2,j+(s-1)/2)=means;
    end
end
G=uint8(G);
toc;%计时结束
%计算噪声方差
F_reshape=reshape(F,1,1,length(F(:)));
global_means=mean(F_reshape);%均值
global_vars=var(F_reshape,1);%方差
%自适应均值滤波器
tic;%计时开始
image_expand=padarray(F,[2 2]);%扩展周围一圈
image_init=padarray(F,[2 2]);
%扩展周围一圈,因为滤波器为5×5,可以有镜像扩充、对称扩充、常数扩充等
imagemean=image_expand;%存储每个位置的局部均值
imagevar=image_expand;%存储每个位置的局部方差
[w,h,z]=size(image_expand);
for i=1:w-s+1
    for j=1:h-s+1
```

```
            box=image_expand(i:i-1+s,j:j-1+s);
            boxs=reshape(box,1,1,length(box(:)));
            localmean(i+(s-1)/2,j+(s-1)/2)=mean(boxs);%求均值
            localvar(i+(s-1)/2,j+(s-1)/2)=var(boxs,1);%求方差
        end
    end
    gxy=image_expand(2+1:w-2,2+1:h-2);
    lmean=localmean(2+1:w-2,2+1:h-2);%去掉扩充的边缘
    lvar=localvar(2+1:w-2,2+1:h-2);%去掉扩充的边缘
    gvar=mean2(imagevar);%估计全局噪声方差
    %式(4.36)计算得到的滤波结果
    image_new=gxy-(gvar./lvar.*(gxy-lmean));
    image_new=max(0,min(image_new,255));%处理到[0,255]
    image_new=uint8(image_new);
    toc;%计时结束
    figure('color',[1,1,1]);%画图
    subplot(1,3,1);imshow(image);title('原图像');
    %output=mean_filter(gxy,s);%均值滤波
    subplot(1,3,2);imshow(G);title('均值滤波');
    subplot(1,3,3);imshow(image_new);title('自适应均值滤波');
```

上述程序的运行结果如图 4.16 所示.

(a) 原图像　　(b) 均值滤波　　(c) 自适应均值滤波

图 4.16　自适应均值滤波效果

4.2.5　中值滤波

中值滤波本质上是一种统计排序滤波器. 对于原图像中的某点 (i,j), 中值滤波将以该点为中心的邻域内的所有像素的统计排序的中位数作为点 (i,j) 的响应值.

中位数不同于均值, 是指排序队列中位于中间位置元素的值. 例如, 采用 3×3 中值滤波器, 某点 (i,j) 的 8 个邻域的一系列像素值为 19, 31, 15, 11, 22, 28, 18, 24, 92, 统计排序结果为 11, 15, 18, 19, 22, 24, 28, 31, 92, 排在中间位置的 22 即为点 (i,j) 中值滤波的响应值 $g(i,j)$. 不难发现, 中值滤波不是线性的, 而是非线性的.

中值滤波对于某些类型的随机噪声具有非常理想的降噪能力, 因为其噪声点常常是直

接被忽略掉的. 而且, 同均值滤波和高斯滤波相比, 中值滤波在降噪的同时引起的模糊效应较低. 中值滤波的一种典型应用是消除椒盐噪声.

在介绍中值滤波的 MATLAB 实现之前, 先简单介绍一个 MATLAB 为图片添加噪声的函数 imnoise, 该函数的调用方式如下:

```
G=imnoise(F,type,parameters);
```

其中, 参数 F 为原图像矩阵; G 为添加了噪声的输出图像矩阵; 而可选参数 type 表示噪声类型, 常用的噪声类型有高斯白噪声、椒盐噪声等.

(1) 如果一个噪声服从高斯分布, 则称为高斯噪声; 如果它的功率谱密度又是均匀分布的, 则称为高斯白噪声. 当 type 取值为 'gaussian' 时, 即可产生高斯白噪声.

(2) 椒盐噪声因其在图像中的表现形式而得名. 图像添加椒盐噪声后, 黑点如同胡椒, 白点好似盐粒. 当 type 取值为 'salt & pepper' 时, 即可产生椒盐噪声. 椒盐噪声是由图像传感器、传输信道、解码处理等产生的黑白相间的亮暗点噪声. 椒盐噪声往往是由图像切割引起的.

注 4.1 使用 imnoise('gaussian',m,var) 添加高斯噪声时, 相当于对原图像中的每一个像素叠加一个从均值为 m、方差为 var 的高斯分布中产生的随机样本值. 当 $m = 0$ 时, 较小的方差 var 通常保证高斯分布在 0 附近的随机样本有一个较大的概率产生值 (高斯分布密度函数 $f(x)$ 在 $x = 0$ 附近有最大值), 从而大部分的像素位置对原图像影响较小.

MATLAB IPT 提供函数 medfilt2 来实现中值滤波, 其调用方式如下:

```
G=medfilt2(F,[m n]);
```

其中, 参数 F 是原图像矩阵; G 是中值滤波后的输出图像矩阵; [m n] 为中值滤波的模板尺寸, 默认值是 [3 3].

例 4.4 对椒盐噪声的均值滤波、高斯滤波和中值滤波效果进行比较.

下面的程序 (ex412.m) 分别给出了对于一幅受椒盐噪声污染的图像进行均值滤波、高斯滤波和中值滤波处理的效果.

```
Image=imread('lucy.jpg');%读入图像
F=Image(:,:,1);subplot(231);imshow(F);title('原图像');
G=imnoise(F,'salt & pepper');%为图像添加椒盐噪声
subplot(233);imshow(G);title('受椒盐噪声污染的图像');
w=[1 1 1; 1 1 1; 1 1 1]/9;%均值滤波模板
G1=imfilter(G,w,'corr','replicate');%均值滤波
subplot(234);imshow(G1);title('均值滤波后的图像');
w=[1 2 1; 2 4 2; 1 2 1]/16;%高斯滤波模板
G2=imfilter(G,w,'corr','replicate');%高斯滤波
subplot(235);imshow(G2);title('高斯滤波后的图像');
G3=medfilt2(G,[3 3]);%中值滤波
subplot(236);imshow(G3);title('中值滤波后的图像');
```

上述程序的运行结果如图 4.17 所示.

从图 4.17 可见, 均值滤波和高斯滤波在降噪的同时不可避免地造成了模糊, 而中值滤波在有效抑制椒盐噪声的同时模糊效应明显低很多, 因而对于椒盐噪声污染的图像, 中值滤波要远远优于线性平滑滤波.

(a) 原图像　(b) 受椒盐噪声污染的图像

(c) 均值滤波后的图像　(d) 高斯滤波后的图像　(e) 中值滤波后的图像

图 4.17 几种滤波器对于椒盐噪声图像的影响

4.2.6 图像锐化

图像锐化主要是指增强图像的边缘及灰度跳变的部分, 使图像变得清晰, 也分为空间域处理和频率域处理两类. 图像锐化是为了突出图像的边缘、轮廓或某些线性目标要素的特征. 这种滤波方法增强了图像边缘与周围像素点之间的反差, 因此也被称为边缘增强. 图像锐化应用广泛, 从医学成像、工业检测到军事系统指导等领域均有应用.

图像锐化主要用于增强图像的灰度跳变部分, 这一点与图像平滑抑制灰度跳变正好相反. 事实上, 平滑与锐化的两种运算算子也能说明这一点, 线性平滑都是基于对图像邻域的加权求和或者积分运算的, 而锐化则通过其逆运算——梯度 (导数) 或有限差分来实现.

前面提到了噪声和边缘都会使图像产生灰度跳变, 为了在平滑时能够将噪声和边缘区别对待, 可以采用自适应滤波来解决. 同样, 在图像锐化处理中, 如何分开噪声和边缘仍然是一个具有挑战性的问题. 所不同的是, 在平滑中要平滑的对象是噪声, 希望处理不要涉及边缘, 而在锐化中要锐化的对象是边缘, 希望处理不要涉及噪声.

1. *梯度算子*

对于连续的二元函数 $f(x,y)$, 其在点 (x,y) 处的梯度是下面的二维列向量:

$$\nabla f(x,y)=\left[f_x,f_y\right]^{\mathrm{T}}, \tag{4.37}$$

其中

$$f_x = \lim_{\varepsilon \to 0} \frac{f(x+\varepsilon, y) - f(x,y)}{\varepsilon}, \quad f_y = \lim_{\varepsilon \to 0} \frac{f(x, y+\varepsilon) - f(x,y)}{\varepsilon}$$

分别为 $f(x,y)$ 在点 (x,y) 处对 x 和 y 的偏导数.

梯度的方向就是函数 $f(x,y)$ 最大变化率的方向. 梯度的幅值作为变化率大小的度量, 其值为:

$$|\nabla f(x,y)| = \sqrt{f_x^2 + f_y^2}.$$

对于离散的二元函数 $f(i,j)$, 可以用有限差分作为梯度幅值的一个近似, 即:

$$|\nabla f(i,j)| = \sqrt{\left[f(i+1,j) - f(i,j)\right]^2 + \left[f(i,j+1) - f(i,j)\right]^2}. \tag{4.38}$$

尽管梯度幅值和梯度两者之间有着本质的区别, 但在数字图像处理中提到梯度时, 往往不加区分, 即将式 (4.38) 的梯度幅值称为梯度.

式 (4.38) 包含平方和开方, 不方便计算, 可以近似为绝对值的形式:

$$|\nabla f(i,j)| = \left|f(i+1,j) - f(i,j)\right| + \left|f(i,j+1) - f(i,j)\right|. \tag{4.39}$$

(1) Robert 交叉梯度

在实际计算中, 经常被采用的是另外一种梯度——Robert 交叉梯度:

$$|\nabla f(i,j)| = \left|f(i+1,j+1) - f(i,j)\right| + \left|f(i,j+1) - f(i+1,j)\right|. \tag{4.40}$$

Robert 交叉梯度对应的模板如下:

$$\boldsymbol{w}_1 = \begin{bmatrix} -1 & 0 \\ 0 & 1 \end{bmatrix}, \quad \boldsymbol{w}_2 = \begin{bmatrix} 0 & -1 \\ 1 & 0 \end{bmatrix},$$

其中, $\boldsymbol{w}_1$ 对接近 45° 边缘有较强的响应, $\boldsymbol{w}_2$ 对接近 −45° 边缘有较强的响应.

在使用 Robert 交叉梯度进行图像锐化时, 仍可使用前面的 MATLAB 函数 imfilter, 只要分别以 $\boldsymbol{w}_1$ 和 $\boldsymbol{w}_2$ 为模板, 调用该函数对原图像进行滤波就可以得到图像 g_1 和 g_2, 然后将其绝对值加起来 ($g = |g_1| + |g_2|$) 即可得到最终的 Robert 梯度图像.

例 4.5 用 Robert 交叉梯度算子对 MATLAB 内置的图像 coins.png 进行锐化.

MATLAB 程序代码如下 (ex413.m).

```
F=imread('coins.png');%读入图像
subplot(121);imshow(F);title('原图像');
F=double(F);%转换成double类型
w1=[-1 0;0 1];w2=[0 -1;1 0];%Robert交叉模板
G1=imfilter(F,w1,'corr','replicate');%重复方式填充边界
G2=imfilter(F,w2,'corr','replicate');
G=abs(G1)+abs(G2);%计算Robert梯度
subplot(122);imshow(G,[]);title('Robert交叉梯度图像');
```

上述程序的运行结果如图 4.18 所示.

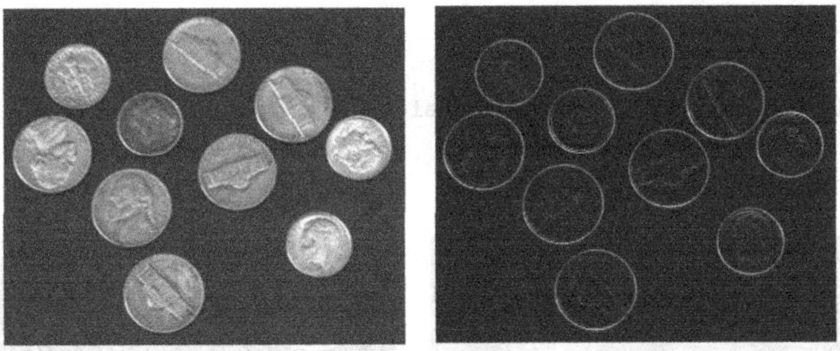

(a) 原图像　　(b) Robert交叉梯度图像

图 4.18　Robert 交叉梯度锐化效果

值得注意的是, 在进行锐化滤波之前, 需要将图像类型从 uint8 转换为 double, 这是因为锐化模板的负系数常常使得输出产生负值, 如果采用无符号的 uint8 类型, 则负值会被截断.

在调用函数 imfilter 时, 还要注意不要使用默认的填充方式, 因为 MATLAB 默认会在滤波时用“0”进行填充, 这会导致在图像边界处产生一个人为的灰度跳变, 从而在梯度图像中产生高响应, 而这些人为高响应值的存在将导致对图像中真正的边缘和其他所关心的细节的响应在输出梯度图像中被压缩在一个很窄的灰度范围, 同时也影响显示的效果. 本例采用了“replicate”重复填充方式, 也可采用“symmetric”对称填充方式.

(2) Sobel 梯度

另一种梯度算子是 Sobel 梯度算子, 由于滤波时用户一般喜欢奇数尺寸的模板, 因而 Sobel 梯度模板更加常用:

$$\boldsymbol{w}_1 = \begin{bmatrix} 1 & 2 & 1 \\ 0 & 0 & 0 \\ -1 & -2 & -1 \end{bmatrix}, \quad \boldsymbol{w}_2 = \begin{bmatrix} 1 & 0 & -1 \\ 2 & 0 & -2 \\ 1 & 0 & -1 \end{bmatrix},$$

其中, $\boldsymbol{w}_1$ 是对水平边缘有较大响应的竖直梯度模板, $\boldsymbol{w}_2$ 是对竖直边缘有较大响应的水平梯度模板. 跟 Robert 梯度操作一样, 在进行图像锐化时, 分别以 $\boldsymbol{w}_1$ 和 $\boldsymbol{w}_2$ 为模板对原图像进行滤波得到图像 g_1 和 g_2, 然后将其绝对值加起来 ($g = |g_1| + |g_2|$) 即可得到最终的 Sobel 梯度图像.

例 4.6　用 Sobel 梯度算子对 MATLAB 内置的图像 coins.png 进行锐化.

下面的 MATLAB 程序 (ex414.m) 计算了一幅图像的竖直和水平梯度, 它们的绝对值之和可作为完整的 Sobel 梯度.

```
F=imread('coins.png');%读入原图像
subplot(121); imshow(F);title('原图像');
w1=fspecial('sobel');%得到水平Sobel模板
w2=w1';%转置得到竖直Sobel模板
G1=imfilter(F,w1);%水平Sobel梯度
```

```
G2=imfilter(F,w2);%竖直Sobel梯度
G=abs(G1)+abs(G2);%计算Sobel梯度
subplot(122);imshow(G,[ ]);title('Sobel梯度图像');
```

上述程序的运行结果如图 4.19 所示.

(a) 原图像　　(b) Sobel梯度图像

图 4.19　Sobel 梯度锐化效果

2. 拉普拉斯算子

Robert 交叉梯度和 Sobel 梯度都是一阶偏微分算子, 下面介绍一种对于图像锐化而言应用更为广泛的基于二阶偏微分的拉普拉斯算子.

二元函数的二阶微分拉普拉斯算子定义为:

$$\nabla^2 f(x,y) = f_{xx} + f_{yy}. \tag{4.41}$$

对于离散的二维图像函数 $f(i,j)$, 可以用下式作为对二阶偏微分的近似:

$$f_{xx} = f(i+1,j) - 2f(i,j) + f(i-1,j),$$
$$f_{yy} = f(i,j+1) - 2f(i,j) + f(i,j-1).$$

将上面两式合起来即得到用于图像锐化的拉普拉斯算子:

$$\nabla^2 f(i,j) = [f(i+1,j) + f(i-1,j) + f(i,j+1) + f(i,j-1)] - 4f(i,j). \tag{4.42}$$

对应的滤波模板如下:

$$\boldsymbol{w}_1 = \begin{bmatrix} 0 & 1 & 0 \\ 1 & -4 & 1 \\ 0 & 1 & 0 \end{bmatrix}.$$

因为在锐化增强中绝对值相同的正值或负值实际上表示相同的响应, 故也等同于使用如下模板:

$$\boldsymbol{w}_2 = \begin{bmatrix} 0 & -1 & 0 \\ -1 & 4 & -1 \\ 0 & -1 & 0 \end{bmatrix}.$$

分析拉普拉斯模板的结构, 可知这种模板对于 90° 的旋转是各向同性的. 所谓对于某角度各向同性, 是指把原始的图像旋转该角度后再进行滤波与先对原始图像滤波再旋转该角度的结果相同. 这说明拉普拉斯算子对于接近水平方向和接近竖直方向的边缘都有很好的增强, 从而也就避免了在使用梯度算子时要进行两次滤波的麻烦. 更进一步, 我们还可以得到如下对于 45° 旋转各向同性的滤波器:

$$\boldsymbol{w}_3 = \begin{bmatrix} 1 & 1 & 1 \\ 1 & -8 & 1 \\ 1 & 1 & 1 \end{bmatrix}, \quad \boldsymbol{w}_4 = \begin{bmatrix} -1 & -1 & -1 \\ -1 & 8 & -1 \\ -1 & -1 & -1 \end{bmatrix}.$$

沿用高斯模板的思想, 根据到中心点的距离给模板周边的点赋予不同的权重, 还可以得到如下的模板:

$$\boldsymbol{w}_5 = \begin{bmatrix} 1 & 4 & 1 \\ 4 & -20 & 4 \\ 1 & 4 & 1 \end{bmatrix}.$$

例 4.7　分别使用三种拉普拉斯模板对 MATLAB 内置的图像 coins.png 进行锐化.

使用三种拉普拉斯模板 $\boldsymbol{w}_1, \boldsymbol{w}_3, \boldsymbol{w}_5$ 的 MATLAB 滤波程序 (ex415.m) 如下.

```
F=imread('coins.png');%读入图像
subplot(221);imshow(F);title('原图像');
F=double(F);%转换成double类型
w1=[0 1 0;1 -4 1;0 1 0];%拉普拉斯模板w1
w3=[1 1 1;1 -8 1;1 1 1];%拉普拉斯模板w3
w5=[1 4 1;4 -20 4;1 4 1];%拉普拉斯模板w5
G1=imfilter(F,w1,'corr','replicate');%重复方式填充边界
G2=imfilter(F,w3,'corr','replicate');
G3=imfilter(F,w5,'corr','replicate');
subplot(222);imshow(abs(G1),[]);title('使用w1模板拉普拉斯锐化');
subplot(223);imshow(abs(G2),[]);title('使用w3模板拉普拉斯锐化');
subplot(224);imshow(abs(G3),[]);title('使用w5模板拉普拉斯锐化');
```

上述程序的运行结果如图 4.20 所示.

从以上三个例子可以看出, Robert 交叉梯度算子、Sobel 梯度算子和拉普拉斯算子对于灰度梯度有着不同的响应: ① Robert 模板和 Sobel 模板通常会产生较宽的边缘; ② 拉普拉斯模板对于边缘和细节有较强的响应, 这是因为在拉普拉斯模板中有一个从正到负的过渡, 这一性质将在图像分割中用于边缘检测.

一般来说, 对于图像增强而言, 基于二阶导数的算子 (拉普拉斯模板) 应用更多一些, 因为它对于细节响应更强, 增强效果也就更明显. 而对于边缘检测, 基于一阶导数的算子 (Robert 和 Sobel 模板) 则会更多地发挥作用. 尽管如此, 一阶导数算子在图像增强中依然不可或缺, 它们常常同二阶导数算子结合在一起以达到更好的锐化增强效果.

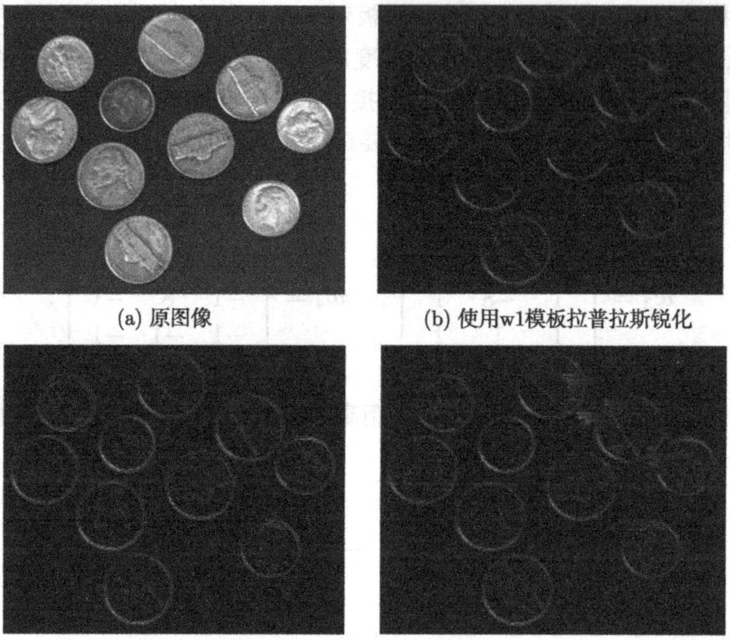

(a) 原图像　(b) 使用w1模板拉普拉斯锐化

(c) 使用w3模板拉普拉斯锐化　(d) 使用w5模板拉普拉斯锐化

图 4.20　拉普拉斯锐化效果

3. LoG 算子

我们知道, 图像锐化在增强边缘和细节的同时往往也"增强"了噪声, 因此如何区分开噪声和边缘是锐化中要解决的一个核心问题.

由于拉普拉斯算子对于细节 (细线和孤立点) 能产生更强的响应, 并且具有各向同性, 因此在图像处理中比一阶梯度算子更受青睐. 然而, 它对噪声的响应也更强, 即经过拉普拉斯锐化后噪声更明显.

为了在取得更好的锐化效果的同时把噪声的干扰降到最低, 可以先对带有噪声的原始图像进行平滑滤波, 再进行锐化, 增强边缘和细节. 本着"强强联合"的原则, 将在平滑领域效果更好的高斯平滑算子同锐化界表现突出的拉普拉斯算子结合起来, 得到 LoG 算子.

考虑高斯型函数:

$$g(x,y)=\frac{1}{2\pi\sigma^2}\exp\Big(-\frac{x^2+y^2}{2\sigma^2}\Big), \tag{4.43}$$

其中, σ 为标准差. 图像经该函数滤波将产生平滑效应, 且平滑的程度由 σ 决定. 进一步计算 g 的拉普拉斯算子, 从而得到著名的 LoG (Laplacian of a Gaussian, 高斯–拉普拉斯) 变换:

$$\nabla^2 g(x,y)=\frac{x^2+y^2-2\sigma^2}{2\pi\sigma^6}\exp\Big(-\frac{x^2+y^2}{2\sigma^2}\Big). \tag{4.44}$$

如同从高斯函数得到高斯模板一样, 将式 (4.44) 经过离散化可近似为一个 5×5 的 LoG 模板.

例 4.8　拉普拉斯锐化与 LoG 锐化的效果比较.

下面的 MATLAB 程序 (ex416.m) 给出了一个拉普拉斯算子和 LoG 算子处理的示例.

```
F=imread('coins.png');%读入图像
subplot(221);imshow(F,[]);title('原图像');
F=double(F);%滤波前转换成double类型
w4=[-1 -1 -1;-1 8 -1;-1 -1 -1];%拉普拉斯模板w4
F1_lap=imfilter(F,w4,'corr','replicate');%拉普拉斯锐化
subplot(222); imshow(uint8(abs(F1_lap)),[]);
%取绝对值并将255以上的响应截断
title('拉普拉斯锐化,噪声较明显');
w_log=fspecial('log',5,0.5);%产生大小为5、sigma=0.5的LoG模板
F2_log=imfilter(F,w_log,'corr','replicate');%LoG锐化
subplot(223);imshow(uint8(abs(F2_log)),[]);
%取绝对值并将255以上的响应截断
title('LoG算子处理,sigma=0.5');
w_log=fspecial('log',5,2);%产生大小为5、sigma=2的LoG模板
F3_log=imfilter(F,w_log,'corr','replicate');%LoG锐化
subplot(224);imshow(uint8(abs(F3_log)),[]);
%取绝对值并将255以上的响应截断
title('LoG算子处理,sigma=2.0');
```

上述程序的运行结果如图 4.21 所示.

(a) 原图像

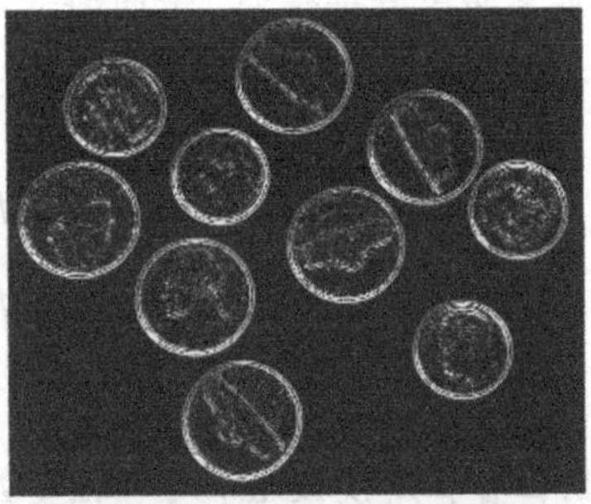

(b) 拉普拉斯锐化，噪声较明显

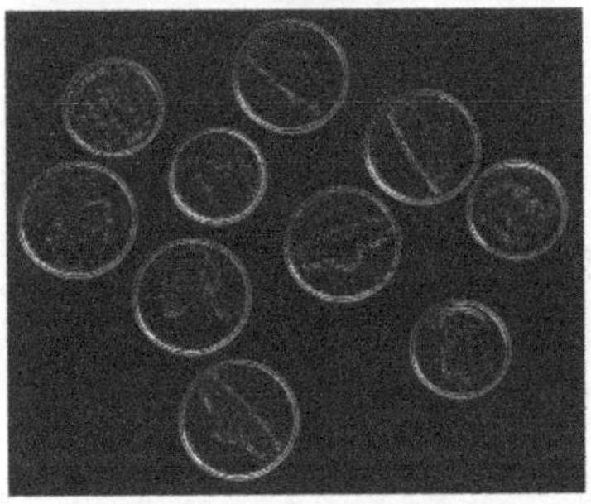

(c) LoG算子处理，sigma = 0.5

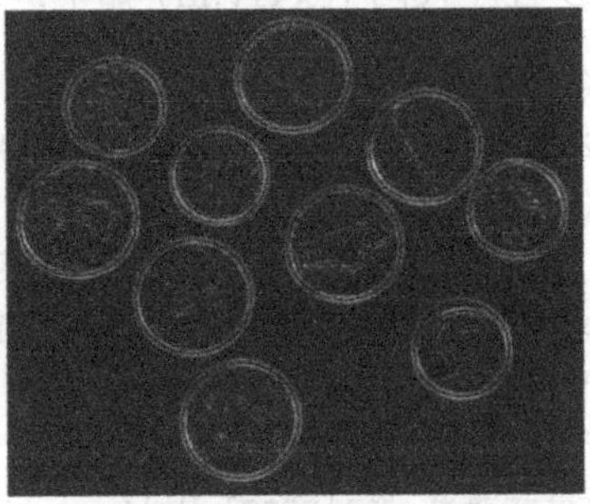

(d) LoG算子处理，sigma = 2.0

图 4.21　拉普拉斯算子与 LoG 算子处理效果的比较

图 4.21 (c) 和图 4.21 (d) 分别给出了对于原图像当 $\sigma = 0.5$ 和 $\sigma = 2$ 时的 LoG 增强效果. 与图 4.21 (b) 相比, 噪声得到了有效的抑制, 而且 σ 越小, 细节增强效果越好, σ 越大, 平滑效果越好.

4.2.7 高提升滤波

细心的用户会发现, 无论是基于一阶导数的 Robert 和 Sobel 模板, 还是基于二阶导数的拉普拉斯模板, 其各系数之和均为 0. 这说明算子在灰度恒定区域的响应为 0, 即在锐化处理后的图像中, 原图像的平滑区域近乎黑色, 而原图像的所有边缘、细节和灰度跳变点都作为黑背景中的高灰度部分突出显示. 在基于锐化的图像增强中常常希望在增强边缘和细节的同时仍然保留原图像中的信息, 而不是将平滑区域的灰度信息丢失. 因此, 可以把原图像加上锐化后的图像得到比较理想的结果.

需要注意具有正的中心系数和具有负的中心系数的模板之间的区别. 对于中心系数为负的模板 (如 $\boldsymbol{w}_1, \boldsymbol{w}_3, \boldsymbol{w}_5$), 要达到上述的增强效果, 显然应当让原图像 $f(i,j)$ 减去锐化算子直接处理后的图像, 即:

$$g(i,j) = \begin{cases} f(i,j) + \text{sharpen}(f(i,j)), & \text{锐化算子中心系数} > 0, \\ f(i,j) - \text{sharpen}(f(i,j)), & \text{锐化算子中心系数} < 0, \end{cases} \tag{4.45}$$

其中, sharpen$(\cdot)$ 表示通用的锐化算子.

不难想象, 图像经式 (4.45) 处理后, 由于锐化后边缘和细节处的高灰度值的存在, 经灰度伸缩后 (归一化于区间 [0,255]), 原图像灰度值被压缩在一个很窄的范围内, 因此整体上显得较暗. 为了改善这种情况, 需要对式 (4.45) 进行推广, 具体来说就是在复合 $f(i,j)$ 和 sharpen$(f(i,j))$ 时适当地提高 $f(i,j)$ 的比重. 描述如下:

$$g(i,j) = \begin{cases} \alpha f(i,j) + \text{sharpen}(f(i,j)), & \text{锐化算子中心系数} > 0, \\ \alpha f(i,j) - \text{sharpen}(f(i,j)), & \text{锐化算子中心系数} < 0. \end{cases} \tag{4.46}$$

形如式 (4.46) 的滤波称为高提升滤波.

例 4.9 用拉普拉斯模板 $\boldsymbol{w}_2$ 对一幅婴儿老照片 baby.bmp 进行高提升滤波.

MATLAB 程序代码 (ex417.m) 如下.

```
F=imread('baby.bmp');%读入图像
subplot(221);imshow(F);title('原图像');
F=double(F);%转换成double类型
w2=[0 -1 0;-1 4 -1;0 -1 0];%拉普拉斯模板w2
G=imfilter(F,w2,'corr','replicate');%重复方式填充边界
G1=F+G;%高提升滤波G1=F+G
subplot(222);imshow(abs(G1),[]);
title('高提升滤波,取alpha=1.0');
G2=1.8*F+G;%高提升滤波G1=1.8F+G
subplot(223);imshow(abs(G2),[]);
```

```
title('高提升滤波,取alpha=1.8');
G3=3.0*F+G;%高提升滤波G1=3.0F+G
subplot(224);imshow(abs(G3),[]);
title('高提升滤波,取alpha=3.0');
```

上述程序的运行结果如图 4.22 所示.

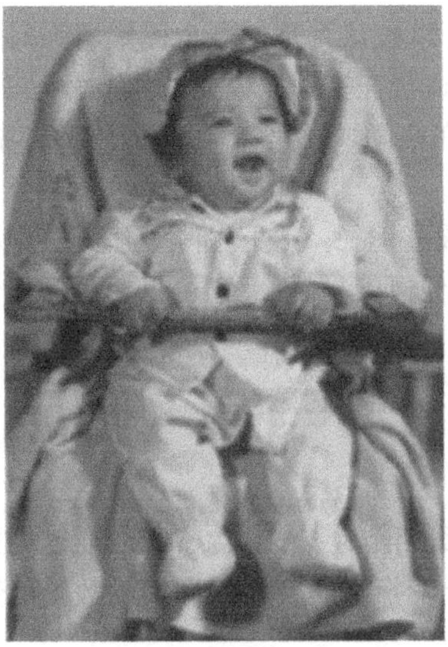

(a) 原图像

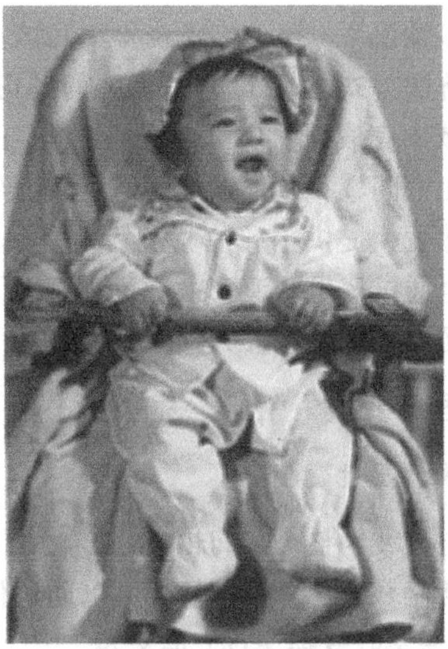

(b) 高提升滤波，取alpha＝1.0

(c) 高提升滤波，取alpha＝1.8

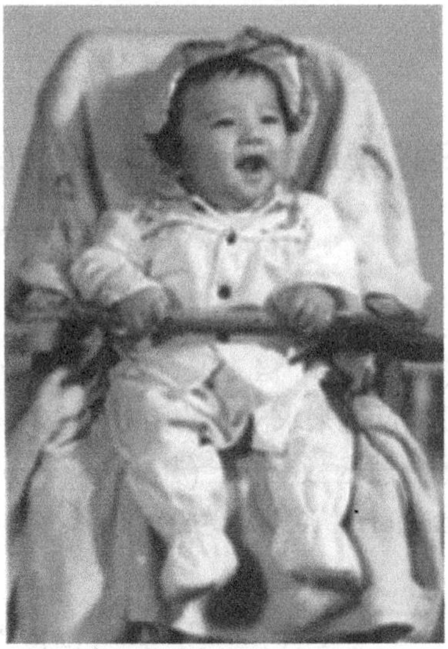

(d) 高提升滤波，取alpha＝3.0

图 4.22　拉普拉斯高提升滤波效果

一般来说, 权重系数 α 应为一个大于或等于 1 的实数, α 越大, 原图像所占比重越大, 锐化效果越不明显. 图 4.22 (b) ~ 图 4.22 (d) 分别给出了当 α 为 1.0, 1.8 和 3.0 时对于图 4.22 (a) 的高提升滤波的效果, 细节得到了有效的增强, 对比度也有了一定的改善.

4.3 图像频率域增强

在数字图像处理过程中, 空间域增强和频率域增强其实只是基于两个不同的视角. 在空间域中, 函数的自变量 (x,y) 被视为二维空间中的一点, 数字图像 $f(x,y)$ 即为一个定义在二维空间中矩形区域上的离散函数. 而在频率域中, 图像 $f(x,y)$ 被视为幅值变化的二维信号, 于是可以通过傅里叶变换 (或其他变换) 对它进行分析.

在很多情况下, 频率域滤波和空间域滤波可以被认为是同一个图像增强问题的殊途同归的两种解决方式. 当然, 有些增强问题可能更适合在空间域中完成, 而另一些问题则更适合在频率域中完成. 用户可根据需要来选择是在空间域还是在频率域中完成增强工作, 并在必要时在空间域和频率域之间进行相互转换.

傅里叶变换提供了一种变换到频率域的手段和途径. 由于用傅里叶变换表示的函数特征可以完全通过傅里叶逆变换进行重建, 不丢失任何信息, 因此它可以使我们工作在频率域而在转换回空间域时不丢失任何信息.

4.3.1 傅里叶变换

1. 一维傅里叶变换

对于定义域为整个时间轴 $(-\infty,+\infty)$ 的非周期函数 $f(x)$, 由于无法通过周期延拓将其扩展为周期函数, 在这种情况下可以通过傅里叶变换将其转化为周期函数. 单变量连续函数 $f(x)$ 的傅里叶变换 $F(u)$ 定义为:

$$F(u)=\int_{-\infty}^{+\infty} f(x)\mathrm{e}^{-\mathrm{i}2\pi ux}\mathrm{d}x. \tag{4.47}$$

由 $F(u)$ 还可以通过傅里叶逆变换获得 $f(x)$. 逆变换可以定义为:

$$f(x)=\int_{-\infty}^{+\infty} F(u)\mathrm{e}^{\mathrm{i}2\pi ux}\mathrm{d}u. \tag{4.48}$$

由式 (4.47) 和式 (4.48) 可知, 通过一个函数可以做变换得到其傅里叶变换, 或已知傅里叶变换可以反过来求出原始函数. 式 (4.47) 和式 (4.48) 即为通常所说的傅里叶变换对.

单变量离散函数 $f(x)$ (其中 $x=0,1,2,\cdots,M-1$) 的离散傅里叶变换 (Discrete Fourier Transform, DFT) 为:

$$F(u)=\frac{1}{M}\sum_{x=0}^{M-1} f(x)\mathrm{e}^{-\mathrm{i}2\pi ux/M},\ u=0,1,\cdots,M-1. \tag{4.49}$$

同样, 若给出 $F(u)$, 则能用逆 DFT 来获得原始函数:

$$f(x)=\sum_{x=0}^{M-1} F(u)\mathrm{e}^{\mathrm{i}2\pi ux/M},\ x=0,1,\cdots,M-1. \tag{4.50}$$

$F(u)$ 值的范围覆盖的域 (u 的值) 称为频率域, 因为 u 决定了变换的频率成分. $F(u)$ 的 M 项中的每一个称为变换的频率分量. 一维离散傅里叶变换具有如下性质:

(1) 如果 $f(x)$ 是离散函数, 那么在频率域下变换 $F(u)$ 也是离散的, 且其定义域仍为 $0 \sim M-1$, 这是因为 $F(u)$ 具有周期性, 即 $F(u+M)=F(u)$.

(2) 考虑式 (4.49) 中的系数 $1/M$, 在这里该系数放在正变换之前, 实际上它也可以放在式 (4.50) 的逆变换之前. 更一般的情况是, 只要能够保证正变换与逆变换之前的系数乘积为 $1/M$ 即可. 例如, 式 (4.49) 和式 (4.50) 的系数可以均为 $1/\sqrt{M}$.

(3) 为了求得每一个 $F(u)\,(u=0,1,\cdots,M-1)$, 需要全部 M 个点的 $f(x)$ 参与加权和计算, 对于 M 个 u, 总共需要大约 M^2 次运算. 对于比较大的 M 值 (在二维情况下对应着比较大的图像), 计算代价还是相当可观的.

2. 二维傅里叶变换

二维连续函数 $f(x,y)$ 的傅里叶变换 $F(u,v)$ 定义为:

$$F(u,v)=\int_{-\infty}^{+\infty}\int_{-\infty}^{+\infty} f(x,y)\mathrm{e}^{-\mathrm{i}2\pi(ux+vy)}\mathrm{d}x\mathrm{d}y. \tag{4.51}$$

类似地, 由此可以得到它的逆变换:

$$f(x,y)=\int_{-\infty}^{+\infty}\int_{-\infty}^{+\infty} F(u,v)\mathrm{e}^{\mathrm{i}2\pi(ux+vy)}\mathrm{d}u\mathrm{d}v. \tag{4.52}$$

在数字图像处理中, 人们关心的是二维离散函数的傅里叶变换. 图像尺寸为 $M\times N$ 的函数 $f(x,y)$ 的二维离散傅里叶变换 (DFT) 为:

$$F(u,v)=\frac{1}{MN}\sum_{x=0}^{M-1}\sum_{y=0}^{N-1} f(x,y)\mathrm{e}^{-\mathrm{i}2\pi(ux/M+vy/N)}. \tag{4.53}$$

反之, 给出 $F(u,v)$, 可通过逆 DFT 得到原始函数 $f(x,y)$, 其表达式如下:

$$f(x,y)=\sum_{u=0}^{M-1}\sum_{v=0}^{N-1} F(u,v)\mathrm{e}^{\mathrm{i}2\pi(ux/M+vy/N)}. \tag{4.54}$$

相对于空间域 (或图像域) 变量 x,y, 这里的 u,v 是频率域变量或者说是变换域变量. 同一维的情形相同, 由于频谱的周期性, 式 (4.53) 只需对 u 值 $(u=0,1,\cdots,M-1)$ 及 v 值 $(v=0,1,\cdots,N-1)$ 进行计算. 同样, 系数 $1/MN$ 的位置并不重要, 有时也放在逆变换之前, 有时则在正变换和逆变换之前均乘以 $1/\sqrt{MN}$.

需要指出的是, 傅里叶变换的结果与图像中的强度变化模式具有一定的联系. 例如, 变化最慢的频率成分 $(u=v=0)$ 对应一幅图像的平均灰度级. 根据式 (4.53), 频率域原点的傅里叶变换为:

$$F(0,0)=\frac{1}{MN}\sum_{x=0}^{M-1}\sum_{y=0}^{N-1} f(x,y). \tag{4.55}$$

显然, 这是 $f(x,y)$ 的各个像素的算术平均值, 即平均灰度. $F(0,0)$ 有时也称为频率谱的直流分量 (DC).

值得注意的是, 正如一元函数 $f(x)$ 可以表示为正弦 (余弦) 函数的加权和形式一样, 二元函数 $f(x,y)$ 也可以分解为不同频率的二维正弦 (余弦) 平面波的按比例叠加.

3. 幅度谱、相位谱和能量谱

在频率滤波中, 需要用到傅里叶变换的幅度谱、相位谱和能量谱. 下面分别给出其定义.

定义 4.1 (1) 幅度谱

$$|F(u,v)| = \sqrt{[\mathrm{Re}(F(u,v))]^2 + [\mathrm{Im}(F(u,v))]^2}\ .$$

(2) 相位谱

$$\varphi(u,v) = \arctan\frac{\mathrm{Im}(F(u,v))}{\mathrm{Re}(F(u,v))}\ .$$

(3) 能量谱 (谱密度)

$$P(x,y) = |F(u,v)|^2 = [\mathrm{Re}(F(u,v))]^2 + [\mathrm{Im}(F(u,v))]^2\ .$$

显然, 幅度谱关于原点具有对称性, 即 $|F(-u,-v)| = |F(u,v)|$. 通过幅度谱和相位谱, 可以还原 $F(u,v)$:

$$F(u,v) = |F(u,v)|\mathrm{e}^{\mathrm{i}\varphi(u,v)}.$$

幅度谱又叫频率谱, 是图像增强中关心的主要对象. 幅度谱直接反映频率信息, 是频率域滤波中的一个主要依据.

相位谱表面上并不那么直观, 但它隐含着实部与虚部之间的某种比例关系, 因此与图像结构息息相关.

由于对于和空间域等大的频率域空间下的每一点 (u,v), 均可计算一个对应的 $|F(u,v)|$ 和 $\varphi(u,v)$, 因此可以像显示一幅图像那样显示幅度谱和相位谱. 图 4.23 显示了图像 circuit.tif 及其幅度谱和相位谱.

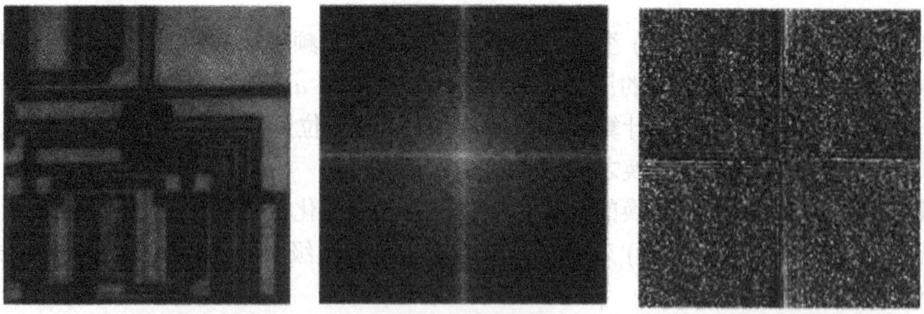

(a) 图像circuit.tif　　(b) 图(a)的幅度谱　　(c) 图(a)的相位谱

图 4.23　图像 circuit.tif 及其幅度谱和相位谱, 幅度谱和相位谱都将 (0,0) 点移到了中心

4. 卷积与相关性理论

卷积是空间域滤波和频率域滤波之间的纽带. 大小为 $M \times N$ 的两个函数 $f(x,y)$ 和 $h(x,y)$ 的离散卷积定义为:

$$f(x,y) * h(x,y) \ \Leftrightarrow \ \frac{1}{MN}\sum_{s=0}^{M-1}\sum_{t=0}^{N-1} f(s,t)h(x-s,y-t), \tag{4.56}$$

这里, $\Leftrightarrow$ 表示函数与其傅里叶变换的对应性. 因此, 有下面的卷积定理:

(1) $f(x,y) * h(x,y) \ \Leftrightarrow \ F(u,v)\,H(u,v)$.

(2) $F(u,v) * H(u,v) \ \Leftrightarrow \ f(x,y)\,h(x,y)$.

再来看相关性理论. 相关的重要应用在于图像匹配, 确定是否有感兴趣的物体区域. 设 $f(x,y)$ 是原始图像, $h(x,y)$ 为感兴趣的物体或区域 (模板), 如果匹配, 那么两个函数的相关值会在 h 中找到 f 中相应点的位置上达到最大.

大小为 $M \times N$ 的两个函数 $f(x,y)$ 和 $h(x,y)$ 的相关性定义为:

$$f(x,y) \circ h(x,y) \ \Leftrightarrow \ \frac{1}{MN}\sum_{s=0}^{M-1}\sum_{t=0}^{N-1} \bar{f}(s,t)h(x+s,y+t), \tag{4.57}$$

这里, $\bar{f}$ 表示 f 的共轭. 同样, 有下面的相关性定理:

(1) $f(x,y) \circ h(x,y) \ \Leftrightarrow \ \bar{F}(u,v)\,H(u,v)$.

(2) $F(u,v) \circ H(u,v) \ \Leftrightarrow \ \bar{f}(x,y)\,h(x,y)$.

由相关性定理, 显然有自相关定理:

$$f(x,y) \circ f(x,y) \ \Leftrightarrow \ |F(u,v)|^2; \quad F(u,v) \circ F(u,v) \ \Leftrightarrow \ |f(x,y)|^2.$$

4.3.2 FFT 及其实现

前一小节介绍了 DFT 的原理, 但并没有涉及其实现问题, 这主要是因为 DFT 的直接实现效率较低. 在工程实践中, 迫切地需要一种能够快速计算 DFT 的高效算法, 于是快速傅里叶变换 (Fast Fourier Transform, FFT) 便应运而生了. 本小节讨论 FFT 算法的原理及其 MATLAB 实现.

之所以提出 FFT 算法, 是因为在计算 DFT 时, 对于 N 点序列, 它的 DFT 变换及其逆变换为

$$F(u) = \frac{1}{N}\sum_{x=0}^{N-1} f(x)w_N^{ux}, \ u = 0,1,\cdots,N-1, \ w_N = \mathrm{e}^{-\mathrm{i}\frac{2\pi}{N}}, \tag{4.58}$$

$$f(x) = \sum_{u=0}^{N-1} F(u)w_N^{-ux}, \ x = 0,1,\cdots,N-1. \tag{4.59}$$

于是不难发现, 计算每个 u 值对应的 $F(u)$ 需要 N 次复数乘法和 $N-1$ 次复数加法. 因此, 为了计算长度为 N 的 DFT, 共需要执行 N^2 次复数乘法和 $N(N-1)$ 次复数加法. 而实现 1 次复数加法相当于执行 2 次实数加法, 执行 1 次复数乘法可能需要至多 4 次实数乘法和 2 次实数加法. 如果使用这样的算法直接处理图像数据, 运算量会大得惊人, 更无法实现实时处理.

然而, DFT 的计算实质并没有那么复杂. 在 DFT 的计算中有大量的重复计算. 上面的变量 w_N 是一个复变量, 它具有一定的周期性, 实际上它只有 N 个独立的值. 而这 N 个值也不是完全独立的, 它们又具有一定的对称关系. 关于变量 w_N 的周期性和对称性可做如下总结:

$$w_N^0 = 1,\ w_N^{\frac{N}{2}} = -1, \tag{4.60}$$

$$w_N^{N+r} = w_N^r,\ w_N^{\frac{N}{2}+r} = -w_N^r. \tag{4.61}$$

式 (4.60) 是矩阵 $\boldsymbol{W} = \left((w_N^{ux})_{u,x=1}^N\right)$ 中元素的某些特殊值, 而式 (4.61) 则说明了矩阵 $\boldsymbol{W}$ 元素的周期性和对称性. 利用 $\boldsymbol{W}$ 的周期性, DFT 计算中的某些项就可以合并; 而利用 $\boldsymbol{W}$ 的对称性, 则可以仅计算半个 $\boldsymbol{W}$ 序列. 根据这两点, 就可以将一个长度为 N 的序列分解为两个长度为 $N/2$ 的序列并分别计算 DFT, 这样计算量就会大大减少. 这正是 FFT 的基本思路——通过将较长的序列转换为相对短得多的序列来减少计算量.

MATLAB 系统内置了 fft2 和 ifft2 函数, 分别用于计算二维 FFT 和逆 FFT, 它们都经过了优化, 计算速度非常快. 另外, 两个与正、逆傅里叶变换密切相关的函数是 fftshift 和 ifftshift, 经常需要利用它们来将傅里叶频谱图中的零频点移动到频谱图的中心位置或逆平移回原来的位置. 下面分别介绍这 4 个函数.

1. fft2 函数

用于计算二维 FFT, 可以直接用于数字图像处理. 调用方式如下:

(1) `Y=fft2(X);`

(2) `Y=fft2(X,m,n);`

其中, X 为输入图像; Y 是计算得到的傅里叶频谱, 是一个复数矩阵. m 和 n 分别用于将 X 的第一维和第二维规整到指定的长度; 当 m 和 n 均为 2 的整数次幂时, 算法的执行速度要比 m 和 n 均为素数时更快.

注意, 运行此函数后, 计算 abs(Y) 可得到幅度谱, 计算 angle(Y) 可得到相位谱.

2. fftshift 函数

将 FFT 的 DC 分量移到频谱中心.

fft2 函数输出的频谱分析数据是按照原始计算所得的顺序来排列频谱的, 而没有以零频为中心来排列, 因此造成了零频在输出频谱矩阵的角上, 显示幅度谱图像时表现为 4 个亮度较高的角 (零频处的幅度值较高).

fftshift 函数利用了频谱周期性特点, 将输出图像的一半平移到另一端, 从而使零频被移动到图像的中间. 也就是说, 对于频率域图像, 假设用一条水平线和一条垂直线将频谱图

分成 4 块, fftshift 函数对这 4 块进行对角线的交换与反对角线的交换. 调用方式如下:

(1) `Y=fftshift(X);`

(2) `Y=fftshift(X,dim);`

其中, X 为要平移的频谱, Y 是经过平移的频谱, dim 指出了在多维数组的哪个维度上执行平移操作.

利用 fftshift 函数对图 4.24 (a) 中的图像平移后的效果如图 4.24 (b) 所示.

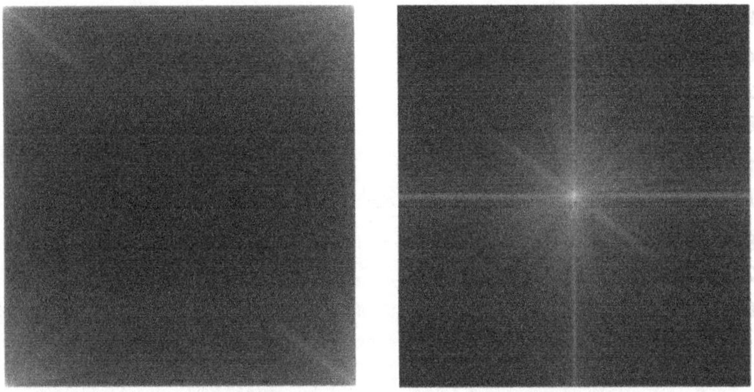

(a) 未经过平移的幅度谱　　(b) 经过平移的幅度谱

图 4.24　频谱的平移

3. ifft2 函数

对图像矩阵执行逆 FFT 操作, 大小与输入矩阵相同. 调用方式如下:

(1) `Y=ifft2(X);`

(2) `Y=ifft2(X,m,n);`

其中, X 为要计算逆 FFT 的频谱, Y 是逆 FFT 后得到的原始图像, m 和 n 的意义与函数 fft2 中相同.

注意, 在执行 ifft2 函数之前, 如果曾经使用 fftshift 函数对频率域图像进行原点平移, 则还需要使用 ifftshift 函数将原点平移回原位置.

4. ifftshift 函数

将零频点逆平移到图像矩阵的左上角. 调用方式如下:

(1) `X=ifftshift(Y);`

(2) `X=ifftshift(Y,dim);`

该函数将进行过零频平移的 Y 重新排列回原始变换输出的样子. 换言之, ifftshift 用于撤销 fftshift 的结果.

例 4.10　幅度谱的意义示例.

下面的程序 (ex418.m) 展示了如何利用 fft2 进行二维 FFT. 为了更好地使用频谱图像, 需要使用第 3 章中学习过的对数变换来增强频谱.

```
F1=imread('lena.bmp');%读入原图像
subplot(221);imshow(F1);
title('原图像');
fftF1=fft2(F1);%做FFT变换
shiftF1=fftshift(fftF1);%将零点移到中心
Temp1=log(1+abs(shiftF1));
%对幅度做对数变换以压缩动态范围
subplot(222);imshow(Temp1,[]);
title('FFT频谱');
F2=imread('lady.jpg');%读入原图像
subplot(223);imshow(F2);
title('原图像');
fftF2=fft2(F2);%做FFT变换
shiftF2=fftshift(fftF2);%将零点移到中心
Temp2=log(1+abs(shiftF2));
subplot(224);imshow(Temp2,[]);
title('FFT频谱');
```

上述程序的运行结果如图 4.25 所示.

(a) 原图像　(b) FFT频谱　(c) 原图像　(d) FFT频谱

图 4.25　图像及其幅度谱

4.3.3　频率域滤波

傅里叶变换可以将图像从空间域变换到频率域, 而傅里叶逆变换则可以将图像的频谱逆变换为空间域图像, 也就是人可以直接识别的图像. 这样一来, 可以利用空间域图像与频谱之间的对应关系, 尝试将空间域卷积滤波变换为频率域滤波, 而后再将频率域滤波处理后的图像逆变换回空间域, 从而达到图像增强的目的. 这样做的一个最主要的吸引力在于频率域滤波的直观性特点.

1. 频率域滤波的基本步骤

根据卷积定理进行频率域滤波通常应遵循如下步骤:

(1) 计算原始图像 $f(x,y)$ 的 DFT, 得到频谱 $F(u,v)$ (利用 fft2 函数).

(2) 将频谱 $F(u,v)$ 的零频点移动到频谱图的中心位置 (利用 fftshift 函数).

(3) 计算滤波函数 $H(u,v)$ 与 $F(u,v)$ 的乘积 $G(u,v)$.

(4) 将频谱 $G(u,v)$ 的零频点移回频谱图的左上角位置 (利用 ifftshift 函数).

(5) 计算第 (4) 步结果的傅里叶逆变换 $g(x,y)$ (利用 ifft2 函数).

(6) 取 $g(x,y)$ 的实部作为最终滤波后的结果图像.

由上述可知, 滤波能否取得理想结果的关键取决于频率域滤波函数 $H(u,v)$, 常常称之为滤波器或滤波器传递函数. 它在滤波中抑制或滤除了频谱中某些频率的分量, 而保留其他的一些频率不受影响. 本书中只关心其值为实数的滤波器, 这样滤波过程中 H 的每一个实数元素分别乘以 F 中对应位置的复数元素, 从而使得 F 中元素的实部和虚部等比例地变化, 不会改变 F 的相位谱, 这种滤波器也因此被称为零相移滤波器. 这样, 最终逆变换回空间域得到的滤波结果图像 $g(x,y)$ 理论上也应当为实函数. 然而, 由于计算舍入误差等原因, 可能会带有非常小的虚部, 通常将虚部直接忽略.

为了更直观地理解频率域滤波和空间域滤波之间的对应关系, 先来看一个简单的例子. 式 (4.55) 曾指出原点处的傅里叶变换 $F(0,0)$ 实际上是图像中全部像素的算术平均值, 那么如果要从原图像 $f(x,y)$ 得到一幅像素灰度和为 0 的空间域图像 $g(x,y)$, 就可以先将 $f(x,y)$ 变换到频谱 $F(u,v)$, 而后令 $F(0,0)=0$ (在原点移动到中心的频谱中为 $F(M/2,N/2)$), 再逆变换回去. 这个滤波过程相当于计算 $F(u,v)$ 与模板 $H(u,v)$ 之间的乘积.

$$H(u,v)=\begin{cases}0, & (u,v)=(M/2,N/2),\\ 1, & \text{其他}.\end{cases} \tag{4.62}$$

式 (4.62) 中的 $H(u,v)$ 对应于平移过的频谱, 其原点位于 $(M/2,N/2)$. 显然, 这里 $H(u,v)$ 的作用就是将点 $F(M/2,N/2)$ 置零, 而其他位置的 $F(u,v)$ 保持不变.

2. 频率域滤波的 MATLAB 实现

MATLAB 中没有内置频率域滤波函数, 我们可以自己编写一个函数 imfreqfilt, 其调用方式与空间域滤波的 imfilter 函数相似. 调用该函数时, 需要提供原始图像和与原始图像等大的频率域滤镜作为参数, 其输出为经过滤波处理又逆变换回空间域之后的图像.

需要注意的是, 通常使用 fftshift 函数将频谱原点移至图像中心, 因此需要构造对应的原点在中心的滤波器, 并在滤波之后使用 ifftshift 函数将原点移回以进行逆变换.

频率域滤波函数 imfreqfilt 的代码如下.

```
function G=imfreqfilt(F,H)
%功能:对灰度图像进行频率域滤波
%参数F是输入的空间图像;H是与原图像等大的频率域滤镜
if (ndims(F)==3)&&(size(F,3)==3)%RGB图像
    F=rgb2gray(F);%转换为灰度图像
end
if (size(F)~=size(H))
    error('滤镜与原图像不等大,滤波已取消');
end
F=fft2(F);%快速傅里叶变换
F=fftshift(F);%移动原点至图像中心
G=F.*H;%对应元素相乘实现频率域滤波
```

```
G=ifftshift(G);%移动图像中心至左上角
G=ifft2(G);%傅里叶逆变换
G=abs(G);%求模值
G=G/max(G(:));%归一化以便显示
```

例 4.11 对 MATLAB ITP 内置图像 pout.tif 进行频率域滤波.
编写 MATLAB 代码如下 (ex419.m).

```
F=imread('pout.tif'); %读入原图像
subplot(1,2,1),imshow(F);
xlabel('(a) 原图像')
[m,n]=size(F);H=ones(m,n);
H(round(m/2),round(n/2))=0;
G=imfreqfilt(F,H);
subplot(1,2,2),imshow(G,[]);
xlabel('(b) 频率域滤波后的图像')
```

上述程序的运行结果如图 4.26 所示.

(a) 原图像　　(b) 频率域滤波后的图像

图 4.26　频率域滤波示例

4.3.4　低通滤波器

在频谱中, 低频主要对应于图像在平滑区域的总体灰度级分布, 而高频对应着图像的细节部分, 如边缘和噪声. 因此, 图像平滑可通过衰减图像频谱中的高频来实现, 这就建立了空间域图像平滑与频率域低通滤波器之间的对应关系.

1. 理想低通滤波器

最容易想到的衰减高频成分的方法就是在一个称为“截止频率”的位置“截断”所有的高频成分, 将图像频谱中所有高于这一截止频率的频谱成分设为 0 值, 低于截止频率的成分保持不变. 换言之, 就是截断傅里叶变换中的所有高频成分, 这些高频成分处于指定距离 D_0(截止频率) 之外. 理想低通滤波器的表达式如下:

$$H(u,v)=\begin{cases}1, & D(u,v)\leqslant D_0,\\ 0, & D(u,v)>D_0.\end{cases} \tag{4.63}$$

假设频率矩形的中心在 $(M/2,N/2)$ (即图像的宽度为 M, 高度为 N), 那么从点 (u,v) 到中心 (原点) 的距离 $D(u,v)$ 如下:

$$D(u,v)=\sqrt{\left(u-\frac{M}{2}\right)^2+\left(v-\frac{N}{2}\right)^2}. \tag{4.64}$$

低通滤波器表示, 滤波器的频率域原点在频谱图像的中心处, 在以截止频率为半径的圆形区域内的滤镜元素全为 1, 而在该圆之外的滤镜元素全部为 0. 也就是说, 在半径为 D_0 的圆内, 所有频率毫无衰减地通过滤波器, 而在此圆外的所有频率完全被衰减掉.

理想低通滤波器可在一定程度上去除图像噪声, 但由此带来的图像边缘和细节的模糊效应也较为明显. 实际上, 理想低通滤波器是一个与频谱图像同样大小的二维矩阵, 通过将矩阵中对应较高频率的部分设为 0、较低频率的部分 (靠近中心) 设为 1, 可在与频谱图像相乘后有效去除频谱的高频成分 (由于是矩阵对应元素相乘, 频谱高频成分与滤波器中的 0 相乘). 其中, 0 与 1 的交界处即对应于滤波器的截止频率.

之所以称为理想低通滤波器, 是因为其频率特性在截止频率处十分陡峭, 无法用硬件实现. 但其 MATLAB 编程的模拟实现则较为简单.

可编制截止频率为 D_0 的理想低通滤波器的 MATLAB 函数, 该函数名为 imidealpf.m, 完整代码如下.

```
function H=imidealpf(F,D0)
%函数功能:构造理想低通滤波器
%参数F是输入的灰度图像,D0是截止频率
%返回值H:指定的理想低通滤波器
[m,n]=size(F);H=ones(m,n);
for i=1:m
    for j=1:n
        if (sqrt((i-m/2)^2+(j-n/2)^2)>D0)
            H(i,j)=0;
        end
    end
end
```

下面以受噪声污染的老照片 lena_noise.jpg 为例, 使用理想低通滤波器进行滤波, 相应的 MATLAB 程序代码如下 (ex420.m).

```
F=imread('lena_noise.jpg');%读入原图像
F=F(:,:,1);%取第1通道
```

```
%取截止频率为25
H=imidealpf(F,25);G=imfreqfilt(F,H);%生成滤镜,应用滤镜
figure(1);subplot(1,3,1);imshow(F);title('原图像');
subplot(1,3,2);imshow(G);title('理想低通滤波,频率为25');
%计算FFT并显示
T=fft2(F);T=fftshift(T);%平移零频点
T=log(1+abs(T));%取对数压缩数据范围
figure(2);subplot(1,3,1);imshow(T,[]);title('原图像频谱');
T=fft2(G);T=fftshift(T);T=log(1+abs(T));
subplot(1,3,2);imshow(T,[]);title('理想低通滤波,频率为25');
%取截止频率为60
H=imidealpf(F,60);G=imfreqfilt(F,H);%生成滤镜,应用滤镜
figure(1);subplot(1,3,3);
imshow(G);title('理想低通滤波,频率为60');
%计算FFT并显示
T=fft2(G);T=fftshift(T);T=log(1+abs(T));
figure(2);subplot(1,3,3);
imshow(T,[]);title('理想低通滤波,频率为60');
```

上述程序的运行结果如图 4.27 和图 4.28 所示.

(a) 原图像　(b) 理想低通滤波，频率为25　(c) 理想低通滤波，频率为60

图 4.27　理想低通滤波结果对比图

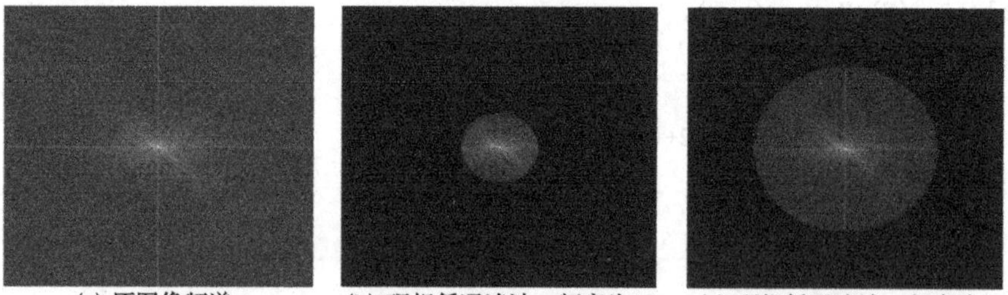

(a) 原图像频谱　(b) 理想低通滤波，频率为25　(c) 理想低通滤波，频率为60

图 4.28　理想低通滤波结果频谱对比图

从图 4.27 可以看出, 当截止频率非常低时, 只有非常靠近原点的低频成分能够通过, 图像模糊严重. 截止频率越高, 通过的频率成分越多, 图像模糊的程度越小, 所获得的图像也就越接近原图像. 但可以发现, 理想低通滤波器并不能很好地兼顾噪声消除和细节保留两

个方面，这与在空间域中采用平均模板时的情形较为类似.

2. 巴特沃斯低通滤波器

k 阶巴特沃斯低通滤波器 (BLPF) 的传递函数的定义如下:

$$H(u,v)=\frac{1}{1+[D(u,v)/D_0]^{2k}},\tag{4.65}$$

其中，D_0 是截止频率距原点的距离，$D(u,v)$ 是点 (u,v) 距原点的距离. 不同于理想低通滤波器，巴特沃斯滤波器的变换函数在通带与被滤除的频率之间没有明显的截断.

不难发现，当 $D(u,v)=D_0$ 时，$H(u,v)=0.5$; 当 $D(u,v)=0$ 时，取得最大值 $H(u,v)=1$.

对一幅图像进行滤波处理时，若选用的频率域滤波器具有陡峭的变化，则会使滤波图像产生所谓的"振铃"现象，即输出图像的灰度剧烈变化处产生振荡，就好像钟被敲击后产生空气振荡一样.

1 阶巴特沃斯滤波器没有振铃，2 阶巴特沃斯滤波器振铃通常很微小，但阶数增高时，振铃便成为一个重要因素. 与理想低通滤波器相比，巴特沃斯滤波器减少了振铃现象，高低频率之间的过渡比较平滑，但其平滑处理的效果常不如理想低通滤波器. 需要根据平滑效果和振铃现象选择巴特沃斯滤波器的阶数. 计算量大于理想低通滤波器.

编制实现 k 阶巴特沃斯滤波的 MATLAB 函数 (imbtwslpf.m) 如下.

```
function H=imbtwslpf(F,D0,k)
%构造k阶巴特沃斯低通滤波器
%参数F是输入图像,D0是截止频率,k是阶数
%返回值H:指定的巴特沃斯低通滤波器
F=im2double(F);%转换为double类型
n=size(F,1);m=size(F,2);
u=-m/2:(m/2-1);v=-n/2:(n/2-1);
[U,V]=meshgrid(u,v);%生成网格数据
D=sqrt(U.^2+V.^2);%计算到原点的距离
H=1./(1+(D./D0).^(2*k));
```

下面仍以受噪声污染的老照片 lena_noise.jpg 为例，使用巴特沃斯低通滤波器进行滤波，相应的 MATLAB 代码如下 (ex421.m).

```
F=imread('lena_noise.jpg');%读入原图像
F=F(:,:,1);%取第1通道
%取截止频率为30,阶数为3
H=imbtwslpf(F,30,3);%生成滤镜
G=imfreqfilt(F,H);%应用滤镜
figure(1);subplot(1,3,1);imshow(F);title('原图像');
subplot(1,3,2);imshow(G);
title('巴特沃斯滤波,频率为30,阶数为3');
%计算FFT并显示
T=fft2(F);T=fftshift(T);%平移零频点
T=log(1+abs(T));%取对数压缩数据范围
```

```
figure(2); subplot(1,3,1);imshow(T,[]);title('原图像频谱');
T=fft2(G);T=fftshift(T);T=log(1+abs(T));
subplot(1,3,2);imshow(T,[]);
title('巴特沃斯滤波,频率为30,阶数为3');
%取截止频率为60,阶数为4
H=imbtwslpf(F,60,4);%生成滤镜
G=imfreqfilt(F,H);%应用滤镜
figure(1);subplot(1,3,3);imshow(G);
title('巴特沃斯滤波,频率为60,阶数为4');
%计算FFT并显示
T=fft2(G);T=fftshift(T);T=log(1+abs(T));
figure(2);subplot(1,3,3);imshow(T,[]);
title('巴特沃斯滤波,频率为60,阶数为4');
```

上述程序的运行结果如图 4.29 和图 4.30 所示.

(a) 原图像　(b) 巴特沃斯滤波，频率为30，阶数为3　(c) 巴特沃斯滤波，频率为60，阶数为4

图 4.29　巴特沃斯低通滤波结果对比图

(a) 原图像频谱　(b) 巴特沃斯滤波，频率为30，阶数为3　(c) 巴特沃斯滤波，频率为60，阶数为4

图 4.30　巴特沃斯低通滤波结果频谱对比图

从图 4.29 可以看出, 当截止频率非常低时, 只有很靠近原点的低频成分能够通过, 图像模糊严重. 截止频率越高, 通过的频率成分就越多, 图像模糊的程度越小, 所获得的图像也就越接近原图像.

3. 高斯低通滤波器

高斯低通滤波器的频率域二维形式为:

$$H(u,v) = \mathrm{e}^{-D(u,v)^2/2D_0^2}, \tag{4.66}$$

其中, D_0 是截止频率, $D(u,v) = \sqrt{(u-M/2)^2+(v-N/2)^2}$($M \times N$ 是图像的大小).

当 $D(u,v) = D_0$ 时, 滤波器下降到它最大值的 0.607 处. 高斯滤波器有一个重要的特性, 那就是在高斯滤波器中是没有振铃的. 当然, 其平滑效果常不如巴特沃斯低通滤波器.

根据上面二维高斯低通滤波器的定义, 可编制实现高斯低通滤波的 MATLAB 函数, 该函数名为 imgausslpf.m, 代码如下.

```
function H=imgausslpf(F,D0)
%功能:构造高斯低通滤波器
%参数F:输入的灰度图像,参数D0:截止频率
%返回值H:指定的高斯低通滤波器
[m,n]=size(F);
H=ones(m,n);
for i=1:m
    for j=1:n
        H(i,j)=exp(-((i-m/2)^2+(j-n/2)^2)/(2*D0^2));
    end
end
```

下面仍以老照片 lena_noise.jpg 为例, 使用高斯低通滤波器进行滤波, 相应的 MATLAB 程序代码如下 (ex422.m).

```
F=imread('lena_noise.jpg');%读入原图像
F=F(:,:,1);%取第1通道
%取截止频率为25
H=imgausslpf(F,25);%生成滤镜
G=imfreqfilt(F,H);%应用滤镜
figure(1);subplot(1,3,1);imshow(F);title('原图像');
subplot(1,3,2);imshow(G);
title('高斯低通滤波,频率为25');
%计算FFT并显示
T=fft2(F);T=fftshift(T);%平移零频点
T=log(1+abs(T));%取对数压缩数据范围
figure(2); subplot(1,3,1);imshow(T,[]);title('原图像频谱');
T=fft2(G);T=fftshift(T);T=log(1+abs(T));
subplot(1,3,2);imshow(T,[]);
title('高斯低通滤波,频率为25');
%取截止频率为45
H=imgausslpf(F,45);%生成滤镜
G=imfreqfilt(F,H);%应用滤镜
figure(1);subplot(1,3,3);imshow(G);
```

```
title('高斯低通滤波,频率为45');
%计算FFT并显示
T=fft2(G);T=fftshift(T);T=log(1+abs(T));
figure(2);subplot(1,3,3);imshow(T,[]);
title('高斯低通滤波,频率为45');
```

上述程序的运行结果如图 4.31 和图 4.32 所示. 显然, 高斯滤波器的截止频率处不是陡峭的.

(a) 原图像　(b) 高斯低通滤波，频率为25　(c) 高斯低通滤波，频率为45

图 4.31　高斯低通滤波结果对比图

(a) 原图像频谱　(b) 高斯低通滤波，频率为25　(c) 高斯低通滤波，频率为45

图 4.32　高斯低通滤波结果频谱对比图

由图 4.31 可以看出, 高斯低通滤波器在截止频率 $D_0 = 45$ 时可以较好地处理被高斯噪声污染的图像, 相对理想低通滤波器而言, 处理效果上的改进是显而易见的. 高斯低通滤波器在有效抑制噪声的同时, 图像的模糊程度更低, 对边缘带来的混叠程度更小, 因此在通常情况下获得了比理想低通滤波器更为广泛的应用.

4.3.5 高通滤波器

图像锐化可以通过衰减图像频谱中的低频成分来实现, 这就建立了空间域图像锐化与频率域高通滤波之间的对应关系. 高通滤波器也有理想高通滤波器、巴特沃斯高通滤波器和高斯高通滤波器等. 下面分别介绍它们的滤波原理和 MATLAB 实现.

1. 理想高通滤波器

与理想低通滤波器相反, 截断傅里叶变换中的所有低频成分 (这些低频成分处于指定距离 D_0 之内), 就得到了理想高通滤波器, 其中 D_0 称为截止频率. 那么, 理想高通滤波器的表达式为

$$H(u,v)=\begin{cases}0, & D(u,v)\leqslant D_0,\\ 1, & D(u,v)>D_0,\end{cases}\tag{4.67}$$

这里, 频率矩形的中心在 $(u,v)=(M/2,N/2)$, 从点 (u,v) 到中心 (原点) 的距离 $D(u,v)$ 如式 (4.64) 所定义.

可编制截止频率为 D_0 的理想高通滤波器的 MATLAB 函数, 该函数名为 imideahpf.m, 完整代码如下.

```
function H=imideahpf(F,D0)
%函数功能:构造理想高通滤波器
%参数F是输入的灰度图像,D0是截止频率
%返回值H:指定的理想高通滤波器
[m,n]=size(F);H=ones(m,n);
for i=1:m
    for j=1:n
        if (sqrt((i-m/2)^2+(j-n/2)^2)<=D0)
            H(i,j)=0;
        end
    end
end
```

下面以 MATLAB IPT 内置的图像 trailer.jpg 为例, 使用理想高通滤波器进行滤波, 相应的 MATLAB 程序代码如下 (ex423.m).

```
F=imread('trailer.jpg');%读入原图像
F=F(:,:,1);%取第1通道
%取截止频率为20
H=imideahpf(F,20);G=imfreqfilt(F,H);%生成滤镜,应用滤镜
figure(1);subplot(221);imshow(F);title('原图像');
subplot(222);imshow(G);title('理想高通滤波,频率为20');
%计算FFT并显示
T=fft2(F);T=fftshift(T);%平移零频点
T=log(1+abs(T));%取对数压缩数据范围
figure(2);subplot(221);imshow(T,[]);title('原图像频谱');
T=fft2(G);T=fftshift(T);T=log(1+abs(T));
subplot(222);imshow(T,[]);title('理想高通滤波,频率为20');
%取截止频率为50
H=imideahpf(F,50);G=imfreqfilt(F,H);%生成滤镜,应用滤镜
figure(1);subplot(223);imshow(G);title('理想高通滤波,频率为50');
%计算FFT并显示
```

```
T=fft2(G);T=fftshift(T);T=log(1+abs(T));
figure(2);subplot(223);imshow(T,[]);title('理想高通滤波,频率为50');
%取截止频率为80
H=imideahpf(F,80);G=imfreqfilt(F,H);%生成滤镜,应用滤镜
figure(1);subplot(224);imshow(G);title('理想高通滤波,频率为80');
%计算FFT并显示
T=fft2(G);T=fftshift(T);T=log(1+abs(T));
figure(2);subplot(224);imshow(T,[]);title('理想高通滤波,频率为80');
```

上述程序的运行结果如图 4.33 和图 4.34 所示.

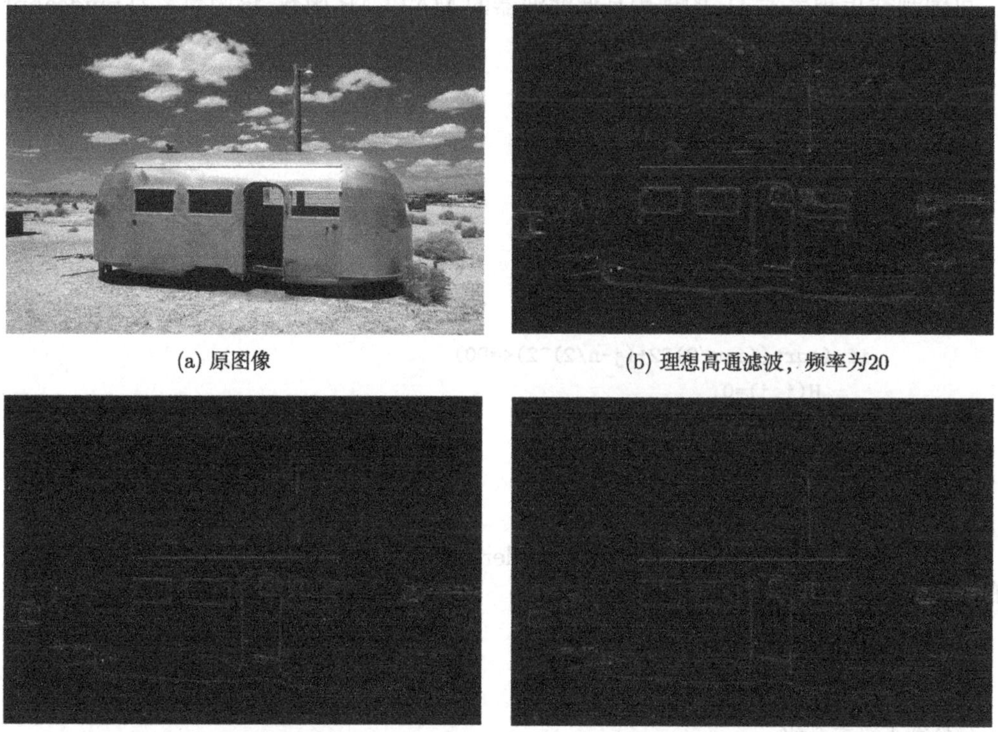

(a) 原图像　(b) 理想高通滤波，频率为20

(c) 理想高通滤波，频率为50　(d) 理想高通滤波，频率为80

图 4.33　理想高通滤波结果对比图

2. 巴特沃斯高通滤波器

与 k 阶巴特沃斯低通滤波器相反, 截止频率距原点的距离为 D_0 的 k 阶巴特沃斯高通滤波器定义如下:

$$H(u,v)=\frac{1}{1+[D_0/D(u,v)]^{2k}}, \tag{4.68}$$

其中, $D(u,v)$ 如式 (4.64) 所定义.

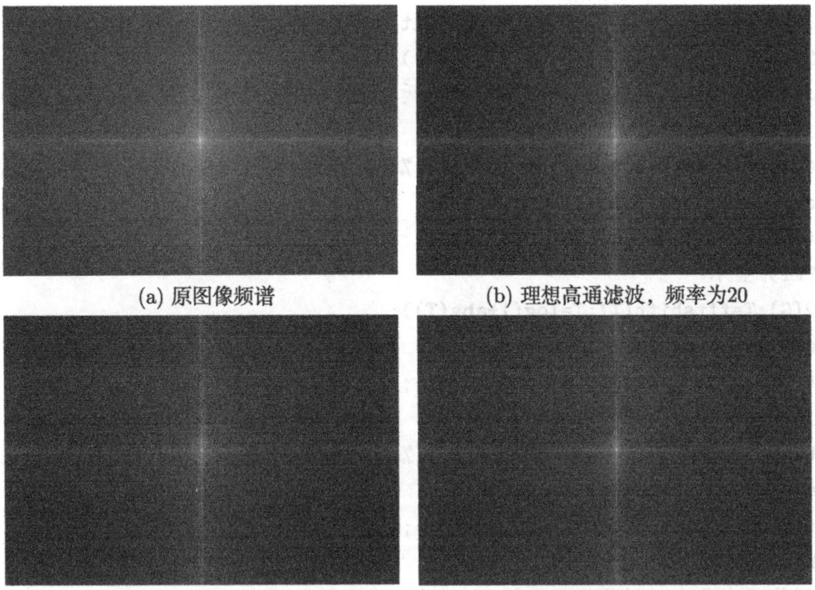

(a) 原图像频谱　(b) 理想高通滤波，频率为20

(c) 理想高通滤波，频率为50　(d) 理想高通滤波，频率为80

图 4.34　理想高通滤波结果频谱对比图

可编制截止频率为 D_0 的 k 阶巴特沃斯高通滤波器的 MATLAB 函数, 该函数名为 imbtwshpf.m, 完整代码如下.

```
function H=imbtwshpf(F,D0,k)
%构造k阶巴特沃斯高通滤波器
%参数F是输入图像,D0是截止频率,k是阶数
%返回值H: 指定的巴特沃斯高通滤波器
F=im2double(F);%转换为double类型
n=size(F,1); m=size(F,2);
u=-m/2:(m/2-1); v=-n/2:(n/2-1);
[U,V]=meshgrid(u,v);%生成网格数据
D=sqrt(U.^2 + V.^2);%计算到原点的距离
H=1./(1+(D0./D).^(2*k));
```

下面以 MATLAB IPT 内置的图像 trailer.jpg 为例, 使用巴特沃斯高通滤波器进行滤波, 相应的 MATLAB 程序代码如下 (ex424.m).

```
F=imread('trailer.jpg');%读入原图像
F=F(:,:,1);%取第1通道
%取截止频率为20,阶数3
H=imbtwshpf(F,20,3);G=imfreqfilt(F,H);%生成滤镜,应用滤镜
figure(1);subplot(221);imshow(F);title('原图像');
subplot(222);imshow(G);title('巴特沃斯高通滤波,频率20,阶数3');
%计算FFT并显示
T=fft2(F);T=fftshift(T);%平移零频点
T=log(1+abs(T));%取对数压缩数据范围
```

```
figure(2);subplot(221);imshow(T,[]);title('原图像频谱');
T=fft2(G);T=fftshift(T);T=log(1+abs(T));
subplot(222);imshow(T,[]);title('巴特沃斯高通滤波,频率20,阶数3');
%取截止频率为50,阶数4
H=imbtwshpf(F,50,4);G=imfreqfilt(F,H);%生成滤镜,应用滤镜
figure(1);subplot(223);imshow(G);
title('巴特沃斯高通滤波,频率50,阶数4');
%计算FFT并显示
T=fft2(G);T=fftshift(T);T=log(1+abs(T));
figure(2);subplot(223);imshow(T,[]);
title('巴特沃斯高通滤波,频率50,阶数4');
%取截止频率为80,阶数5
H=imbtwshpf(F,80,5);G=imfreqfilt(F,H);%生成滤镜,应用滤镜
figure(1);subplot(224);imshow(G);
title('巴特沃斯高通滤波,频率80,阶数5');
%计算FFT并显示
T=fft2(G);T=fftshift(T);T=log(1+abs(T));
figure(2);subplot(224);imshow(T,[]);
title('巴特沃斯高通滤波,频率80,阶数5');
```

上述程序的运行结果如图 4.35 和图 4.36 所示.

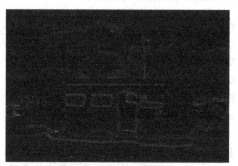

(a) 原图像　　(b) 巴特沃斯高通滤波，频率20，阶数3

(c) 巴特沃斯高通滤波，频率50，阶数4　　(d) 巴特沃斯高通滤波，频率80，阶数5

图 4.35　巴特沃斯高通滤波结果对比图

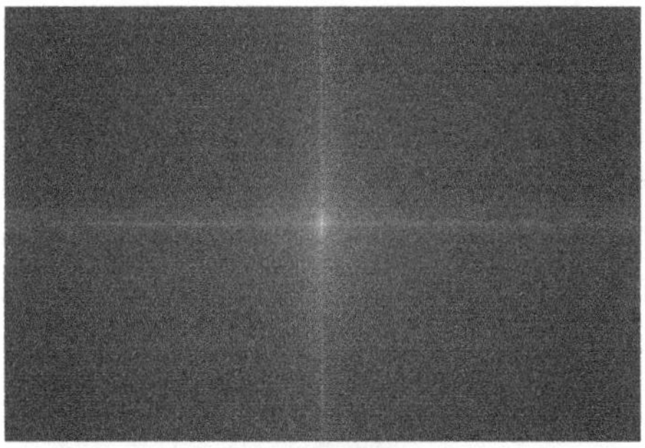
(a) 原图像频谱

(b) 巴特沃斯高通滤波，频率20，阶数3

(c) 巴特沃斯高通滤波，频率50，阶数4

(d) 巴特沃斯高通滤波，频率80，阶数5

图 4.36 巴特沃斯高通滤波结果频谱对比图

3. 高斯高通滤波器

与高斯低通滤波器的原理相反, 截止频率距原点的距离为 D_0 的高斯高通滤波器的表达式为:

$$H(u,v)=1-\mathrm{e}^{-D(u,v)^2/2D_0^2}, \tag{4.69}$$

其中, 频率矩形的中心在 $(u,v)=(M/2,N/2)$, 从点 (u,v) 到中心 (原点) 的距离 $D(u,v)$ 如式 (4.64) 所定义.

根据上述二维高斯高通滤波器的定义, 可编制高斯高通滤波的 MATLAB 程序如下.

```
function H = imgausshpf(F,D0)
%功能:构造高斯高通滤波器
%参数F:输入的灰度图像,参数D0:截止频率
%返回值H:指定的高斯高通滤波器
[m,n]=size(F);H=ones(m,n);
for i=1:m
    for j=1:n
        H(i,j)=1-exp(-((i-m/2)^2+(j-n/2)^2)/(2*D0^2));
    end
end
```

下面给出针对 MATLAB 示例图像 trailer.jpg, D_0 取不同值时高斯高通滤波器的 MATLAB 程序 (ex425.m).

```
F=imread('trailer.jpg');%读入原图像
F=F(:,:,1);%取第1通道
%取截止频率为20
H=imgausshpf(F,20);G=imfreqfilt(F,H);%生成滤镜,应用滤镜
figure(1);subplot(221);imshow(F);title('原图像');
subplot(222);imshow(G);title('高斯高通滤波,频率20');
%计算FFT并显示
T=fft2(F);T=fftshift(T);%平移零频点
T=log(1+abs(T));%取对数压缩数据范围
figure(2);subplot(221);imshow(T,[]);title('原图像频谱');
T=fft2(G);T=fftshift(T);T=log(1+abs(T));
subplot(222);imshow(T,[]);
title('高斯高通滤波,频率20');
%取截止频率为50
H=imgausshpf(F,50);G=imfreqfilt(F,H);%生成滤镜,应用滤镜
figure(1);subplot(223);imshow(G);
title('高斯高通滤波,频率50');
%计算FFT并显示
T=fft2(G);T=fftshift(T);T=log(1+abs(T));
figure(2);subplot(223);imshow(T,[]);
title('高斯高通滤波,频率50');
%取截止频率为80
H=imgausshpf(F,80);G=imfreqfilt(F,H);%生成滤镜,应用滤镜
figure(1);subplot(224);imshow(G);
title('高斯高通滤波,频率80');
%计算FFT并显示
T=fft2(G);T=fftshift(T);T=log(1+abs(T));
figure(2);subplot(224);imshow(T,[]);
title('高斯高通滤波,频率80');
```

上述程序的运行结果如图 4.37 和图 4.38 所示.

高斯高通滤波器可以较好地提取图像中的边缘信息, 参数 D_0 取值越小, 边缘提取越不精确, 会包含越多的非边缘信息; 参数 D_0 取值越大, 边缘提取越精确, 但可能包含不完整的边缘信息.

4. 频率域拉普拉斯滤波器

频率域拉普拉斯算子的推导可以从一维开始, 由傅里叶变换的性质可知:

$$\mathrm{FFT}[f''_{xx}(x)] = (\mathrm{i}u)^2 F(u) = -u^2 F(u).$$

因此, 二维拉普拉斯算子的傅里叶变换如下:

$$\mathrm{FFT}\left[f''_{xx}(x,y) + f''_{yy}(x,y)\right] = (\mathrm{i}u)^2 F(u,v) + (\mathrm{i}v)^2 F(u,v) = -(u^2+v^2)F(u,v).$$

故有下式成立

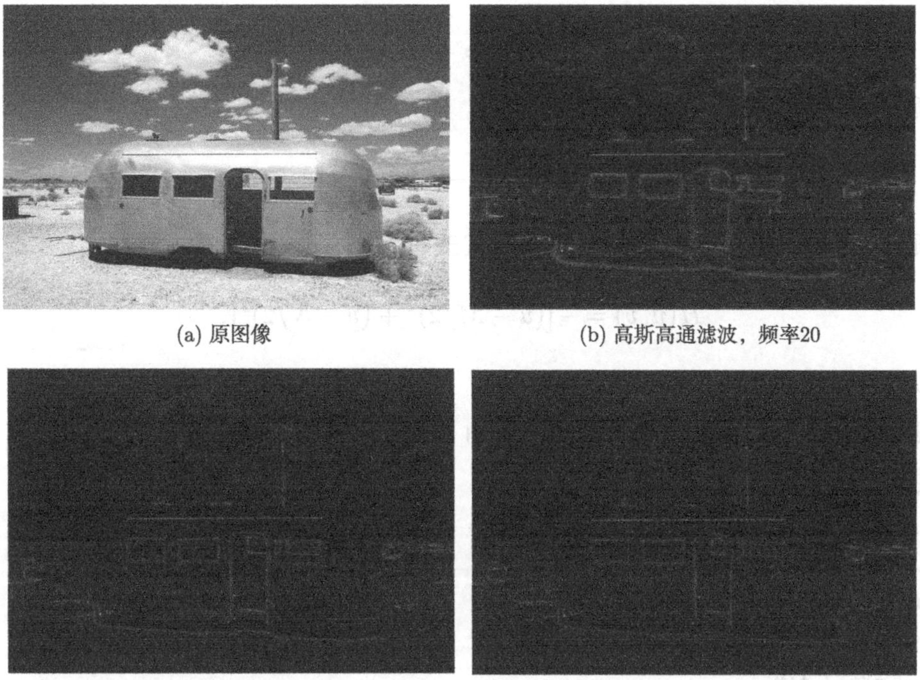

(a) 原图像　(b) 高斯高通滤波，频率20

(c) 高斯高通滤波，频率50　(d) 高斯高通滤波，频率80

图 4.37　高斯高通滤波结果对比图

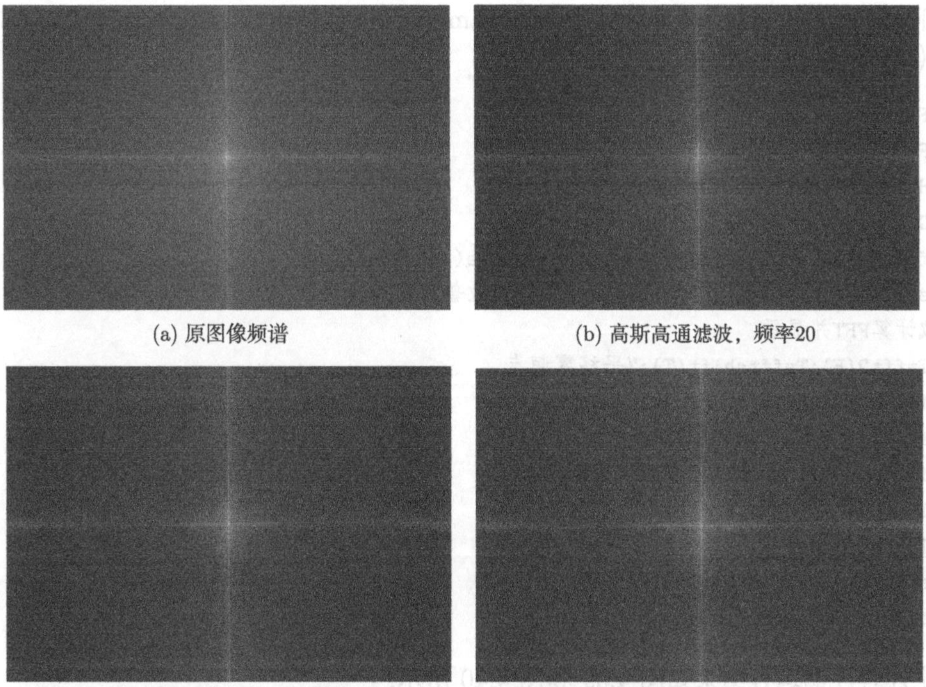

(a) 原图像频谱　(b) 高斯高通滤波，频率20

(c) 高斯高通滤波，频率50　(d) 高斯高通滤波，频率80

图 4.38　高斯高通滤波结果频谱对比图

$$\text{FFT}\big(\nabla^2 f(x,y)\big) = -(u^2+v^2)F(u,v).$$

也即频率域的拉普拉斯滤波器为:

$$H(u,v) = -(u^2+v^2).$$

根据频率域图像频率原点的平移规律, 将上式改写为:

$$H(u,v) = -\big[(u-M/2)^2+(v-N/2)^2\big], \tag{4.70}$$

其中, M 和 N 分别是图像的高和宽.

根据式 (4.70), 可编写拉普拉斯滤波器的 MATLAB 程序如下.

```
function H=imlaplacef(F)
%功能:构造拉普拉斯滤波器
%参数F:输入的灰度图像
[m,n]=size(F);H=ones(m,n);
for i=1:m
    for j=1:n
        H(i,j)=-((i-m/2)^2+(j-n/2)^2);
    end
end
```

下面给出对 MATLAB 示例图像 cameraman.tif 进行频率域拉普拉斯滤波的 MATLAB 程序 (ex426.m).

```
F=imread('cameraman.tif');%读入原图像
F=F(:,:,1);%取第1通道
H=imlaplacef(F);%生成滤镜
G=imfreqfilt(F,H);%应用滤镜
figure(1);subplot(121);imshow(F);title('原图像');
subplot(122);imshow(G);title('频率域拉普拉斯滤波');
%计算FFT并显示
T=fft2(F);T=fftshift(T);%平移零频点
T=log(1+abs(T));%取对数压缩数据范围
figure(2);subplot(121);
imshow(T,[]);title('原图像频谱');
T=fft2(G);T=fftshift(T);
T=log(1+abs(T));%取对数压缩数据范围
subplot(122);imshow(T,[]);
title('频率域拉普拉斯滤波');
```

上述程序的运行结果如图 4.39 和图 4.40 所示.

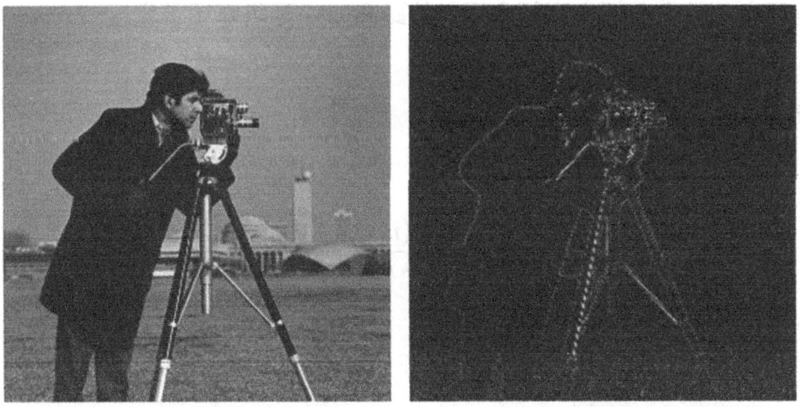

(a) 原图像　　(b) 频率域拉普拉斯滤波

图 4.39　频率域拉普拉斯滤波结果对比图

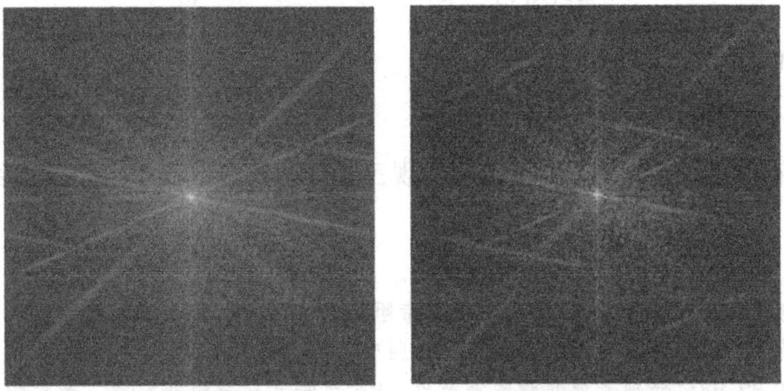

(a) 原图像频谱　　(b) 频率域拉普拉斯滤波

图 4.40　频率域拉普拉斯滤波结果频谱对比图

4.3.6　带阻滤波器

前面介绍了几种典型的频率域滤波器, 实现了频率域下的低通和高通滤波, 它们均可在空间域下采用平滑和锐化算子实现. 本小节介绍带阻滤波器, 它特别适合在频率域中完成. 频率域带阻滤波器对消除图像中的周期噪声特别有效. 下面来看看这个在空间域中几乎不可能完成的任务是如何在频率域中实现的.

带阻滤波器用于阻止频谱一定频率范围内的分量通过, 其他频率成分则不受影响. 常见的带阻滤波器有理想带阻滤波器、巴特沃斯带阻滤波器和高斯带阻滤波器.

1. 理想带阻滤波器

理想带阻滤波器的表达式为:

$$H(u,v)=\begin{cases}1, & D(u,v)<D_0-W/2,\\ 0, & D_0-W/2\leqslant D(u,v)\leqslant D_0+W/2,\\ 1, & D(u,v)>D_0+W/2,\end{cases} \tag{4.71}$$

其中, D_0 是阻塞频带中心频率到频率原点的距离; W 是阻塞频带宽度; $D(u,v)$ 是点 (u,v) 到频率原点的距离, 如式 (4.64) 所定义.

2. 巴特沃斯带阻滤波器

k 阶巴特沃斯带阻滤波器的表达式为:

$$H(u,v)=\frac{[D(u,v)^2-D_0^2]^{2k}}{[D(u,v)^2-D_0^2]^{2k}+[D(u,v)W]^{2k}}, \tag{4.72}$$

其中, D_0 和 W 的含义同理想带阻滤波器.

3. 高斯带阻滤波器

高斯带阻滤波器的表达式为:

$$H(u,v)=1-\mathrm{e}^{-\frac{1}{2}\left(\frac{D^2(u,v)-D_0^2}{D(u,v)W}\right)^2}, \tag{4.73}$$

其中, D_0 和 W 的含义同理想带阻滤波器.

4. 三种带阻滤波器的 MATLAB 实现

根据三种带阻滤波器的定义, 可编写实现三种带阻滤波器的 MATLAB 函数 im3fbrf.m 如下.

```
function [H1,H2,H3]=im3fbrf(F,D0,W,k)
%分别构造理想带阻滤波器、k阶巴特沃斯带阻滤波器、高斯带阻滤波器
%参数F是输入图像,D0是阻带中心频率,W是阻带宽度,k是阶数
%返回值H1,H2,H3: 分别是理想带阻滤波器、k阶巴特沃斯带阻滤波器、高斯带阻滤波器
F=im2double(F);%转换为double类型
F=F(:,:,1); [m,n]=size(F); %图像大小
H1=ones(m,n);H2=ones(m,n);H3=ones(m,n);%三种带阻滤波器赋初值
for i=1:m
    for j=1:n
        D(i,j)=sqrt((i-m/2)^2+(j-n/2)^2);%到图像中心的距离
        %理想带阻滤波器模板
        if(D(i,j)>=D0-W/2)&&(D(i,j)<=D0+W/2)
            H1(i,j)=0;
        end
        %巴特沃斯带阻滤波器模板
        H2(i,j)=(D(i,j)^2-D0^2)^(2*k)/((D(i,j)^2-D0^2)^(2*k)+(D(i,j)*W)^(2*k));
        %高斯带阻滤波器模板
        H3(i,j)=1-exp(-0.5*(D(i,j)^2-D0^2)^2/(D(i,j)*W)^2);
    end
end
```

通常使用带阻滤波器处理含有周期噪声的图像. 周期噪声可能由多种因素引入, 例如图像获取系统中的电子元件等. 下面看一个实例.

例 4.12　读入图片 lady.jpg, 对其添加周期噪声, 然后分别对噪声图像使用理想带阻滤波器、巴特沃斯带阻滤波器和高斯带阻滤波器进行滤波, 观察并对比滤波效果.

编制 MATLAB 程序如下 (ex427.m).

```
F=imread('lady.jpg');%读取原始图像
[m,n]=size(F);%记录图像的大小
for i=1:m
    for j=1:n %添加周期噪声
        F(i,j)=F(i,j)+20*(sin(20*i)+sin(20*j));
    end
end
figure(1);subplot(221);imshow(F);title('滤波前周期噪声图像');
D0=50;W=8;k=3;%选取参数值
[H1,H2,H3]=im3fbrf(F,D0,W,k);%生成三种带阻滤镜
G1=imfreqfilt(F,H1);%理想带阻滤波
subplot(222);imshow(G1);title('理想带阻滤波');
G2=imfreqfilt(F,H2);%巴特沃斯带阻滤波
subplot(223);imshow(G2);title('巴特沃斯带阻滤波');
G3=imfreqfilt(F,H3);%高斯带阻滤波
subplot(224);imshow(G3);title('高斯带阻滤波');
%计算FFT并显示
T=fft2(F);T=fftshift(T);%平移零频点
T=log(1+abs(T));%取对数压缩数据范围
figure(2);subplot(221);imshow(T,[]);title('噪声图像频谱');
T=fft2(G1);T=fftshift(T);T=log(1+abs(T));
subplot(222);imshow(T,[]);title('理想带阻滤波频谱');
T=fft2(G2);T=fftshift(T);T=log(1+abs(T));
subplot(223);imshow(T,[]);title('巴特沃斯带阻滤波频谱');
T=fft2(G3);T=fftshift(T);T=log(1+abs(T));
subplot(224);imshow(T,[]);title('高斯带阻滤波频谱');
```

上述程序的运行结果如图 4.41 和图 4.42 所示.

从图 4.41 可以看出, 三种带阻滤波器都能很好地滤除周期噪声, 这样的效果在空间域滤波中是很难实现的.

5. 频率域与空间域滤波之间的内在联系

从前面的操作不难发现, 相比于空间域滤波, 频率域滤波更为直观. 频率域下滤波器表达了一系列空间域处理 (平滑、锐化等) 的本质, 即对高于或低于某一特定频率的灰度变化信息予以滤除, 而使其他的灰度变化信息基本保持不变. 这种直观性增加了频率域滤波器设计的合理性, 使得更容易设计出针对特定问题的频率域滤波器. 比如, 利用带阻滤波器较好地滤除图像的周期噪声. 而要在空间域中直接设计出一个能够滤除周期噪声的滤波器模板是相当困难的.

(a) 滤波前周期噪声图像

(b) 理想带阻滤波

(c) 巴特沃斯带阻滤波

(d) 高斯带阻滤波

图 4.41　三种带阻滤波结果对比图

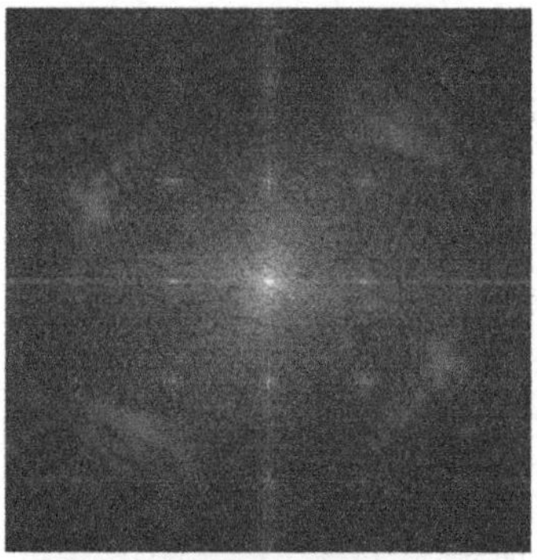

(a) 噪声图像频谱

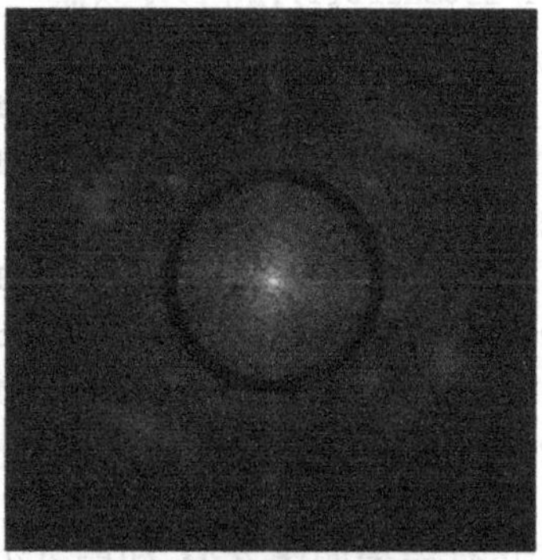

(b) 理想带阻滤波频谱

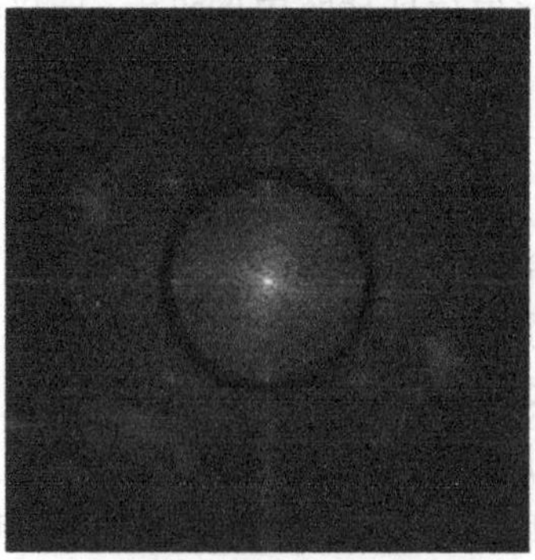

(c) 巴特沃斯带阻滤波频谱

(d) 高斯带阻滤波频谱

图 4.42　三种带阻滤波结果频谱对比图

有人可能会想到通过设计频率域滤波器 $H(u,v)$, 然后利用卷积定理和傅里叶逆变换来得到空间域滤波模板 $h(x,y)$, 从而解决空间域滤波器的设计难题. 然而, 由逆变换得到的空间域卷积模板 $h(x,y)$ 与 $H(u,v)$ 等大, 即与图像 $f(x,y)$ 有相同的尺寸. 而模板操作十分耗时, 要计算这样的模板与图像的卷积将是非常低效的. 第 3 章中使用的都是很小的模板 (如 $3\times3, 5\times5$ 等), 因为这样的模板在空间域中才具有滤波效率上的优势. 一般来说, 如果空间域模板中的非零元素数目小于 13^2, 则直接在空间域中计算卷积较为划算, 否则直接利用 $H(u,v)$ 在频率域下更为合适.

在实际应用中会发现, 利用以全尺寸的空间域滤波器 $h(x,y)$ 为指导设计出的形状与之类似的小空间域卷积模板, 同样可取得类似于频率域滤波器 $H(u,v)$ 的滤波效果, 这为从频率域出发、最终设计出具有实用价值的空间域模板提供了一种完美的解决方案.

第 5 章 图像复原

图像复原是针对图像退化而言的, 是指利用退化现象的某种先验知识, 建立退化现象的数学模型, 再根据模型进行反向推演运算, 恢复原来的景物图像.

所谓图像退化, 简单地说就是图像的质量变坏, 是指成像系统受各种因素的影响, 导致图像质量降低. 导致图像退化的因素包括: 传感器噪声、摄像机聚焦不佳、物体与摄像机之间的相对移动、光学系统的像差、成像光源和射线的散射等. 而图像退化的基本表现是图像模糊.

图像复原总是试图寻找引起图像质量下降的客观原因, 有针对性地进行 "复原" 处理. 因此, 获得使图像质量下降的先验知识, 建立退化模型是图像复原处理的前提与关键. 本章将从理论推导和实际使用两方面介绍不同的图像复原技术.

5.1 图像复原的基本概念

图像复原就是对图像退化过程进行建模, 并采用相反的过程进行处理, 以便恢复原图像. 图像复原的前提是图像退化. 图像退化是指图像在形成、记录、处理、传输过程中由于成像系统、记录设备、处理方法和传输介质的不完善导致的图像质量下降.

图像复原与第 4 章介绍的图像增强相似, 两者都是要得到在某种意义上改进的图像, 或者说希望改进输入图像的质量. 两者的不同之处在于: 图像增强是一个主观过程, 一般要借助人的视觉系统的特性, 以取得较好的视觉效果; 而图像复原是一个客观过程, 其目标就是恢复原始图像的本来面目.

例如, 有一幅硬币图像如图 5.1 所示. 考虑如下两种情景: (1) 要计算硬币覆盖的面积; (2) 要看清楚硬币上的头像和字母.

(1) 要计算硬币覆盖的面积, 需要首先对图像做二值化处理 (转化为黑白图像), 再统计图像中黑色像素点的个数, 这样即可得到硬币覆盖的面积.

(2) 要看清楚硬币上的头像和字母, 只需对原始图像做增大对比度处理即可.

上面两种情景都属于图像增强的范畴. 由此可见, 出于不同的目的, 图像增强的处理方式也不同. 因此, 图像增强的目标具有多样性. 而图像复原则认为在某种情况下图像的质量变坏了, 需要根据相应的退化模型和知识重建或恢复原始图像. 因此, 图像复原的目标是原始地反映真实物体的图像, 一般通过概率估计或先验知识千方百计地还原图像的本来面貌.

当然, 图像复原只能尽量使图像接近其原始图像, 但由于噪声等因素, 很难做到精确的还原.

如果已知图像退化的过程信息, 那么只需对图像执行该过程的逆操作即可恢复图像.

但如果退化过程的信息不可知或无法精确获得, 那么需要对退化信息 (主要是模糊和噪声) 建立数学模型来进行描述, 并进而寻找一种去除或削弱其影响的方法.

图 5.1　硬币的原始图像

一般将一幅图像的退化过程描述为一个退化函数和一个加性噪声项. 设原始输入图像为 $f(x,y)$, 退化函数为 $h(x,y)$, 加性噪声为 $\eta(x,y)$, 产生的退化图像为 $g(x,y)$, 复原滤波后重建的复原图像为 $\hat{f}(x,y)$. 退化和复原过程如图 5.2 所示.

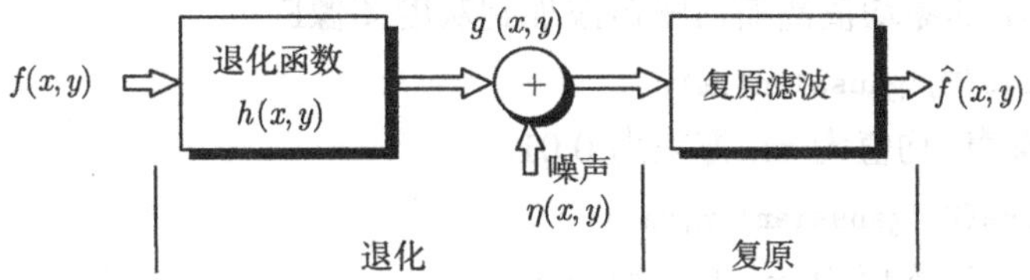

图 5.2　退化和复原过程

如果系统是一个线性且位置不变的过程, 那么空间域中的退化图像可表示为:

$$g(x,y) = h(x,y) * f(x,y) + \eta(x,y), \tag{5.1}$$

其中, “*” 表示空间卷积. 由数字信号处理的知识可知, 空间域卷积在频率域上可以用乘积来表示, 因此式 (5.1) 等价于下面的频率域表达式:

$$G(u,v) = H(u,v)F(u,v) + N(u,v). \tag{5.2}$$

因此, 在进行图像复原时, 既可以在空间域进行, 也可以在频率域进行, 根据具体问题采用方便有效的一种方式即可. 空间域的复原处理使用卷积实现, 而频率域的复原处理使用相乘实现.

需要指出的是, 对于只有加性噪声的情况, 可以通过一些噪声模型 (如高斯噪声、瑞利噪声、椒盐噪声等) 以及对这些噪声参数的估计来选择合适的空间域滤波器 (如均值滤波器、中值滤波器) 或者频率域滤波器 (如带阻/带通滤波器、低通/高通滤波器、陷波滤波器等) 进行滤波复原.

5.2 几种常见的噪声模型

图像的退化往往伴随着噪声. 在部分场景下, 唯一的退化就是噪声. 此时图像复原与图像增强所做的处理几乎不可区分. 噪声主要来源于图像的获取和传输过程:

- 图像传感器的工作情况受各种因素的影响, 如图像获取中的环境条件和传感元器件自身的质量. 例如, 当使用 CCD 摄像机获取图像时, 光照强度和传感器的温度是生成图像中产生大量噪声的主要因素.
- 图像在传输过程中主要由于所用传输信道被干扰而受到噪声污染. 比如, 通过无线网络传输的图像可能会因为光或其他大气因素的干扰被污染.

1. IPT 函数 imnoise

图像的噪声有高斯噪声、瑞利噪声、伽马噪声、指数噪声、均匀分布噪声、椒盐噪声 (脉冲噪声) 等. MATLAB IPT 中提供了一个人为地给数字图像添加噪声的函数——imnoise, 主要用于添加高斯噪声和椒盐噪声等, 其常用调用方式如下:

(1) `G = imnoise(F,'gaussian');`

将方差为 0.01 的零均值高斯白噪声添加到灰度图像F.

(2) `G = imnoise(F,'gaussian',m);`

添加高斯白噪声, 均值为 m, 方差为 0.01.

(3) `G = imnoise(F,'gaussian',m,var);`

添加高斯白噪声, 均值为 m, 方差为 var.

(4) `G = imnoise(F,'localvar',var);`

添加局部方差为 var 的零均值高斯白噪声.

(5) `G = imnoise(F,'salt & pepper');`

添加椒盐噪声, 默认噪声密度为 0.05, 这会影响大约 5% 的像素.

(6) `G = imnoise(F,'salt & pepper',d);`

添加椒盐噪声, 其中 d 是噪声密度, 这会影响大约 d*numel(F) 个像素.

(7) `G = imnoise(F,'speckle');`

使用方程 $\mathrm{G} = \mathrm{F} + \eta * \mathrm{F}$ 添加乘性噪声, 其中 η 是均值为 0、方差为 0.05 的均匀分布噪声.

(8) `G = imnoise(F,'speckle',var);`

添加方差为 var 的乘性噪声.

例 5.1 人为地在一幅灰度图像中加入噪声密度为 0.05 的椒盐噪声, 并通过 100 次相加求平均的方法去除所加入的噪声, 比较显示原图像、加噪图像与去噪图像.

编制 MATLAB 程序代码如下 (ex501.m).

```
F=rgb2gray(imread('peppers.png'));
subplot(1,3,1);imshow(F);title('原图像');
G=imnoise(F,'salt & pepper',0.05);%加噪
subplot(1,3,2);imshow(G);title('加噪图像');
H=zeros(size(F));
for i=1:100
   J=imnoise(F,'salt & pepper',0.05);
   H=H+double(J);%去噪
end
H=H/100;%平均
subplot(1,3,3);imshow(uint8(H));title('去噪图像');
```

上述程序的运行结果如图 5.3 所示.

(a) 原图像　　(b) 加噪图像　　(c) 去噪图像

图 5.3　加噪、去噪结果

2. 常见噪声模型

本小节介绍各种随机噪声及其概率密度函数或概率分布函数.

(1) 高斯噪声

高斯噪声是理论研究中最常见的噪声. 一般来说, 对一个抗噪系统而言, 高斯噪声是最恶劣的噪声, 设计系统时只要能够抵抗高斯噪声, 那么系统性能就有保证.

高斯噪声也是现实生活中极为常见的. 根据中心极限定理, 在自然界中, 一些现象受到许多相互独立的随机因素的影响, 如果每个因素所产生的影响都很微小, 那么总的影响可以看作是服从正态分布 (高斯分布) 的.

高斯分布随机变量 ξ 的概率密度函数为:

$$p(\xi)=\frac{1}{\sqrt{2\pi}b}\mathrm{e}^{-(\xi-a)^2/2b^2}, \tag{5.3}$$

其中, ξ 表示灰度值, 其均值为 $\mu=a$、方差为 $\sigma^2=b^2$.

(2) 椒盐噪声 (脉冲噪声)

椒盐噪声也称为脉冲噪声, 是图像中经常见到的一种噪声. 它是一种随机出现的白点或者黑点, 可能是亮的区域有黑色像素或暗的区域有白色像素 (或两者皆有). 椒盐噪声的成因可能是影像信号受到突如其来的强烈干扰、类比数位转换器或位元传输错误等. 椒盐

噪声是视觉上最为明显的一种噪声，噪声脉冲可以是正的，也可以是负的. 其概率密度函数为:

$$p(\xi)=\begin{cases}p_a, & \xi=a,\\ p_b, & \xi=b,\\ 0, & \text{其他}.\end{cases} \tag{5.4}$$

如果 $b>a$, 则灰度值 b 在图像中将显示为一个亮点; 反之, a 的值将显示为一个暗点. 若 p_a 或 p_b 其中之一为零, 则脉冲噪声称为单极脉冲.

(3) 均匀分布噪声

均匀分布噪声的概率密度函数为:

$$p(\xi)=\begin{cases}\dfrac{1}{b-a}, & a\leqslant\xi\leqslant b,\\ 0, & \xi<a \text{ 或 } \xi>b,\end{cases} \tag{5.5}$$

其中, $a>0$, 其均值为 $\mu=(a+b)/2$、方差为 $\sigma^2=(b-a)^2/12$.

(4) 瑞利噪声

当一个二维随机向量的两个分量相互独立且服从相同方差的正态分布时, 这个向量的模呈瑞利分布. 瑞利噪声的概率密度函数为:

$$p(\xi)=\frac{\xi}{a^2}\mathrm{e}^{-\frac{\xi^2}{2a^2}},\ \xi\geqslant 0, \tag{5.6}$$

其均值为 $\mu=\sqrt{\pi/2}\,a\approx 1.2533a$、方差为 $\sigma^2=(4-\pi)a^2/2\approx 0.4292a^2$.

(5) 伽马噪声

服从伽马分布的噪声即伽马噪声, 伽马分布由形状参数和尺度参数控制, 其概率密度函数为:

$$p(\xi)=\begin{cases}\dfrac{b^a}{\Gamma(a)}\xi^{a-1}\mathrm{e}^{-b\xi}, & \xi\geqslant 0,\\ 0, & \xi<0.\end{cases} \tag{5.7}$$

其均值为 $\mu=a/b$、方差为 $\sigma^2=a/b^2$.

(6) 指数噪声

服从指数分布的噪声称为指数噪声, 其概率密度函数为:

$$p(\xi)=\begin{cases}b\mathrm{e}^{-b\xi}, & \xi\geqslant 0,\\ 0, & \xi<0,\end{cases} \tag{5.8}$$

其中, $b>0$. 指数分布的均值为 $\mu=1/b$、方差为 $\sigma^2=1/b^2$.

不难看出, 指数分布的概率密度函数是当 $a=1$ 时伽马分布的概率密度函数的特殊情况.

以上介绍的各种噪声可以用于对实际应用中的图像退化建模. 在一幅图像中, 高斯噪声的产生源于电子电路噪声和由低照明或高温带来的传感器噪声. 瑞利密度分布在图像范围内特征化噪声现象时非常有用. 指数密度分布和伽马密度分布在激光成像中有一些应用. 椒盐噪声主要表现在成像中的短暂停留, 例如错误的开关操作. 均匀分布噪声是实践中出现得最少的噪声, 但可以根据均匀分布噪声产生其他噪声.

3. MATLAB 实现

前面介绍了 MATLAB 系统提供的添加噪声的函数 imnoise, 但该函数只能添加高斯噪声和椒盐噪声等. 因此, 可以根据各种噪声的定义编制一个添加各种常用噪声的自定义函数——imaddnoise, 能够实现高斯噪声、椒盐噪声、均匀分布噪声、瑞利噪声、伽马噪声和指数噪声的添加. 其调用方式如下:

```
G = imaddnoise(F, type, a, b);
```

该函数对图像 F 添加类型为 type 的噪声, 噪声参数为 a, b. 其中, F 为输入图像矩阵, 规定为灰度图像; type 为字符串, 表示噪声类型, 可取的值为 gaussian, salt & pepper, uniform, rayleigh, gamma 和 exp; 返回值 G 为添加噪声后的图像, 大小与 F 一致.

imaddnoise 函数的代码如下:

```
function G=imaddnoise(F,type,a,b)
%功能:用以产生几种噪声的随机序列
%输入参数F:输入灰度图像矩阵,type:字符串,取值随噪声种类而定
%高斯噪声:gaussian,参数为(a,b),默认值为(0,10)
%椒盐噪声:salt & pepper,强度为a,默认值为0.02
%均匀分布噪声:uniform,参数为(a,b),默认值为(-20,20)
%瑞利噪声:rayleigh,参数为a,默认值为30
%伽马噪声:gamma,参数为(a,b),默认值为(2,10)
%指数噪声:exp,参数为b,默认值为15
%输出参数G:添加噪声后的图像
if ndims(F)>=3
    F=rgb2gray(F);%转化为灰度图像
end
[m,n]=size(F);
if nargin==1
    type='gaussian';%设置默认噪声类型
end
switch lower(type)%开始处理
    case 'gaussian' %高斯噪声
        if nargin<4,b=10;end
        if nargin<3,a=0;end
        R=normrnd(a,b,m,n);%产生高斯分布随机数
        G=double(F)+R;%添加噪声
        G=uint8(round(G));%转为8位无符号整数
    case 'salt & pepper' %椒盐噪声
```

```
        if nargin<3,a=0.02;end
        G=imnoise(F,'salt & pepper',a);
    case 'uniform' %均匀分布噪声
        if nargin<4,b=3;end
        if nargin<3,a=-3;end
        R=unifrnd(a,b,m,n);%产生均匀分布随机数
        G=double(F)+R; G=uint8(round(G));
    case 'rayleigh' %瑞利噪声
        if nargin<3,a=30;end
        R=raylrnd(a,m,n);%产生瑞利分布随机数
        G=double(F)+R;G=uint8(round(G));
    case 'gamma' %伽马噪声
        if nargin<4, b=10; end
        if nargin<3, a=2; end
        R=gamrnd(a,b,m,n); %产生伽马分布随机数
        G=double(F)+R; G=uint8(round(G));
    case 'exp' %指数噪声
        if nargin<3,a=15;end
        R=exprnd(a,m,n);%产生指数分布随机数
        G=double(F)+R;G=uint8(round(G));
    otherwise
        error('未知分布类型')
end
```

例 5.2 调用自定义函数 imaddnoise 为 MATLAB IPT 内置图像 pout.tif 添加噪声，并观察添加噪声后的图像效果.

编制 MATLAB 程序代码如下 (ex502.m).

```
F=imread('pout.tif');
F1=imaddnoise(F,'gaussian',0,10);
subplot(231);imshow(F1);title('高斯噪声');
F2=imaddnoise(F,'salt & pepper',0.02);
subplot(232);imshow(F2);title('椒盐噪声');
F3=imaddnoise(F,'uniform',-20,20);
subplot(233);imshow(F3);title('均匀分布噪声');
F4=imaddnoise(F,'rayleigh',30);
subplot(234);imshow(F4);title('瑞利噪声');
F5=imaddnoise(F,'gamma',2,10);
subplot(235);imshow(F5);title('伽马噪声');
F6=imaddnoise(F,'exp',15);
subplot(236);imshow(F6);title('指数噪声');
```

上述程序的运行结果如图 5.4 所示.

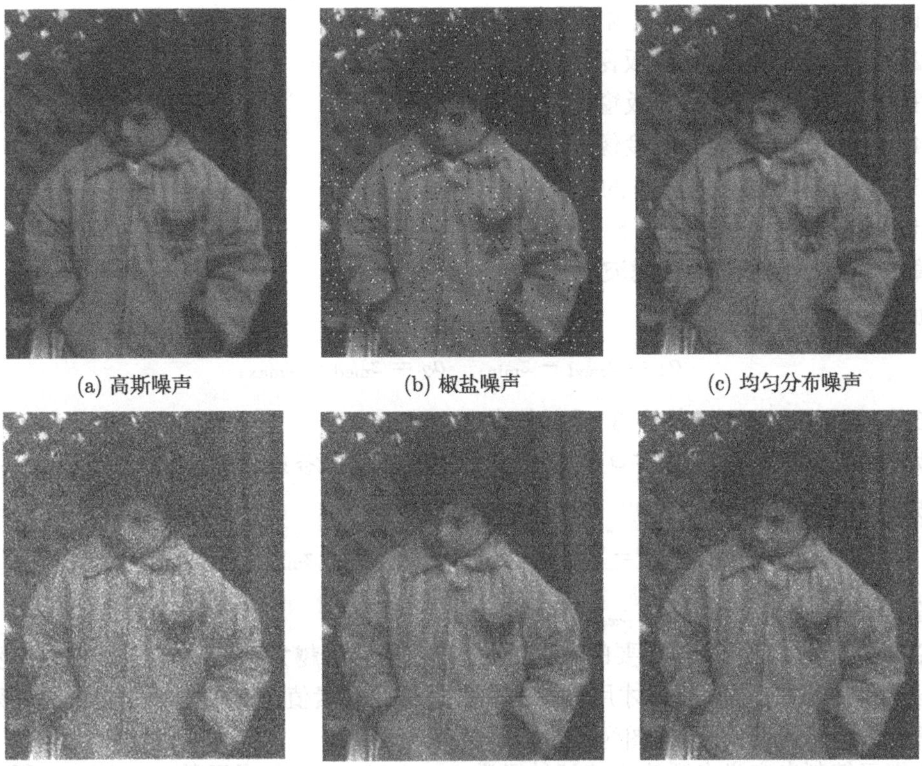

(a) 高斯噪声　(b) 椒盐噪声　(c) 均匀分布噪声

(d) 瑞利噪声　(e) 伽马噪声　(f) 指数噪声

图 5.4　对同一图像添加不同噪声的效果

5.3　空间域滤波复原

空间域滤波复原方法就是第 4 章中所讲述的空间域平滑方法, 如均值平滑、高斯平滑和中值平滑等, 在此不再详细介绍. 本节主要介绍自适应中值滤波复原及其 MATLAB 实现.

当在一幅图像中唯一存在的退化是噪声时, 图像增强与图像复原基本上是等效的. 我们知道, 噪声模型可表示为:

$$g(x,y) = f(x,y) + \eta(x,y) \quad (\text{空间域表示})$$

和

$$G(u,v) = F(u,v) + N(u,v) \quad (\text{频率域表示}).$$

通常, 只有存在周期噪声时, 图像复原才在频率域中进行, 因为在频率域中减弱周期噪声更为方便和有效. 一般情况下, 图像复原都采用空间域滤波的方式去除噪声.

下面介绍自适应中值滤波复原方法. 第 4 章介绍的均值滤波、高斯滤波和中值滤波等都是对图像中的所有像素点执行相同的操作. 这样, 在滤除噪声的同时, 也为原有图像带来了模糊和失真. 自适应滤波主要是针对这一缺点进行改进的.

假设滤波器作用于局部区域 T_{xy}, 自适应中值滤波主要采用以下 5 个量进行计算:

(1) $z_{\min}=\min(T_{xy})$, 模板窗口内像素的最小值.

(2) $z_{\max}=\max(T_{xy})$, 模板窗口内像素的最大值.

(3) $z_{\text{med}}=\text{med}(T_{xy})$, 模板窗口内像素的中值.

(4) z_{xy}, 点 (x,y) 处的灰度像素值.

(5) $T_{\max}$, 标量值 T_{xy} 允许的最大尺寸.

自适应中值滤波的算法如下.

算法 5.1 (自适应中值滤波算法)

步 1. 计算

$$a_1=z_{\text{med}}-z_{\min},\quad a_2=z_{\text{med}}-z_{\max},$$

若 $a_1>0$ 且 $a_2<0$, 转步 3; 否则转步 2.

步 2. 增大窗口尺寸. 若窗口尺寸 $\leqslant T_{\max}$, 重复步 1; 否则输出 z_{xy}.

步 3. 计算

$$b_1=z_{xy}-z_{\min},\quad b_2=z_{xy}-z_{\max},$$

若 $b_1>0$ 且 $b_2<0$, 输出 z_{xy}; 否则输出 z_{med}.

窗口最大尺寸是一个很重要的参数, 椒盐噪声的密度越大, 该值就越大. 由以上步骤可以看出, 算法经过层层判断后才用窗口的中值代替原像素值. 许多判断分支最终都采用了原像素值作为新的像素值, 使图像细节得以保存.

我们可编制自定义自适应中值滤波函数 imadaMedf 及其子函数 imtsPlus. 程序代码如下:

```
function G=imadaMedf(F,tsize,tmax)
%自适应中值滤波函数,输入图像F,输出图像G
%tsize是模板的尺寸,默认为3×3,tmax是模板允许的最大尺寸,默认为7×7
if nargin==2,tmax=7;end
if nargin==1,tsize=3;tmax=7;end
ts=tsize;atemp=F;%暂时存放
[ra,ca]=size(F);G=zeros(ra,ca);%定义输出图像的大小
%每次循环把循环位置的值给进去,输出一个唯一的有效值赋给G在当前位置的值
for r=round(ts/2):ra-round(ts/2)+1
    for c=round(ts/2):ca-round(ts/2)+1
        temp=imtsPlus(atemp,r,c,ts,tmax);
        while(temp==Inf)
            ts=ts+2;temp=imtsPlus(atemp,r,c,ts,tmax);
        end
        G(r,c)=temp;ts=tsize;
    end
end

function out=imtsPlus(F,r,c,ts,tmax)
%此函数供自适应中值滤波函数调用,是一个附属函数
%输入F:需要滤波的图像;r,c:循环到的行数和列数;模板尺寸为ts,模板最大尺寸为tmax
```

```
[ra,ca]=size(F);%制作出模板
sxy=F(r-round(ts/2)+1:r+round(ts/2)-1,c-round(ts/2)+1:c+round(ts/2)-1);
%将模板从小到大排序并输出为一列
zsort=sort(sxy(:));%基于排序后的zsort找到最大值、最小值、中值,以及循环位置的值
med=floor(ts*ts/2)+1;zmed=zsort(med);
zmax=zsort(ts*ts);zmin=zsort(1);
zxy=sxy(floor(ts/2)+1,floor(ts/2)+1);
%判断中值是否在最大值和最小值之间
a1=zmed-zmin;a2=zmax-zmed;
if (a1*a2)>0 %判断循环位置的值是否在最大值和最小值之间
    b1=zxy-zmin;b2=zmax-zxy;
    if (b1*b2)>0
        %中值在最大值、最小值之间,且循环位置的值在最大值、最小值之间
        out=zxy;
    else
        %中值在最大值、最小值之间,但循环位置的值不在最大值、最小值之间
        out=zmed;
    end
end
if (a1*a2)<=0 %中值不在最大值、最小值之间
    if ts<tmax %模板尺寸不是最大
        r1=floor((ts+2)/2)+1;c1=floor((ts+2)/2)+1;
        r2=ra-floor((ts+2)/2);c2=ca-floor((ts+2)/2);
        if(r>=r1&&c>=c1&&r<=r2&&c<=c2)
            %该循环位置是否还可以进行ts+2的循环
            out=Inf;%可以进行ts+2的循环
        else
            out=zmed;%不可以的话直接输出
        end
    else
        out=zmed;%模板尺寸最大,直接输出
    end
end
```

例 5.3　给 MATLAB IPT 中内置的图像 cameraman.tif 加入强度为 0.02 的椒盐噪声, 取不同大小的模板, 用中值滤波和自适应中值滤波进行图像复原.

编写 MATLAB 程序代码如下 (ex503.m).

```
clear all; close all;
F=imread('cameraman.tif');
F1=imnoise(F,'salt & pepper',0.02);
subplot(231),imshow(F1,[]);title('椒盐噪声图像');
F2=medfilt2(F1,[3 3]);%3×3模板中值滤波
subplot(232),imshow(F2);title('3×3模板中值滤波');
F3=medfilt2(F1,[5 5]);%5×5模板中值滤波
```

```
subplot(233),imshow(F3);title('5×5模板中值滤波');
ts=[3,5,7]; tmax = 11;%模板尺寸,模板最大尺寸
%取不同尺寸的模板进行自适应中值滤波
F4=imadaMedf(F1,ts(1),tmax);%3×3模板自适应中值滤波
subplot(234),imshow(F4,[]);title('3×3模板自适应中值滤波');
F5=imadaMedf(F1,ts(2),tmax);%5×5模板自适应中值滤波
subplot(235),imshow(F5,[]);title('5×5模板自适应中值滤波');
F6=imadaMedf(F1,ts(3),tmax);%7×7模板自适应中值滤波
subplot(236),imshow(F6,[]);title('7×7模板自适应中值滤波');
```

上述程序的运行结果如图 5.5 所示.

(a) 椒盐噪声图像 (b) 3×3模板中值滤波 (c) 5×5模板中值滤波

(d) 3×3模板自适应中值滤波 (e) 5×5模板自适应中值滤波 (f) 7×7模板自适应中值滤波

图 5.5 对椒盐噪声图像使用中值滤波和自适应中值滤波

仔细观察图 5.5 中图像的细节, 自适应中值滤波所得的图像在毛发等细节位置保持了更多的细节, 而在中值滤波中则变得有点模糊.

5.4 逆滤波复原

首先来看逆滤波复原的基本原理. 一般假设噪声为加性噪声, 为简化问题, 设噪声 $\eta(x,y)=0$. 若系统 T 是线性的, 即

$$T[\alpha f_1(x,y)+\beta f_2(x,y)]=\alpha T[f_1(x,y)]+\beta T[f_2(x,y)], \tag{5.9}$$

这里, α 和 β 是比例常数, $f_1(x,y)$ 和 $f_2(x,y)$ 是任意两幅输入图像. 系统满足所谓的 “加性”, 即取 $\alpha=\beta=1$ 时, 有:

$$T[f_1(x,y)+f_2(x,y)]=T[f_1(x,y)]+T[f_2(x,y)]. \tag{5.10}$$

这一特性表明, 如果 T 为线性算子, 那么两个输入之和的响应等于两个响应之和.

如果 $f_2(x,y)=0$, 则式 (5.9) 变为:

$$T[\alpha f_1(x,y)]=\alpha T[f_1(x,y)]. \tag{5.11}$$

这就是 “均匀性”, 它表明任何与常数相乘的输入的响应等于该输入的响应乘以相同的常数, 即一个线性算子具有加性和均匀性.

对于任意图像函数 $f(x,y)$、标量 a 和 b, 如果有

$$T[f(x-a,y-b)]=g(x-a,y-b), \tag{5.12}$$

则存在一个具有输入输出关系 $g(x,y)=T[f(x,y)]$ 的系统, 称为空间不变系统. 这个定义说明, 图像中任一点的响应只取决于在该点的输入值, 而与该点的位置无关. 因此, 图像复原问题可以在线性系统的理论框架中去解决.

在没有噪声的情况下, 频率域退化模型为:

$$G(u,v)=H(u,v)F(u,v). \tag{5.13}$$

式 (5.13) 中的 G, H 和 F 分别为退化图像、退化传递函数和原始图像. 显然, 原始图像可表示为:

$$F(u,v)=\frac{G(u,v)}{H(u,v)}. \tag{5.14}$$

也就是说, 如果已知退化图像和退化传递函数的频率域表示, 就可以求得原始图像的频率域表达式. 随后进行快速傅里叶逆变换 (IFFT), 即可得到复原的图像:

$$\hat{f}(x,y)=\mathrm{IFFT}[F(u,v)]=\mathrm{IFFT}\left[\frac{G(u,v)}{H(u,v)}\right]. \tag{5.15}$$

这就是逆滤波复原, 也称为去卷积复原. 在有噪声的情况下, 逆滤波的原理式可以写为:

$$F(u,v)=\frac{G(u,v)}{H(u,v)}-\frac{N(u,v)}{H(u,v)}. \tag{5.16}$$

但是退化传递函数 $H(u,v)$ 往往是不可知的, 并且噪声项 $N(u,v)$ 也无法精确得到. 此外, 在式 (5.15) 中, 由于传递函数充当分母, 而在很多情况下, 其值为零或接近于零, 此时得到的结果往往是极度不准确的. 一种可行的解决方案是, 仅对半径在一定范围内的傅里叶系数进行运算, 由于通常低频系数较大、高频系数接近于零, 因此这种方法能大大减少遇到零值的概率.

现在来讨论逆滤波的 MATLAB 实现. 我们编制自定义函数 iminversef 来实现一定半径内的逆滤波操作. 该函数的调用方式如下:

```
G = iminversef(F,H,r);
```

在上述调用方式中, F 为输入图像矩阵; H 为退化传递函数; r 为逆滤波的半径; G 为逆滤波后的图像, 大小与 F 一致. 该函数对图像进行逆滤波, 并将逆滤波后的结果返回.

函数 iminversef 的代码如下:

```
function G=iminversef(F,H,r)
%逆滤波复原, F:原始图像, H:退化传递函数, r:逆滤波半径, G:复原图像
if ndims(F)>=3
    F=rgb2gray(F);%若为彩色图像,转为灰度图像
end
F=im2double(F);
F=fft2(F);F=fftshift(F);%傅里叶变换
[m,n]=size(F);  G=zeros(m,n);
if r>m/2 %逆滤波
    G=F./(H+eps);%全滤波
else
    for i=1:m
        for j=1:n %在一定半径范围内进行滤波
            if sqrt((i-m/2).^2+(j-n/2).^2)<r
                G(i,j)=F(i,j)./(H(i,j)+eps);
            end
        end
    end
end
G=ifftshift(G);G=ifft2(G);%执行傅里叶逆变换
G=uint8(abs(G)*255);
```

我们发现, 调用函数 iminversef, 需要自行选定退化传递函数 H. 为了测试该函数, 可以分为以下两个步骤: 第一步, 利用退化传递函数对原图像执行退化操作, 得到退化图像. 第二步, 利用逆滤波函数对退化图像进行复原.

(1) 退化. 使用不同半径大小做逆滤波复原. 选取图像 lady.jpg (256×256 的灰度图像), 按式 (5.17) 所示的退化传递函数

$$H(u,v) = \mathrm{e}^{-k[(u-m/2)^2+(v-n/2)^2]^{5/6}} \tag{5.17}$$

进行频率域退化操作. 其中, $k = 0.003$, m, n 分别为傅里叶变换矩阵的宽和高, 因此 $(u-m/2, v-n/2)$ 为频谱的中心位置.

运行以下代码即可完成退化操作, 并将得到的退化图像保存在 lady_t.jpg 中 (ex504.m).

```
F=imread('lady.jpg');
subplot(1,2,1);imshow(F);title('原图像');
F=im2double(F);
```

```
G=fft2(F); G=fftshift(G);%傅里叶变换
[m,n]=size(G);[u,v]=meshgrid(1:m,1:n);
H=exp(-0.003*((u-m/2).^2+(v-n/2).^2).^(5/6));
G=G.*H;%图像平滑,执行退化
G=ifftshift(G);G=ifft2(G);%傅里叶逆变换
G=uint8(abs(G)*255);
subplot(1,2,2);imshow(G);title('退化图像');
imwrite(G,'lady_t.jpg');
```

运行上述程序, 原图像和退化图像如图 5.6 所示.

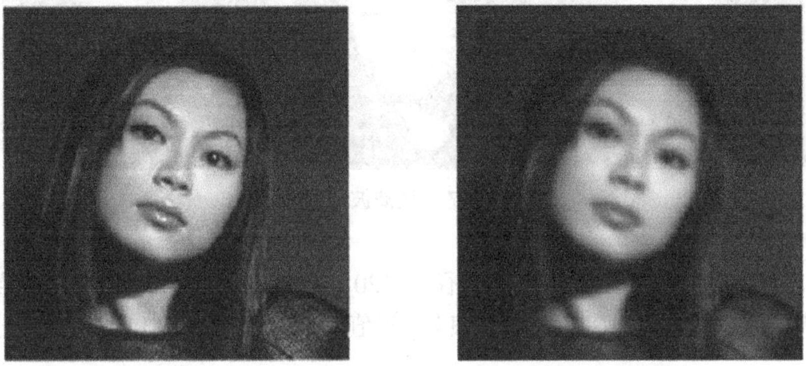

(a) 原图像　　(b) 退化图像

图 5.6　原图像和退化图像

(2) 复原. 运行以下代码, 分别采用阈值 120, 100, 80, 60, 40, 20 对退化图像 lady_t.jpg 进行逆滤波 (ex505.m).

```
F=imread('lady_t.jpg');
[m,n]=size(F);[u,v]=meshgrid(1:m,1:n);
H=exp(-0.003*((u-m/2).^2+(v-n/2).^2).^(5/6));
F1=iminversef(F,H,120);%阈值为120
F2=iminversef(F,H,100);%阈值为100
F3=iminversef(F,H,80);%阈值为80
F4=iminversef(F,H,60);%阈值为60
F5=iminversef(F,H,40);%阈值为40
F6=iminversef(F,H,20);%阈值为20
G=zeros(m,n,1,6,'uint8');
G(:,:,1)=F1;G(:,:,2)=F2;G(:,:,3)=F3;
G(:,:,4)=F4;G(:,:,5)=F5;G(:,:,6)=F6;
figure;montage(G);%绘图
title('阈值分别为 120,100,80,60,40,20');
```

逆滤波结果如图 5.7 所示.

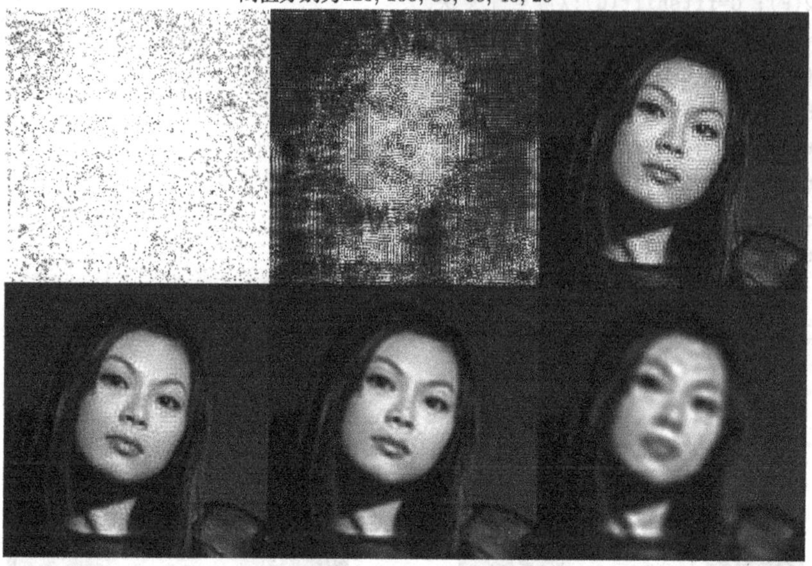

图 5.7 逆滤波结果

在图 5.7 中, 左上角的图像采用的半径为 120 (图像尺寸为 256×256), 相当于全滤波, 此时得不到正确结果; 阈值取 40 时效果良好; 阈值取 20 时半径过小, 丢失了部分图像细节.

5.5 维纳滤波复原

从前一小节可知, 逆滤波只能解决只有退化传递函数没有加性噪声的问题. 本小节将要介绍的维纳滤波又称为最小均方误差滤波, 它综合考虑了退化传递函数和噪声, 将图像和噪声均视作随机变量, 我们的目标就是期望复原图像和原始图像之间不存在区别, 即找出一个原始图像 $F(u,v)$ 的估值 $\hat{F}(u,v)$, 使两者均方误差的期望最小, 即:

$$E[F(u,v)-\hat{F}(u,v)]^2=\min. \tag{5.18}$$

假设图像与噪声是不相关的随机变量, 即在频率域中有:

$$E[F(u,v)N(u,v)]=E[N(u,v)F(u,v)]=0,$$

然后希望在频率域中找到一个滤波器 $W(u,v)$, 使得

$$\hat{F}(u,v)=W(u,v)G(u,v),$$

此处 $G(u,v)$ 是复原后的图像, 满足

$$G(u,v)=F(u,v)H(u,v)+N(u,v).$$

或者说, 在空间域中, $W(u,v)$ 的傅里叶逆变换 (IDFT) 可以直接与 $g(x,y)$ 的卷积实现图像复原. 那么实际上, 前面的最小均方误差就是一个关于 $W(u,v)$ 的函数, 下面通过一些推导

来得到 $W(u,v)$ 的估计.

$$\begin{aligned}E(W) &= E[F(u,v) - \hat{F}(u,v)]^2 \\ &= E[F(u,v) - W(u,v)G(u,v)]^2 \\ &= E\{(F(u,v) - W(u,v)[F(u,v)H(u,v) + N(u,v)])^2\} \\ &= E\{(F(u,v)[1 - H(u,v)W(u,v)] - W(u,v)N(u,v))^2\}.\end{aligned}$$

由于 $F(u,v)$ 与 $N(u,v)$ 不相关, 因此上式中其和的平方等于平方的和, 即:

$$E(W) = E\{(F(u,v)[1 - H(u,v)W(u,v)])^2 + (W(u,v)N(u,v))^2\}.$$

令 $T(u,v) = 1 - H(u,v)W(u,v)$, 则上式变为:

$$E(W) = E\{[F(u,v)T(u,v)]^2\} + E\{[W(u,v)N(u,v)]^2\}.$$

由于只有图像 $F(u,v)$ 和噪声 $N(u,v)$ 是随机变量, 因此, 有:

$$E(W) = T(u,v)^2 E\{F(u,v)^2\} + W(u,v)^2 E\{(N(u,v))^2\}.$$

对于傅里叶频谱来说, 平方的含义为 $F^2 = F\overline{F} = |F|^2$, 此处 $\overline{F}$ 是 F 的共轭, 这就是 F 的能量谱 (功率谱). 令 $S_F = E\{F(u,v)^2\}$, $S_N = E\{N(u,v)^2\}$, 它们分别表示原始图像和噪声的功率谱. 然后对 W 求导, 令导数为 0, 即可得到期望最小值时的 $W(u,v)$, 即:

$$\begin{aligned}\frac{\partial E}{\partial W} &= 2S_F\overline{T(u,v)}\Big(-\overline{H(u,v)}\Big) + 2S_N\overline{W(u,v)} \\ &= 2S_N\overline{W(u,v)} - 2S_F\Big[1 - \overline{W(u,v)}\cdot\overline{H(u,v)}\Big]\overline{H(u,v)} \\ &= 2\overline{W(u,v)}\Big[\overline{H(u,v)}^2 S_F + S_N\Big] - 2\overline{H(u,v)}S_F.\end{aligned}$$

令导数等于 0, 得到:

$$\overline{W(u,v)} = \frac{\overline{H(u,v)}\,S_F}{H(u,v)^2\,S_F + S_N} = \frac{\overline{H(u,v)}}{H(u,v)^2 + S_N/S_F}.$$

这就是维纳滤波器函数. 于是, 复原图像的最佳估计可用式 (5.19) 表示:

$$\hat{F}(u,v) = \left[\frac{\overline{H}(u,v)}{|H(u,v)|^2 + S_N/S_F}\right]G(u,v). \tag{5.19}$$

因为 $H(u,v)^2 = H(u,v)\overline{H}(u,v) = |H(u,v)|^2$, 故式 (5.19) 又可写为:

$$\hat{F}(u,v) = \left[\frac{1}{H(u,v)}\cdot\frac{|H(u,v)|^2}{|H(u,v)|^2 + S_N/S_F}\right]G(u,v). \tag{5.20}$$

式 (5.20) 中, $H(u,v)$ 为退化传递函数, $\overline{H}(u,v)$ 为共轭退化传递函数, $S_N(u,v)$ 为噪声功率谱, $S_F(u,v)$ 为未退化图像的功率谱.

观察式 (5.20) 可以发现, 假如没有噪声, 维纳滤波就退化为逆滤波. 此外, 该式还存在一个问题, 即 $S_N(u,v)$ 和 $S_F(u,v)$ 如何估计. 假设退化过程已知, 则 $H(u,v)$ 可以确定; 假设噪声为高斯白噪声, 则 $S_N(u,v)$ 为常数. 但 $S_F(u,v)$ 通常难以估计. 一种近似解决方法是用一个系数 c 代替 $S_N(u,v)/S_F(u,v)$, 因此式 (5.20) 变为:

$$\hat{F}(u,v)=\left[\frac{1}{H(u,v)}\cdot\frac{|H(u,v)|^2}{|H(u,v)|^2+c}\right]G(u,v). \tag{5.21}$$

在实际计算时, 可通过多次迭代确定合适的 c 值.

下面来考虑维纳滤波的 MATLAB 实现. 我们编制自定义函数 wienerf 实现一定半径内的维纳滤波, 其调用方式如下:

```
G = imwienerf(F, H, r, c);
```

该函数对图像进行维纳滤波, 并将滤波后的结果返回. 其中, F 为输入图像矩阵; H 为退化传递函数; r 为维纳滤波的半径, 距离中心点超过 r 的傅里叶系数将保持原值; c 为噪声-图像功率比; G 为滤波后的图像, 大小与 F 一致.

函数 imwienerf 的代码如下:

```
function G=imwienerf(F,H,r,c)
%维纳滤波复原函数, F:原始图像, H:退化传递函数
%c:噪声-图像功率比,r:滤波的半径, G:复原图像
if ndims(F)>=3
    F=rgb2gray(F);%若为彩色图像,转为灰度图像
end
F1=im2double(F);
F1=fft2(F1);F1=fftshift(F1);%傅里叶变换
D=abs(H);D2=D.^2;
[m,n]=size(F1);
if r>m/2 %维纳滤波
    F1=F1./(H+eps);%全滤波
else %在一定半径范围内进行滤波
    for i=1:m
        for j=1:n %维纳滤波公式
            if sqrt((i-m/2).^2+(j-n/2).^2)<r
                F1(i,j)=1./H(i,j).*(D2(i,j)./(D2(i,j)+c))*F1(i,j);
           end
        end
    end
end
G=ifftshift(F1);G=ifft2(G);%执行傅里叶逆变换
G=uint8(abs(G)*255);
```

例 5.4　对图像 lady.jpg (256×256 灰度图像) 进行退化处理, 添加高斯噪声, 然后对逆滤波复原与维纳滤波复原的效果进行对比.

用 imnoise 函数添加均值为零、方差为 0.001 的高斯噪声. 逆滤波和维纳滤波的滤波半径均取为 44, 维纳滤波噪声-图像功率比取为 0.001, 相关代码如下 (ex506.m).

```
clear all;close all;
F=imread('lady.jpg');
subplot(2,2,1);imshow(F);title('原图像');
F=fft2(F);F=fftshift(F);%傅里叶变换
[m,n]=size(F);[u,v]=meshgrid(1:n,1:m);%网格
H=exp(-0.0025*((u-n/2).^2+(v-m/2).^2).^(5/6));
G=F.*H;%执行退化
G=ifftshift(G);G=ifft2(G);%傅里叶逆变换
G=uint8(real(G));
G=imnoise(G,'gaussian',0,0.001);%添加噪声
subplot(2,2,2);imshow(G);title('退化图像');
G1=iminversef(G,H,44);%逆滤波
subplot(2,2,3);imshow(G1);title('逆滤波结果');
G2=imwienerf(G,H,44,0.001);%维纳滤波
subplot(2,2,4);imshow(G2);title('维纳滤波结果');
```

运行上述程序, 退化图像和滤波后的图像如图 5.8 所示.

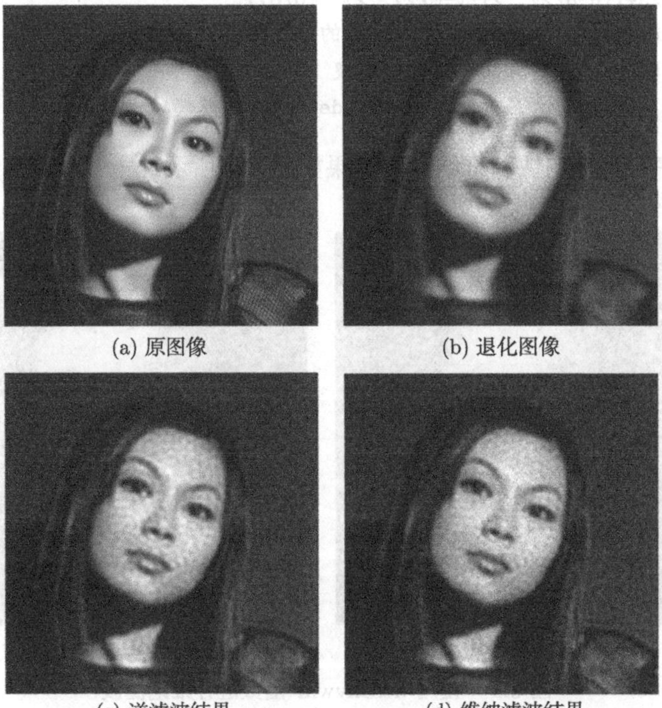

(a) 原图像　(b) 退化图像

(c) 逆滤波结果　(d) 维纳滤波结果

图 5.8　维纳滤波与逆滤波对比

从图 5.8 可以看到, 取同样的半径时, 维纳滤波比逆滤波消除噪声的效果更好.

此外, MATLAB 系统为维纳滤波提供了专用的函数 deconvwnr, 调用方式如下:

(1) `G = deconvwnr(F,psf,nsr);`

使用维纳滤波算法对图像 F 进行反卷积, 从而得到模糊图像 G. psf 是对 F 进行卷积的点扩散函数 (PSF), nsr 是加性噪声的噪信功率比. 在估计图像与真实图像之间的最小均方误差意义上, 该算法是最优的.

(2) `G = deconvwnr(F,psf,ncorr,icorr);`

对图像 F 进行反卷积. 其中, ncorr 是噪声的自相关函数, icorr 是原始图像的自相关函数.

(3) `G = deconvwnr(F,psf);`

使用维纳滤波算法对图像 F 进行反卷积, 无估计噪声. 在不含噪声情况下, 维纳滤波等效于逆滤波.

利用 MATLAB IPT 的内置函数 deconvwnr 进行维纳滤波的程序代码如下 (ex507.m).

```
clear all; close all;
F=imread('lady_t.jpg');%读入退化图像
subplot(1,2,1);imshow(F);title('退化图像');
[m,n]=size(F);[u,v]=meshgrid(1:n,1:m);
H=exp(-0.0025*((u-n/2).^2+(v-m/2).^2).^(5/6));
psf=ifftshift(ifft2(H));%退化图像对应的点扩散函数
G=deconvwnr(F,abs(psf),0.08);%维纳滤波
subplot(1,2,2);imshow(G);title('使用 deconvwnr 滤波');
```

运行上述程序, 退化图像和维纳滤波结果如图 5.9 所示.

(a) 退化图像

(b) 使用deconvwnr滤波

图 5.9　使用 deconvwnr 函数进行维纳滤波

调节噪声-图像功率比至恰当值, 滤波结果与图 5.8 相仿.

5.6 约束最小二乘复原

维纳滤波是基于统计的复原方法, 当图像和噪声都属于随机场且频谱密度已知时, 所得结果是平均意义上最优的. 约束最小二乘复原除了噪声的均值和方差外, 不需要提供其他参数, 且往往能得到比维纳滤波更好的效果.

设在频率域中, $F(u,v)$ 为原始图像, $G(u,v)$ 为退化图像, $N(u,v)$ 为噪声函数, $\hat{F}(u,v)$ 为复原后的图像. 我们以

$$[F(u,v)H(u,v)-\hat{F}(u,v)H(u,v)]^2=N(u,v)^2,$$

即

$$[G(u,v)-\hat{F}(u,v)H(u,v)]^2=N(u,v)^2,$$

作为约束条件来极小化某个目标函数. 而目标函数可以选择为对 $\hat{F}(u,v)$ 的一个复对称线性映射 A, 即

$$\begin{aligned}&\min\ \ (A\hat{F}(u,v))^2\\&\text{s.t. } [G(u,v)-\hat{F}(u,v)H(u,v)]^2=N(u,v)^2.\end{aligned}$$

上述等式约束极小化问题的拉格朗日函数为:

$$L(\hat{F},\lambda)=(A\hat{F})^2+\lambda[(G(u,v)-\hat{F}H(u,v))^2-N(u,v)^2].$$

对拉格朗日函数 $L(\hat{F},\lambda)$ 关于 $\hat{F}$ 求一阶偏导数并令其为 0, 即:

$$\frac{\partial L}{\partial \hat{F}}=2\overline{A}A\hat{F}+2\lambda[G(u,v)-\hat{F}H(u,v)](-\overline{H(u,v)})=0.$$

由上式解得

$$\hat{F}=\frac{\lambda\overline{H(u,v)}G(u,v)}{\lambda H(u,v)^2+A^2},$$

即

$$\hat{F}=\frac{\overline{H(u,v)}}{H(u,v)^2+\gamma A^2}G(u,v),\ \ \gamma=1/\lambda. \tag{5.22}$$

式 (5.22) 已经表示成了滤波的形式, 其中的对称线性算子 A 可以选择为拉普拉斯算子, 这可以降低退化滤波器对噪声的敏感度, 追求平滑的最优复原. 3×3 拉普拉斯模板为

$$\boldsymbol{p}(x,y)=\begin{bmatrix}0&-1&0\\-1&4&-1\\0&-1&0\end{bmatrix}.$$

那么, 在频率域中, A 即为上面 $\boldsymbol{p}(x,y)$ 的离散傅里叶变换, 用 $P(u,v)$ 表示, 但是在变换之前, 需要保证 $\boldsymbol{p}(x,y)$ 与 $H(u,v)$ 具有相同的大小 (采用嵌入零矩阵的方式) 才能使得运算成立. 那么, 滤波器可以写成

$$W(u,v)=\frac{\overline{H(u,v)}}{H(u,v)^2+\gamma P(u,v)^2}. \tag{5.23}$$

注意, 在式 (5.23) 中, 当 $\gamma=0$ 时退化为逆滤波, 当 $\gamma=1$ 且 A 采用信噪比为优化基准时为维纳滤波.

例 5.5 对图像 lena.bmp 先实施运动模糊, 再添加高斯噪声, 然后进行约束最小二乘复原.

编制 MATLAB 程序如下 (ex508.m).

```
close all;clear all;clc;
F=imread('lena.bmp');
F=im2double(F);[h,w,~]=size(F);
subplot(2,2,1),imshow(F); title('原图像');
len=21;theta=11;%模拟运动模糊
psf=fspecial('motion',len,theta);%产生运动模糊算子,即点扩展函数
G=imfilter(F,psf,'conv','circular');
subplot(2,2,2),imshow(G);title('模糊图像');
H=psf2otf(psf,[h,w]);%退化函数的FFT
G1=imnoise(G,'gaussian',0,0.0001);%添加加性噪声
subplot(2,2,3),imshow(G1);title('带运动模糊和噪声的图像');
imwrite(G1,'lena_t.bmp');%存储模糊和噪声图像
p=[0 -1 0;-1 4 -1;0 -1 0];%拉普拉斯模板
P=psf2otf(p,[h,w]);gama=0.006;
G1=fft2(G1);%傅里叶变换
G2=conj(H)./(H.^2+gama*(P.^2)).*G1;
%约束最小二乘滤波在频率域中的表达式
G2=ifft2(G2);%傅里叶逆变换
subplot(2,2,4),imshow(G2),title('约束最小二乘滤波后的图像');
```

运行上述程序, 结果如图 5.10 所示.

MATLAB IPT 内置了函数 deconvreg, 用于实现约束最小二乘复原, 其调用方式如下:

```
G = deconvreg(F, psf, n, range);
```

该函数用于复原由点扩散函数 psf 及可能的加性噪声引起的退化图像 F, 算法保持估计图像与实际图像之间的平方误差最小. 其中, 参数 F 为输入图像矩阵; psf 为点扩散函数; n 为加性噪声功率, 默认值为零; range 为长度为 2 的向量, 算法在 range 指定的区间中寻找最佳的拉格朗日函数, 默认值为 [1e−9, 1e+9], 若 range 为标量, 则采用 range 值作为拉格朗日乘数的值; G 为滤波后的图像, 大小与 F 一致.

(a) 原图像 (b) 模糊图像 (c) 带运动模糊和噪声的图像 (d) 约束最小二乘滤波后的图像

图 5.10 约束最小二乘复原

例 5.6 使用 MATLAB 提供的函数 deconvreg 实现约束最小二乘复原.

程序代码如下 (ex509.m).

```
clear;close all;clc;
F=imread('lena.bmp');%读入原始图像
psf=fspecial('motion',21,11);%运动模糊的点扩散函数
F1=imfilter(F,psf,'circular');%对图像进行运动模糊滤波
Fn=imnoise(F1,'gaussian',0,0.00001);%添加高斯噪声
Fw=deconvwnr(Fn,psf,0.02);%维纳滤波
Fz=deconvreg(Fn,psf,0.002,[1e-7,1e7]);%约束最小二乘滤波
subplot(2,2,1);imshow(F,[]); title('原图像');
subplot(2,2,2);imshow(Fn,[]); title('退化图像');
subplot(2,2,3);imshow(Fw,[]); title('维纳滤波');
subplot(2,2,4);imshow(Fz,[]); title('约束最小二乘滤波');
```

运行上述程序, 结果如图 5.11 所示.

可以看出, 约束最小二乘滤波一定程度上能改善模糊噪声图像的质量.

(a) 原图像　(b) 退化图像

(c) 维纳滤波　(d) 约束最小二乘滤波

图 5.11　维纳滤波与约束最小二乘滤波对比

5.7 L-R 算法复原

约束最小二乘复原只需要提供点扩散函数及噪声的参数, 但很多场合下噪声的参数是未知的, L-R (Lucky-Richardson) 算法是非线性方法中的一种典型算法, 在噪声信息未知时仍可得到较好的复原结果. L-R 算法源自贝叶斯公式:

$$P(X|Y)=\frac{P(X)P(Y|X)}{\displaystyle\int_{-\infty}^{+\infty}P(X)P(Y|X)\mathrm{d}X}, \tag{5.24}$$

其中, $P(X|Y)$ 表示事件 Y 发生的条件下事件 X 发生的条件概率, $P(X)$ 是事件 X 发生的概率.

另一方面, 由全概率公式, 有:

$$P(X)=\int_{-\infty}^{+\infty}P(X|Y)P(Y)\mathrm{d}Y. \tag{5.25}$$

将式 (5.24) 代入式 (5.25) 得:

$$
\begin{aligned}
P(X) &= \int_{-\infty}^{+\infty} \frac{P(X)P(Y|X)}{\displaystyle\int_{-\infty}^{+\infty} P(X)P(Y|X)\mathrm{d}X} P(Y)\mathrm{d}Y \\
&= \int_{-\infty}^{+\infty} \frac{P(Y)P(Y|X)}{\displaystyle\int_{-\infty}^{+\infty} P(X)P(Y|X)\mathrm{d}X} P(X)\mathrm{d}Y \\
&= P(X)\int_{-\infty}^{+\infty} \frac{P(Y)P(Y|X)}{\displaystyle\int_{-\infty}^{+\infty} P(X)P(Y|X)\mathrm{d}X} \mathrm{d}Y.
\end{aligned} \tag{5.26}
$$

设原始图像为 X, 退化图像为 Y, 则 $P(X)$ 表示原始图像的灰度分布函数 $f(x,y)$, $P(Y)$ 表示退化图像的灰度分布函数 $g(x',y')$, $P(Y|X)$ 表示以点 (x,y) 为中心的点扩散函数 $h(x'-x,y'-y)$, 那么式 (5.26) 变为:

$$
\begin{aligned}
f(x,y) &= f(x,y)\iint \frac{g(x',y')h(x'-x,y'-y)}{\displaystyle\iint f(x,y)h(x'-x,y'-y)\mathrm{d}x\mathrm{d}y}\mathrm{d}x'\mathrm{d}y' \\
&= f(x,y)\iint \frac{g(x',y')}{\displaystyle\iint f(x,y)h(x'-x,y'-y)\mathrm{d}x\mathrm{d}y} h(-(x-x'),-(y-y'))\mathrm{d}x'\mathrm{d}y'.
\end{aligned} \tag{5.27}
$$

根据卷积的定义, 式 (5.27) 可以写成卷积形式:

$$
f(x,y) = \left\{\left[\frac{g(x,y)}{f(x,y)*h(x,y)}\right]*h(-x,-y)\right\}f(x,y),
$$

其中, “*” 表示卷积, 表达了原始图像 $f(x,y)$、退化图像 $g(x,y)$ 以及点扩散函数 $h(x,y)$ 之间的关系. 注意, $h(-x,-y)=\overline{h(x,y)}$, 因此, 式 (5.27) 即

$$
f(x,y) = \left\{\left[\frac{g(x,y)}{f(x,y)*h(x,y)}\right]*\overline{h(x,y)}\right\}f(x,y). \tag{5.28}
$$

不难发现, 式 (5.28) 是关于 $f(x,y)$ 的不动点方程, 可以设计不动点迭代法如下:

$$
f^{(k+1)}(x,y) = \left\{\left[\frac{g(x,y)}{f^{(k)}(x,y)*h(x,y)}\right]*\overline{h(x,y)}\right\}f^{(k)}(x,y),\ k=0,1,2,\cdots. \tag{5.29}
$$

其中, “*” 表示卷积, $\overline{h(x,y)}$ 是 $h(x,y)$ 的共轭.

如同大多数非线性方法一样, L-R 算法很难保证确切的收敛时间, 只能具体问题具体分析. 对于给定的应用场景, 在获得满意的结果时, 观察输出并终止算法.

MATLAB 系统提供了用于 L-R 复原的专门函数 deconvlucy, 该函数通过加速收敛的迭代算法完成图像复原. 其调用方式如下:

```
G = deconvlucy(F, psf, numit, dampar, weight);
```

该函数对退化图像 F 进行 L-R 复原, 并将复原结果返回. 其中, 参数 F 为输入图像矩阵; psf 为退化过程的点扩散函数, 用于恢复 psf 和可能的加性噪声引起的退化; numit 为算法迭代的次数, 默认值为 10; dampar 为结果图像偏差的阈值, 当偏差小于该值时, 算法停止迭代, 默认值为 0; weight 为每个像素的加权值; G 为滤波后的图像, 大小与 F 一致.

例 5.7 使用 MATLAB 提供的函数 deconvlucy 实现 L-R 复原.

编制 MATLAB 程序代码如下 (ex510.m).

```
%L-R算法图像复原
clear;clc;close all;
F=imread('lena.bmp');%读入原始图像
%点扩散函数
psf=fspecial('gaussian',7,10);
%添加高斯噪声
sd=0.01;%标准差
Fn=imnoise(imfilter(F,psf),'gaussian',0,sd^2);
lim=ceil(size(psf,1)/2);
weight=zeros(size(Fn));
%加权值weight数组的大小是256×256, 并且有值为0的4像素宽的边界,其余值都是1
weight(lim+1:end-lim,lim+1:end-lim)=1;
%使用L-R算法对图像复原
numit=5;%迭代次数为5
G1=deconvlucy(Fn,psf,numit,[],weight);
numit=15;%迭代次数为15
G2=deconvlucy(Fn,psf,numit,[],weight);
numit=25;%迭代次数为25
G3=deconvlucy(Fn,psf,numit,[],weight);
numit=35;%迭代次数为35
G4=deconvlucy(Fn,psf,numit,[],weight);
%绘图
subplot(2,3,1);imshow(F);title('原图像');
subplot(2,3,2);imshow(Fn);title('退化图像');
subplot(2,3,3);imshow(G1);title('迭代5次');
subplot(2,3,4);imshow(G2);title('迭代15次');
subplot(2,3,5);imshow(G3);title('迭代25次');
subplot(2,3,6);imshow(G4);title('迭代35次');
```

运行上述程序, 结果如图 5.12 所示.

可以看出, 迭代 5 次时比退化图像已有不少改进, 此后随着迭代次数增加, 图像质量逐步提高. 但迭代至几十次以后, 图像基本上没有太多的变化, 甚至图像质量变差.

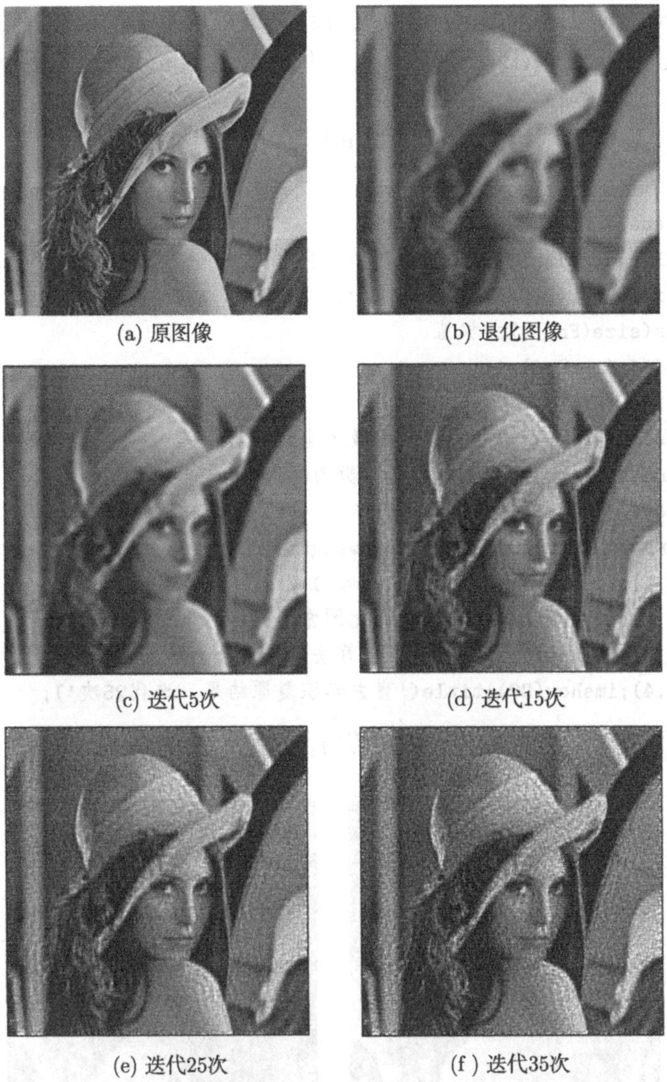

(a) 原图像　(b) 退化图像

(c) 迭代5次　(d) 迭代15次

(e) 迭代25次　(f) 迭代35次

图 5.12　L-R 算法图像复原

5.8　盲去卷积复原

L-R 算法不需要关于噪声的先验知识, 但点扩散函数必须是已知的. 如果不知道点扩散函数, 还可以尝试使用盲去卷积复原. MATLAB IPT 专门内置了函数 deconvblind 来实现盲去卷积复原功能. 其调用方式如下:

```
[G, psf] = deconvblind(F, initpsf, numit, dampar, weight);
```

该函数对退化图像 F 进行盲去卷积复原, 并将复原结果返回. 其中, 参数 F 为输入图像矩阵; initpsf 为初始点扩散函数; numit 为算法迭代的次数, 默认值为 10; dampar 为结果图像偏差的阈值, 当偏差小于该值时, 算法停止迭代, 默认值为 0; weight 为每个像素的加权值; G 为滤波后的图像, 大小与 F 一致; psf 为最终的点扩散函数.

例 5.8 使用 MATLAB 提供的盲去卷积函数 deconvblind 复原被高斯噪声污染的图像.

编制 MATLAB 程序代码如下 (ex511.m).

```
%盲去卷积复原与L-R算法复原比较
F=imread('lena.bmp');%读入原始图像
psf=fspecial('gaussian',7,10);%点扩散函数
Fn=imnoise(imfilter(F,psf),'gaussian',0,0.0001);%添加高斯噪声
weight=zeros(size(Fn));%加权值
weight(4:end-4,4:end-4)=1;
%点扩散函数的估计值
InitPsf=ones(size(psf));%初始扩展函数为全1的7×7矩阵
%InitPsf=rand(size(psf));%初始扩展函数为0-1均匀分布
G1=deconvlucy(Fn,psf,25,[],weight);
[G2,~]=deconvblind(Fn,InitPsf,25,[],weight);
subplot(2,2,1);imshow(F);title('原图像');%绘图
subplot(2,2,2);imshow(Fn);title('退化图像');
subplot(2,2,3);imshow(G1);title('L-R算法复原结果, 迭代25次');
subplot(2,2,4);imshow(G2);title('盲去卷积复原结果, 迭代25次');
```

初始点扩散函数采用全 1 的 7×7 矩阵时, 运行上述程序, 结果如图 5.13 所示.

(a) 原图像

(b) 退化图像

(c) L-R算法复原结果, 迭代25次

(d) 盲去卷积复原结果, 迭代25次

图 5.13 盲去卷积复原与 L-R 算法复原比较

第6章 图像分割

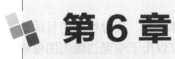

图像分割是把图像分成若干个特定的、具有独特性质的区域并提取感兴趣目标的技术和过程. 这些区域是互不相交的, 每个区域满足灰度、纹理、彩色等特征的某些相似性准则. 图像分割是由图像处理到图像分析的关键步骤. 现有的图像分割方法主要有基于阈值的分割方法、基于区域的分割方法、基于边缘的分割方法以及基于特定理论的分割方法等. 从数学角度来看, 图像分割是将数字图像划分成互不相交的区域的过程. 图像分割的过程也是一个标记过程, 即把属于同一区域的像素赋予相同编号的过程.

图像分割通常有基于图像灰度值的不连续性和相似性进行分割两大类. 前者基于图像灰度的不连续变化分割图像, 例如图像边缘的灰度跳变, 如边缘检测法、边界跟踪法等; 后者依据事先制定的准则将图像分割为相似的区域, 如阈值分割法、区域生长法等; 如图 6.1 所示.

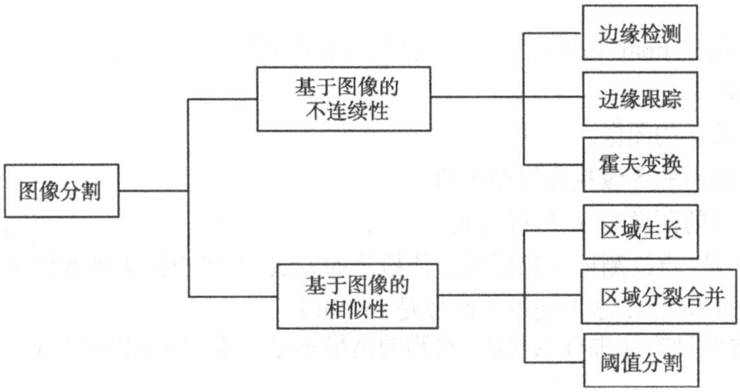

图 6.1　图像分割的分类

图像分割在科学研究和工程技术领域中具有广泛的应用, 如工业领域中的矿藏分析、无接触式检测、产品的精度和纯度分析等, 生物医学领域的计算机断层图像 CT、X 光透视、核磁共振、病毒细胞的自动检测和识别等, 交通运输领域的车辆检测、车种识别、车辆跟踪等. 此外, 图像分割在图像传输、神经网络、身份鉴定、机器人视觉等领域也有着广泛的应用.

6.1　点、线和边缘检测

图像的孤立点和边缘是一幅图像最基本的特征. 边缘点是指图像中周围像素灰度有阶跃变化或屋顶变化的那些像素点, 即灰度值导数较大或极大的地方. 图像属性中的显著变化通常反映了属性的重要意义和特征.

点检测、线检测和边缘检测是图像处理和机器视觉中的基本问题. 边缘检测的目的是标识数字图像中亮度变化明显的点. 前面章节中曾讨论了一些可以用于增强边缘的图像锐化方法, 本节介绍如何将它们用于边缘检测.

6.1.1 点检测

将嵌在一幅图像的恒定区域或亮度几乎不变的区域里的孤立点检测出来, 就是点检测. 可以用点检测的模板来检测孤立点: 当模板中心是孤立点时, 模板的响应最强, 而在非模板中心时, 响应为零.

针对镶嵌在图像的恒定或近似恒定区域中的孤立点的检测, 其原理其实与空间域中的滤波十分相似, 本质上是套用模板后, 利用模板对原图像进行处理, 并对得到的新图像进行阈值处理. 如果新图像中像素点大于预设的阈值, 则认为其为孤立点而加以保留; 反之, 若小于阈值则舍去. 然后, 读出图像即可.

通常使用下面的拉普拉斯模板来进行点检测操作:

$$\boldsymbol{H}=\begin{bmatrix}-1 & -1 & -1\\ -1 & 8 & -1\\ -1 & -1 & -1\end{bmatrix}.$$

此外, 还需要使用 tofloat 函数防止滤波过程中出现数值的过早截断. 因此, 点检测可归纳为如下 3 个步骤:

(1) 计算滤波后的图像.

(2) 使用滤波后的图像找出设想阈值 T.

(3) 把滤波后的图像与 T 进行比较.

值得注意的是, 点检测还可以采用差值检测的方法, 即找出最大像素值和最小像素值的差大于阈值 T 的那些点, 这里使用的函数是 ordfilt2.

下面使用这两种方法进行点检测, 检测的结果不尽一致. 程序代码如下 (ex601.m).

```
F=imread('butterfly.tif');
F=im2double(F);
w=[-1 -1 -1;-1 8 -1;-1 -1 -1];%给定模板
G=abs(imfilter(F,w));%进行滤波处理
T=max(G(:));%给出阈值为滤波后图像中像素点的最大值
G1=(G>=0.25*T);%选取比最大值四分之一的灰度值大的点作为感兴趣的点
subplot(131);imshow(F,[]);title('原图像');
subplot(132);imshow(G1);title('滤波点检测');
G2=ordfilt2(F,5*5,ones(5,5))-ordfilt2(F,1,ones(5,5));
%在这里采用了5×5模板进行差值处理
T=max(G2(:));G2=(G2>=0.6*T);
%选取比最大值五分之三灰度值大的点作为感兴趣的点
subplot(133);imshow(G2,[]);title('差值点检测');
```

运行上述程序, 结果如图 6.2 所示.

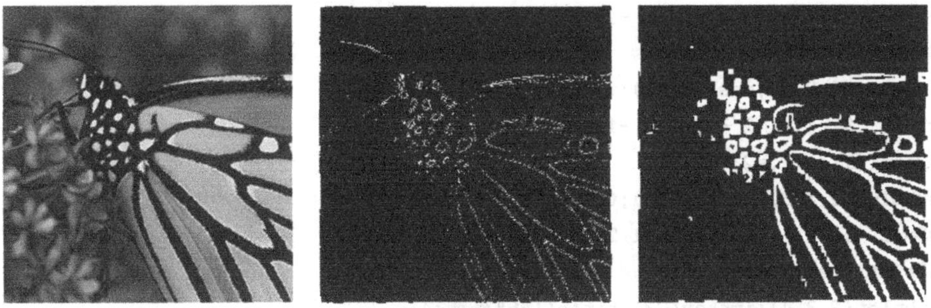

(a) 原图像　　(b) 滤波点检测　　(c) 差值点检测

图 6.2　点检测结果

6.1.2　线检测

比点检测更复杂的是线检测. 线检测也采用与点检测类似的滤波方法, 只不过使用的模板有所不同. 通常采用如下 4 种模板进行线检测.

(1) 水平检测模板:

$$\boldsymbol{w}_1 = \begin{bmatrix} -1 & -1 & -1 \\ 2 & 2 & 2 \\ -1 & -1 & -1 \end{bmatrix}.$$

(2) 竖直检测模板:

$$\boldsymbol{w}_2 = \begin{bmatrix} -1 & 2 & -1 \\ -1 & 2 & -1 \\ -1 & 2 & -1 \end{bmatrix}.$$

(3) 45° 检测模板:

$$\boldsymbol{w}_3 = \begin{bmatrix} 2 & -1 & -1 \\ -1 & 2 & -1 \\ -1 & -1 & 2 \end{bmatrix}.$$

(4) −45° 检测模板:

$$\boldsymbol{w}_4 = \begin{bmatrix} -1 & -1 & 2 \\ -1 & 2 & -1 \\ 2 & -1 & -1 \end{bmatrix}.$$

例 6.1　使用上述 4 种模板对灰度图像 industry.tif 进行线检测, 并观察不同的结果. 编制 MATLAB 程序代码如下 (ex602.m).

```
clear all;close all;clc;
F=imread('industry.tif');%读取原图像
```

```
F=im2double(F);%转换为double类型
subplot(2,3,1);imshow(F);title('原图像');
w1=[-1 -1 -1;2 2 2;-1 -1 -1];%水平检测模板
G1=imfilter(F,w1);
subplot(2,3,2);imshow(G1);title('水平检测');
w2=[-1 2 -1;-1 2 -1;-1 2 -1];%竖直检测模板
G2=imfilter(F,w2);
subplot(2,3,3);imshow(G2);title('竖直检测');
w3=[2 -1 -1;-1 2 -1;-1 -1 2];%45°检测模板
G3=imfilter(F,w3);
subplot(2,3,4);imshow(G3);title('45°检测');
w4=[-1 -1 2;-1 2 -1;2 -1 -1];%-45°检测模板
G4=imfilter(F,w4);
subplot(2,3,5);imshow(G4);title('-45°检测');
Gtop=G3(1:120,1:120);%提取图像的一部分
Gtop=pixelcopy(Gtop,4);
%利用函数将提取的部分放大为原来的4倍
subplot(2,3,6);imshow(Gtop);title('左上方放大图');
```

运行上述程序, 结果如图 6.3 所示.

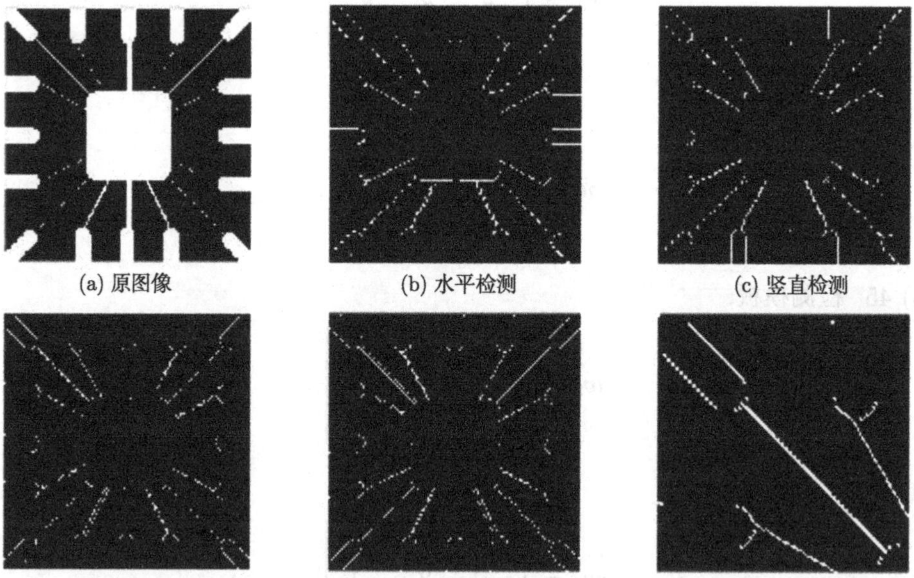

(a) 原图像　(b) 水平检测　(c) 竖直检测

(d) 45°检测　(e) −45°检测　(f) 左上方放大图

图 6.3　线检测结果

本例我们采用了 4 种提取模板, 因此可以看到, 在图 6.3 (b)∼ 图 6.3 (e) 中, 位于水平方向、竖直方向、45° 方向和 −45° 方向上的线段分别得到了一定程度的保留. 此外, 特别对图像左上方部分进行了放大, 以更好地展示提取效果, 如图 6.3 (f) 所示.

6.1.3　边缘检测

点、线检测在图像分割中很重要, 但是最常用的方法是边缘检测, 因为这种方法用于检测灰度的不连续性. 这样的不连续是用一阶和二阶导数来检测的. 此外, 边缘检测可以大幅度地减少数据量, 并且剔除那些被认为不相关的信息, 保留图像重要的结构属性.

1. 边缘检测的分类

通常可将边缘检测的算法分为两类: 查找算法和零穿越算法. 此外, 还有 Canny 边缘检测算法、统计判别算法等.

- *查找算法*: 通过寻找图像一阶导数中的最大值和最小值来检测边缘, 通常是将边界定位在梯度最大的方向, 是一种基于一阶导数的边缘检测算法.

- *零穿越算法*: 通过寻找图像二阶导数零穿越来检测边缘, 通常是拉普拉斯过零点或者非线性差分表示的过零点, 是一种基于二阶导数的边缘检测算法.

2. 常用的边缘检测算子

常用的基于一阶导数的边缘检测算子包括 Roberts 算子、Sobel 算子、Prewitt 算子等, 它们都是梯度算子; 基于二阶导数的边缘检测算子主要是高斯-拉普拉斯边缘检测算子. 分别介绍如下.

(1) 梯度算子

- Roberts 算子: $\boldsymbol{w}_1=\begin{bmatrix}-1 & 0\\ 0 & 1\end{bmatrix}$, $\boldsymbol{w}_2=\begin{bmatrix}0 & -1\\ 1 & 0\end{bmatrix}$.

- Sobel 算子: $\boldsymbol{w}_1=\begin{bmatrix}-1 & -2 & -1\\ 0 & 0 & 0\\ 1 & 2 & 1\end{bmatrix}$ (水平模板), $\boldsymbol{w}_2=\begin{bmatrix}-1 & 0 & 1\\ -2 & 0 & 2\\ -1 & 0 & -1\end{bmatrix}$ (竖直模板).

- Prewitt 算子: $\boldsymbol{w}_1=\begin{bmatrix}-1 & -1 & -1\\ 0 & 0 & 0\\ 1 & 1 & 1\end{bmatrix}$ (水平模板), $\boldsymbol{w}_2=\begin{bmatrix}-1 & 0 & 1\\ -1 & 0 & 1\\ -1 & 0 & 1\end{bmatrix}$ (竖直模板).

Roberts 算子是一个 2×2 模板, 它利用局部差分去寻找边缘, 因此定位精度较高, 但容易丢失部分边缘信息, 同时由于图像没经过平滑处理, 因而不具备抑制噪声的能力. Roberts 算子对具有陡峭边缘且含噪声少的图像效果较好.

Sobel 算子和 Prewitt 算子都是 3×3 模板, 都考虑了邻域的信息. 这相当于先对图像做加权平滑滤波, 然后再做微分运算. 它们的不同之处在于平滑部分的权值有些差异, 因此都对噪声具有一定的抑制能力, 但检测结果中都可能出现虚假边缘. 此外, 虽然这两个算子边缘定位效果不错, 但检测出的边缘容易出现多像素宽度.

(2) 高斯-拉普拉斯算子

第 4 章中已经介绍了拉普拉斯算子. 由于它是一个二阶导数, 对噪声具有无法接受的敏感性, 而且其幅值会产生双边缘, 此外, 边缘方向的不可检测性也是拉普拉斯算子的缺点之一, 因此, 一般不以其原始形式用于边缘检测.

为了弥补这一缺陷, 在运用拉普拉斯算子之前可以先进行高斯低通滤波, 即

$$\nabla^2[G(x,y)*f(x,y)], \tag{6.1}$$

其中, $f(x,y)$ 为图像, $G(x,y)$ 为高斯函数, 表达式为:

$$G(x,y)\propto \mathrm{e}^{-\frac{x^2+y^2}{2\sigma^2}}, \tag{6.2}$$

其中, σ^2 是方差. 一般来说, 用高斯函数卷积模糊一幅图像, 其模糊程度由 σ^2 的值所决定. 注意, 在线性系统中, 卷积与微分的次序可以交换, 因此由式 (6.1) 可得:

$$\nabla^2[G(x,y)*f(x,y)]=\nabla^2 G(x,y)*f(x,y). \tag{6.3}$$

式 (6.3) 说明, 可以先对高斯算了进行微分运算, 然后再与图像 $f(x,y)$ 卷积, 其效果等价于在运用拉普拉斯算子之前首先进行高斯低通滤波.

通过计算高斯函数的两个二阶偏导数, 可得到其拉普拉斯算子:

$$\nabla^2 G(x,y)=\frac{\partial^2 G(x,y)}{\partial x^2}+\frac{\partial^2 G(x,y)}{\partial y^2}\propto\frac{x^2+y^2-2\sigma^2}{\sigma^4}\mathrm{e}^{-\frac{x^2+y^2}{2\sigma^2}}. \tag{6.4}$$

式 (6.4) 即称为高斯-拉普拉斯算子 (Laplacian of a Gaussian), 简称 LoG 算子. 应用 LoG 算子时, 高斯函数中方差 σ^2 的选择很关键, 它对图像边缘检测效果有很大的影响. 对于不同的图像, 应该选择不同的 σ^2 值.

必须指出, LoG 算子克服了拉普拉斯算子抗噪声能力比较差的缺点, 但是在抑制噪声的同时也可能将原有的比较尖锐的边缘平滑掉, 以致造成这些尖锐边缘无法被检测到.

常用的 LoG 算子是 5×5 模板:

$$\begin{bmatrix} 0 & 0 & -1 & 0 & 0 \\ 0 & -1 & -2 & -1 & 0 \\ -1 & -2 & 16 & -2 & -1 \\ 0 & -1 & -2 & -1 & 0 \\ 0 & 0 & -1 & 0 & 0 \end{bmatrix}.$$

第 4 章曾指出拉普拉斯算子的响应会产生双边缘, 这是复杂分割中所不希望的结果, 解决的方法是利用它对阶跃性边缘的零交叉性质来定位边缘.

(3) Canny 边缘检测算子

Canny 边缘检测算子利用了梯度方向信息, 采用 "非极大抑制" 以及双阈值技术, 获得了单像素连续边缘, 是目前所认为的检测效果较好的一种边缘检测方法.

先利用高斯函数对图像进行低通滤波; 然后对图像中的每个像素进行处理, 寻找边缘的位置及在该位置的边缘法向, 并采用一种称之为 "非极大抑制" 的技术在边缘法向寻找局部最大值; 最后对边缘图像做滞后阈值化处理, 消除虚假响应.

Canny 为一个边缘检测算法自定义了目标集, 并用优化的方法实现了边缘检测. 根据 Canny 的说法, 一个边缘算子必须满足的 3 个准则是:

- 信噪比准则: 提高边缘检测的正确性, 使得错检或漏检的边缘错误率下降.
- 定位精度准则: 被边缘算子找到的边缘像素与真正的边缘像素间的距离应该尽可能小.
- 单边缘响应准则: 在单边存在的地方, 检测结果不应出现多边.

需要找到一个能够使 3 个准则都得到优化的滤波器函数. Canny 证明了高斯函数的一阶导数是边缘检测滤波器的有效近似.

Canny 边缘检测的基本思想就是首先对图像选择一定的高斯滤波器进行平滑滤波, 然后用“非极大抑制”技术进行处理得到最后的边缘图像. 其步骤如下.

① 用高斯滤波器平滑图像. 这里, 利用一个省略系数的高斯函数 $H(x,y)$:

$$H(x,y)=\mathrm{e}^{-\frac{x^2+y^2}{2\sigma^2}}, \tag{6.5}$$

$$G(x,y)=f(x,y)*H(x,y), \tag{6.6}$$

其中, $f(x,y)$ 是图像函数.

② 用一阶偏导的有限差分来计算梯度的幅值和方向. 利用一阶差分卷积模板:

$$\boldsymbol{H}_1=\begin{bmatrix}-1 & -1\\ 1 & 1\end{bmatrix},\quad \boldsymbol{H}_2=\begin{bmatrix}1 & -1\\ 1 & -1\end{bmatrix},$$

$$\varphi_1(x,y)=f(x,y)*H_1(x,y),\quad \varphi_2(x,y)=f(x,y)*H_2(x,y),$$

得到

$$\varphi(x,y)=\sqrt{\varphi_1^2(x,y)+\varphi_2^2(x,y)}\quad(\text{幅值}) \tag{6.7}$$

和

$$\theta_\varphi=\arctan\frac{\varphi_2(x,y)}{\varphi_1(x,y)}\quad(\text{方向}). \tag{6.8}$$

③ 对梯度幅值进行“非极大抑制”. 仅仅得到全局的梯度并不足以确定边缘, 为确定边缘, 必须保留局部梯度最大的点, 而抑制非极大值, 即将非局部极大值点置零以得到细化的边缘.

④ 用双阈值算法检测和连接边缘. 使用两个阈值 T_1 和 T_2 $(T_1<T_2)$, 从而得到两个阈值边缘图像 $F_1(i,j)$ 和 $F_2(i,j)$. 由于 $F_2(i,j)$ 使用高阈值得到, 因而含有很少的假边缘, 但有间断 (不闭合). 双阈值法要在 $F_2(i,j)$ 中把边缘连接成轮廓, 当到达轮廓的端点时, 该算法就在 $F_1(i,j)$ 的 8 邻点位置寻找可以连接到轮廓上的边缘, 这样, 算法不断地在 $F_1(i,j)$ 中收集边缘, 直到将 $F_2(i,j)$ 连接起来为止. T_2 用来找到每条线段, T_1 用来在这些线段的两个方向上延伸寻找边缘的断裂处, 并连接这些边缘.

3. 边缘检测的MATLAB实现

MATLAB IPT 提供的函数 edge 可以方便地实现前一小节的几种边缘检测方法, 该函数的作用是检测灰度图像中的边缘, 并返回一个带有边缘信息的二值图像, 其中黑色表示背景, 白色表示原图像中的边缘部分. 常见的调用方式说明如下.

(1) `BW = edge(F);`

BW 为返回的二值图像, 其中 0 (黑色) 为背景, 1 (白色) 为边缘部分. 默认情况下, edge 使用 Sobel 边缘检测方法.

(2) `BW = edge(F, method);`

使用 method 指定的方法检测图像 F 中的边缘. method 的合法取值如表 6.1 所示:

表 6.1　method 的合法取值

method 的取值	说明
'Sobel'	使用 Sobel 模板, 通过寻找图像 F 的梯度最大的那些点来查找边缘
'Prewitt'	使用 Prewitt 模板, 通过寻找 F 的梯度最大的那些点来查找边缘
'Roberts'	使用 Roberts 模板, 通过寻找 F 的梯度最大的那些点来查找边缘
'log'	使用高斯-拉普拉斯 (LoG) 模板对 F 进行滤波后, 通过寻找过零点来查找边缘
'zerocross'	使用自定义滤波器 h 对 F 进行滤波后, 通过寻找过零点来查找边缘
'Canny'	通过寻找 F 的梯度的局部最大值来查找边缘. 使用高斯滤波器的导数计算梯度. 此方法使用双阈值来检测强边缘和弱边缘, 如果弱边缘与强边缘连通, 则将弱边缘包含到输出中. 通过使用双阈值, Canny 方法相对其他方法不易受噪声干扰, 更可能检测到真正的弱边缘
'approxcanny'	使用近似版 Canny 边缘检测算法查找边缘, 该算法的执行速度较快, 但检测不太精确. 浮点图像应归一化到范围 [0, 1]

(3) `BW = edge(F, method, threshold);`

返回强度高于 threshold 的所有边缘.

(4) `BW = edge(F, method, threshold, direction);`

指定要检测的边缘的方向. 'Sobel' 和 'Prewitt' 方法可以检测竖直方向和/或水平方向的边缘. 'Roberts' 方法可以检测与水平方向成 45° 角和/或 135° 角的边缘. 仅当 method 是 'Sobel', 'Prewitt' 或 'Roberts' 时, 此语法才有效. direction 参数的取值有 'horizontal' (水平方向)、'vertical' (竖直方向) 和 'both' (所有方向).

(5) `BW = edge(···, 'nothinning');`

跳过边缘细化阶段, 这可以提高性能. 仅当 method 是 'Sobel', 'Prewitt' 或 'Roberts' 时, 此语法才有效.

(6) `BW = edge(F, method, threshold, sigma);`

指定 sigma, 即滤波器的标准差. 仅当 method 是 'log' 或 'Canny' 时, 此语法才有效.

(7) `BW = edge(F, method, threshold, h);`

使用 'zerocross' 方法和自定义滤波器 h 检测边缘. 仅当 method 是 'zerocross' 时, 此语法才有效.

(8) `[BW, threshold] = edge(···);`

threshold 为返回的阈值.

(9) `[BW, threshold, Gv, Gh] = edge(···);`

返回定向梯度幅值. 对于 'Sobel' 和 'Prewitt' 方法, Gv 和 Gh 对应于竖直和水平梯度. 对于 'Roberts' 方法, Gv 和 Gh 分别对应于与水平方向成 45° 和 135° 角的梯度. 仅当 method 是 'Sobel', 'Prewitt' 或 'Roberts' 时, 此语法才有效.

例 6.2 对灰度图像 Goldhill.tif 分别使用 5 种边缘检测算法进行处理, 使用算法的默认参数. 将输出结果显示在同一窗口中以便进行比较.

编制 MATLAB 程序代码如下 (ex603.m).

```
%边缘检测
clear all; close all; %clc
F=imread('Goldhill.tif');%读入原图像
F1=edge(F,'Sobel');%Sobel算子检测
F2=edge(F,'Prewitt');%Prewitt算子检测
F3=edge(F,'Roberts');%Roberts算子检测
F4=edge(F,'LoG');%LoG算子边缘检测
F5=edge(F,'Canny');%Canny算子检测
subplot(231);imshow(F);title('(a) 原图像');
subplot(232);imshow(F1);title('(b) Sobel边缘检测');
subplot(233);imshow(F2);title('(c) Prewitt边缘检测');
subplot(234);imshow(F3);title('(d) Roberts边缘检测');
subplot(235);imshow(F4);title('(e) LoG边缘检测');
subplot(236);imshow(F5);title('(f) Canny边缘检测');
```

运行上述程序, 结果如图 6.4 所示.

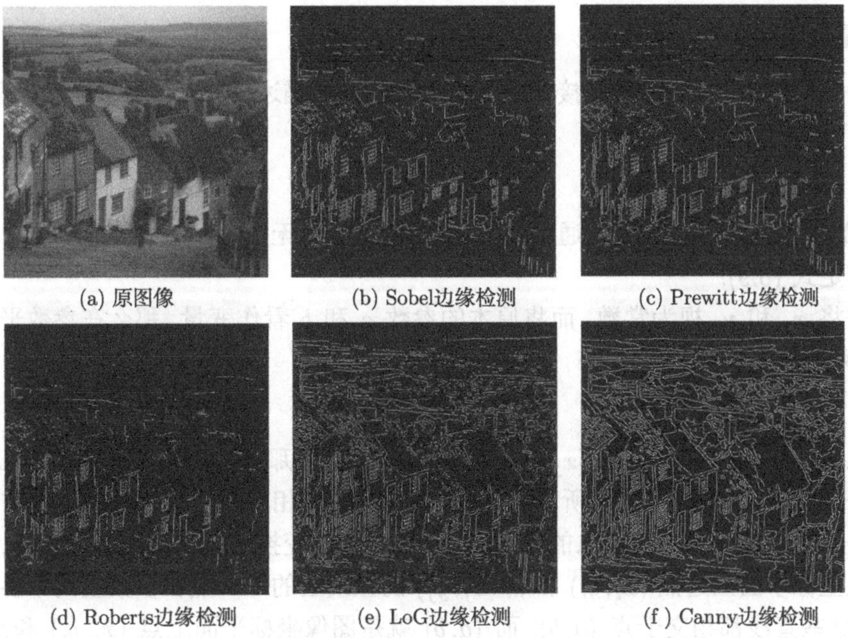

图 6.4 几种边缘检测算法的比较

从图 6.4 中可以看出, 不同算法得到的结果存在很大差异, 下面进行简要的分析.

(1) 从边缘定位的精度来看. Roberts 算子和 LoG 算子定位精度较高. Roberts 算子简单直观; LoG 算子只能获得边缘位置信息, 不能得到边缘的方向等信息.

(2) 从对不同方向边缘的响应来看. 就对边缘方向的敏感性而言, Sobel 算子、Prewitt 算子检测斜向阶跃边缘有较好的表现, 而 Roberts 算子检测水平和竖直边缘的效果较好, LoG 算子则不具备边缘方向检测能力. 此外, Sobel 算子可以提供最精确的边缘方向估计.

(3) 从去噪能力来看. Roberts 和 LoG 算子定位精度虽然较高, 但受噪声影响大. Sobel 算子和 Prewitt 算子模板相对较大, 因而去噪能力较强, 具有平滑作用, 能滤除一些噪声, 去掉部分伪边缘, 但同时也平滑了真正的边缘, 这也正是其定位精度不高的原因.

(4) 从总体效果来衡量. Canny 算子给出了一种边缘定位精确性和抗噪声干扰性的较好折中.

6.2 霍夫变换

前一节介绍了一些边缘检测的有效方法. 但实际应用中由于噪声和光照不均等因素, 很多情况下所获得的边缘点是不连续的, 必须通过边缘连接将它们转换为有意义的边缘. 一般的做法是对经过边缘检测的图像进一步使用连接技术, 从而将边缘像素组合成完整的边缘.

霍夫变换最初用于检测图像中的直线或者圆等几何图形, 主要应用在图像分析和机器视觉等领域. 后来经过拓展, 可适用于任意图形的检测及一些参数取值的检测. 霍夫变换是一个非常重要的检测间断点边缘形状的方法. 它通过将图像坐标空间变换到参数空间来实现直线和曲线的拟合.

6.2.1 霍夫变换的基本原理

在找出边缘点之后, 需要连接形成完整的边缘图形描述. 假设在图像坐标平面上, 经过点 (x_i, y_i) 的直线表示为:

$$y_i = ax_i + b, \tag{6.9}$$

其中, 参数 a 为斜率, b 为截距. 通过点 (x_i, y_i) 的直线有无数条, 且对应于不同的 a 和 b 值, 它们都满足式 (6.9).

如果将 x_i 和 y_i 视为常数, 而将原本的参数 a 和 b 看作变量, 那么在参数平面 ab 上, 式 (6.9) 可表示为:

$$b = -x_i a + y_i. \tag{6.10}$$

如果图像坐标平面上的另一点 (x_j, y_j) 与 (x_i, y_i) 共线, 那么这两点在参数平面 ab 内的直线将有一个交点, 如图 6.5 (b) 所示. 在参数平面 ab 上相交直线最多的点 (a, b) 对应的图像坐标平面上的直线就是所要求的解. 这种从线到点的变换就是霍夫变换.

图像坐标平面上过点 (x_i, y_i) 和点 (x_j, y_j) 的直线上的每一点在参数空间中各自对应一条直线, 这些直线都相交于点 (a, b), 而 (a, b) 就是图像坐标平面上点 (x_i, y_i) 和点 (x_j, y_j) 所确定的直线的参数. 反之, 在参数空间中相交于同一点的所有直线, 在图像坐标空间中都有共线的点与之对应. 根据这个特性, 给定图像坐标空间的一些边缘点, 就可以通过霍夫变换确定连接这些点的直线方程.

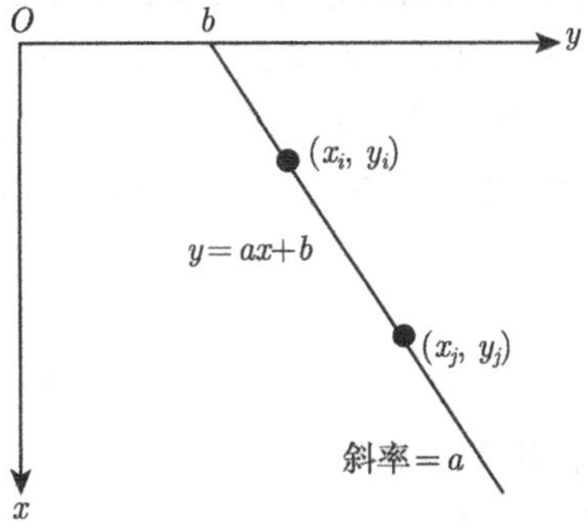

(a) 图像坐标空间

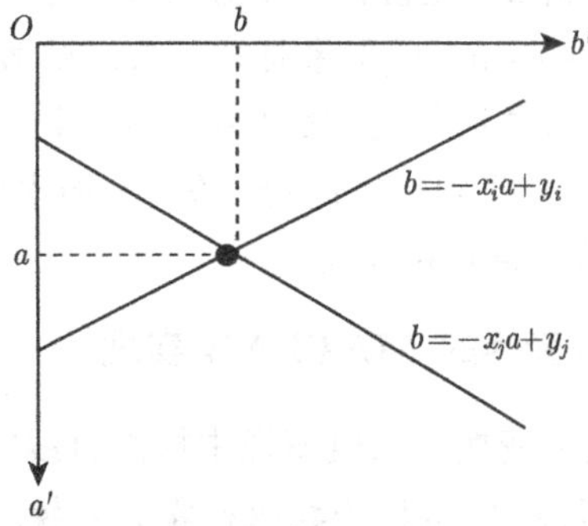

(b) 参数空间

图 6.5 直角坐标中的霍夫变换

霍夫变换的基本思想是: 将参数平面 ab 量化成一个一个的小格子, 根据图像中的每个点 (x_0, y_0), 代入参数 a 的量化值, 计算出各个 b 的值. 所得值 (a, b) 若落在某个小格子里, 就将该格子的计数累加器增加 1. 当全部点 (x, y) 变换后, 对小格子进行检查, 最大计数值 (称为最大峰值) 的小格子对应于共线点, 其值 (a, b) 即作为直线的拟合参数. 接下来用这种方法可以继续寻找次峰值、第 3 峰值、第 4 峰值等, 它们对应于原图中共线点数目略少一些的直线.

注 6.1 由于使用直角坐标系表示直线, 当直线为一条垂直直线或者接近垂直直线时, 该直线的斜率为无穷大或者接近无穷大, 从而无法在参数平面 ab 上表示出来. 为了解决这一问题, 可以采用极坐标系. 极坐标系中用如下参数方程表示一条直线:

$$\rho = x\cos\theta + y\sin\theta, \tag{6.11}$$

其中, ρ 代表直线到原点的垂直距离, θ 代表 x 轴与直线垂线的夹角, 如图 6.6 所示.

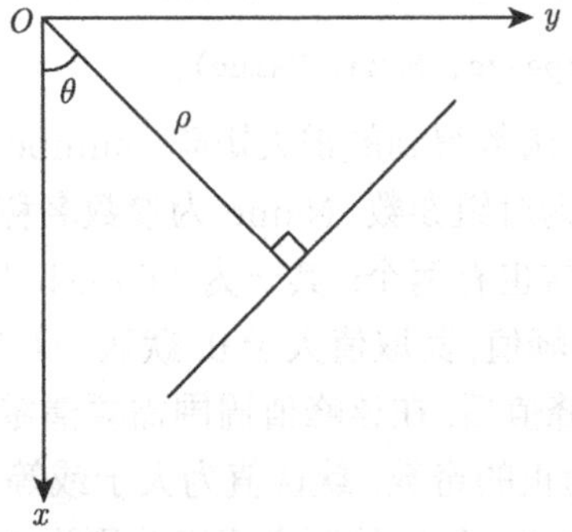

图 6.6 直线的参数式表示

参数方程 $\rho = x\cos\theta + y\sin\theta$ 可由直角坐标方程 $y = ax + b$ 推得. 斜率 a 等于 $-\cot\theta$, y 轴截距 b 等于 $\rho/\sin\theta$, 即 $y = -\cot\theta \cdot x + \rho/\sin\theta$.

因此, 图像中的每一条直线可与一对参数 (ρ,θ) 相关联. (ρ,θ) 平面有时被称为霍夫空间, 用于二维直线的集合.

由辅助角公式 $a\sin x+b\cos x=\sqrt{a^2+b^2}\sin(x+\arctan(b/a))$ 可知, 给定 x 和 y 的值, $\rho=x\cos\theta+y\sin\theta$ 的图像将是一条正弦曲线. 其中, $-90^\circ\leqslant\theta\leqslant 90^\circ$, $-\sqrt{2}d\leqslant\rho\leqslant\sqrt{2}d$, d 为原图像的对角线长度. 这样累加器的数目就可以控制, 例如 θ 精确到 1°, ρ 取整数值.

因此, 可以得到一个结论: 给定平面中的单个点, 通过该点的所有直线的集合对应于 (ρ,θ) 平面中的一条正弦曲线.

6.2.2 霍夫变换的 MATLAB 实现

通过霍夫变换在二值图像中检测直线需要以下 3 个步骤:

步 1. 利用 hough 函数执行霍夫变换, 得到霍夫矩阵.

步 2. 利用 houghpeaks 函数在霍夫矩阵中寻找峰值.

步 3. 利用 houghlines 函数在之前两步结果的基础上得到原二值图像中的直线信息.

(1) hough 函数——执行霍夫变换

hough 函数对一幅二值图像执行霍夫变换, 得到霍夫矩阵. 调用方式如下:

```
[H, theta, rho] = hough(BW, Name, Value);
```

其中, 参数 BW 是边缘检测后的二值图像; 返回值 H 是变换得到的霍夫矩阵; theta 和 rho 为分别对应于霍夫矩阵每一列和每一行的 θ 和 ρ 值组成的向量. 可选参数 Name, Value 为对组参数, Name 为参数名称, Value 为对应的值. Name 必须放在引号中. 可采用任意顺序指定多个名称-值对组参数, 如 Name1, Value1, $\cdots$, NameN, ValueN. 参数 Name 通常有两个合法的取值: 其一为 'ThetaResolution', 表示霍夫矩阵中 θ 轴方向上单位区间的长度 (以"度"为单位), 可取 $(0,90)$ 区间上的实数, 默认值为 1; 其二为 'RhoResolution', 表示霍夫矩阵中 ρ 轴方向上单位区间的长度, 可取 $(0,\text{norm}(\text{size}(\text{BW}))$ 区间上的实数, 默认值为 1.

(2) houghpeaks 函数——寻找峰值

houghpeaks 函数用于在霍夫矩阵中寻找指定数目的峰值, 调用方式如下:

```
peaks = houghpeaks(H, numpeaks, Name, Value);
```

其中, 参数 H 是由 hough 函数得到的霍夫矩阵. numpeaks 是要寻找的峰值数目, 默认为 1. 可选参数 Name, Value 为对组参数, Name 为参数名称, Value 为对应的值. Name 必须放在引号中, 其合法取值通常也有两个: 其一为 'Threshold', 表示峰值的阈值, 只有大于该阈值的点才被认为是可能的峰值, 其取值大于 0, 默认为 $0.5\times\max(\text{H}(:))$; 其二为 'NHoodSize', 表示在每次检测出一个峰值后, 在该峰值周围需要清零的邻域信息, 以向量 $[M,N]$ 的形式给出, 其中 M 和 N 均为正的奇数, 默认值为大于或等于 size(H)/50 的最小奇数. 返回值 peaks 是一个 $Q\times 2$ 的矩阵, 每行的两个元素分别为某一峰值在 Hough 矩阵中的行、列索引, Q 为找到的峰值点的数目.

(3) houghlines 函数——提取直线段

houghlines 函数根据 Hough 矩阵的峰值检测结果提取直线段, 调用方式如下:

```
lines = houghlines(BW, theta, rho, peaks, Name, Value);
```

其中, 参数 BW 是边缘检测后的二值图像. theta 和 rho 是霍夫矩阵每一列和每一行的 θ 和 ρ 值组成的向量, 由 hough 函数返回. peaks 是一个包含峰值信息的 $Q \times 2$ 的矩阵, 由 houghpeaks 函数返回. 可选参数 Name,Value 为对组参数, Name 为参数名称, Value 为对应的值. Name 必须放在引号中, 其合法取值通常有两个: 其一是 'FillGap', 表示线段合并的阈值, 如果对应于霍夫矩阵某一个单元格 (相同的 θ 和 ρ) 的两个线段之间的距离小于 FillGap, 则合并为 1 个直线段, 默认值为 20; 其二为 'MinLength', 表示检测的直线段的最小长度阈值, 如果检测出的直线段长度大于 MinLength, 则保留它, 丢弃所有长度小于 MinLength 的直线段, 默认值为 40. 返回值 lines 是一个结构体数组, 数组长度是找到的直线条数, 而每一个数组元素 (直线段结构体) 的含义分别是:

- lines.point1, 表示直线段端点 1.
- lines.point2, 表示直线段端点 2.
- lines.theta, 表示对应在霍夫矩阵中的 θ.
- lines.rho, 表示对应在霍夫矩阵中的 ρ.

例 6.3　利用霍夫变换对 MATLAB IPT 的内置图像 gantrycrane.png 进行直线检测, 显示霍夫矩阵和检测到的峰值, 并在原图中标出符合要求的所有直线段.

编制 MATLAB 程序代码如下 (ex604.m).

```
%霍夫变换
F=imread('gantrycrane.png');%读取图像
F=rgb2gray(F);%转换为灰度图像
subplot(221),imshow(F); title('原图像');
Frot=imrotate(F,30,'crop');%旋转图像并寻找边缘
subplot(222),imshow(Frot);title('旋转图像')
BW=edge(Frot,'canny'); %对旋转图像进行Canny边缘检测
[H,T,R]=hough(BW);%进行霍夫变换并显示霍夫矩阵
subplot(223),imshow(H,[],'XData', T,'YData',R,'InitialMagnification','fit');
xlabel('\theta'),ylabel('\rho'); axis on, axis normal,hold on ;
%在霍夫矩阵中寻找前10个大于霍夫矩阵中最大值0.3倍的峰值
P=houghpeaks(H,10,'threshold',ceil(0.3*max(H(:))));
x=T(P(:,2));y=R(P(:,1));%由行和列索引转换成实际坐标
plot(x,y,'s','color','white');%在Hough矩阵图像中标出峰值位置
title('霍夫矩阵和峰值点');
lines=houghlines(BW,T,R,P,'FillGap',8,'MinLength',7);
%找到并绘制直线,合并距离小于8的直线段,丢弃所有长度小于7的直线段
subplot(224),imshow(Frot),hold on;title('检测出的直线段');
max_len=0 ;
for k=1:length(lines) %依次标出各条直线段
    xy=[lines(k).point1; lines(k).point2];
    plot(xy(:,1), xy(:,2),'LineWidth',2,'color','green');%绘制线段端点
    plot(xy(1,1),xy(1,2),'x','LineWidth',2,'color','yellow');
    plot(xy(2,1),xy(2,2),'x','LineWidth',2,'color','red');
```

```
    len=norm(lines(k).point1-lines(k).point2);%确定最长的线段
    if(len>max_len),max_len=len;xy_long=xy;end
end
plot(xy_long(:,1),xy_long(:,2),'LineWidth',2,'color','cyan');%高亮显示最长线段
```

运行上述程序, 结果如图 6.7 所示.

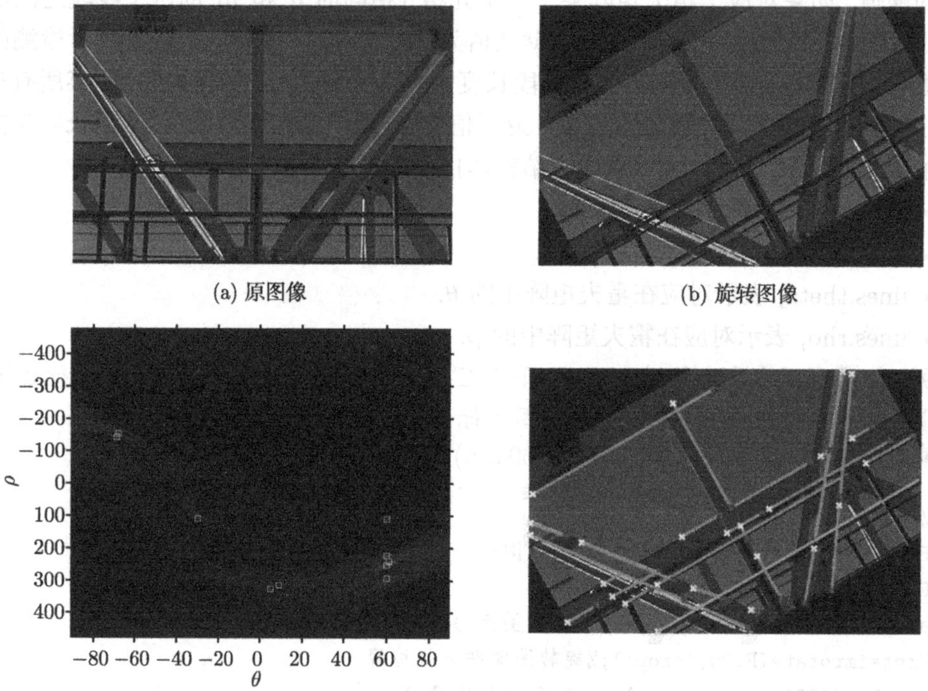

(a) 原图像　(b) 旋转图像

(c) 霍夫矩阵和峰值点　(d) 检测出的直线段('FillGap'=8)

图 6.7　霍夫变换的效果

注意, 在 houghpeaks 函数执行后, 共得到了 10 个峰值, 然而图 6.7 (d) 中却出现了 25 条直线段, 这正是 houghlines 函数中 'FillGap' 参数的作用. 将 'FillGap' 设定为 30, 可以合并原本共线 (有相同的 θ 和 ρ) 的各个直线段, 得到如图 6.8 所示的结果, 这也是所期望的结果.

图 6.8　检测出的直线段 ('FillGap' = 30)

6.3 阈值分割

一般情况下，一幅图像分为前景和背景，人们感兴趣的通常是前景部分，因此可以使用阈值将前景和背景分割开来，使感兴趣的图像的像素值为 1，不感兴趣的为 0. 有时候一幅图像会有几个不同的感兴趣区域 (不在同一个灰度区域)，这时可以用多个阈值进行分割，这就是阈值处理或阈值分割.

阈值分割的基本思想是确定一个阈值，然后把每个像素点的灰度值和阈值相比较，根据比较的结果把该像素划分为两类——前景和背景. 一般来说，阈值分割有以下 3 步:

步 1. 确定阈值.

步 2. 将阈值和像素比较.

步 3. 把像素归类.

其中，确定阈值是最重要的. 阈值的选择将直接影响分割的准确性以及由此产生的图像描述、分析的正确性.

6.3.1 阈值分割的常用方法

阈值分割操作简单，而且总能用封闭且连通的边界定义不交叠的区域，对目标与背景对比较强的图像有较好的分割效果. 但关键的问题是：如何获得一个最佳的阈值呢？以下是几种常用的最佳阈值选择方法.

1. 人工经验选择法

根据需要处理的图像的相关先验知识，对图像中的目标与背景进行分析. 通过判断和分析像素，选出阈值所在的区间，并通过实验进行对比，最后选出比较好的阈值. 这种方法存在的问题是适用范围窄，使用前必须事先知道图像的某些特征，譬如平均灰度等，而且分割后的图像质量的好坏受主观局限性的影响很大. 因此，这种方法虽然能用，但效率较低且不能实现自动阈值选取，样本图像较少时可以选用.

2. 利用直方图确定阈值

利用直方图进行分析，并根据直方图的波峰和波谷之间的关系，选出一个较好的阈值. 这种方法准确性较高，但是只对于存在一个目标和一个背景两者对比明显、直方图是双峰的那种图像最有价值.

单阈值:

$$g(x,y)=\begin{cases}a, & f(x,y)>T,\\ b, & f(x,y)\leqslant T.\end{cases} \tag{6.12}$$

双阈值:

$$g(x,y)=\begin{cases}a, & f(x,y)>T_2,\\ b, & T_1<f(x,y)\leqslant T_2,\\ c, & f(x,y)\leqslant T_1.\end{cases} \tag{6.13}$$

它们的示意图如图 6.9 所示.

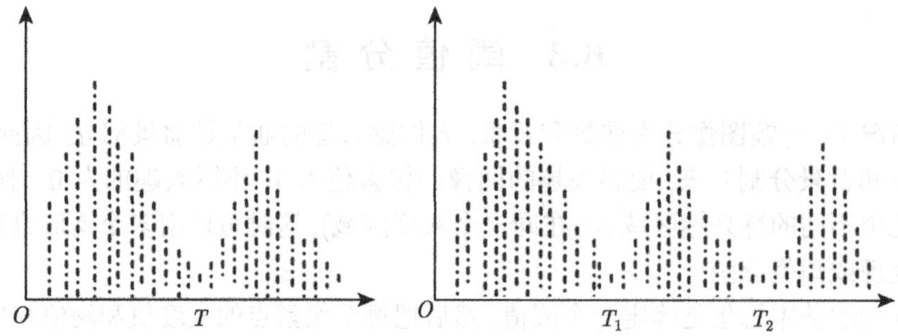

(a) 使用单阈值　　(b) 使用双阈值

图 6.9　根据直方图谷底确定阈值

此种单阈值分割方法简单、易操作, 但是当两个峰值相差很远时不适用, 而且, 此种方法比较容易受到噪声的影响, 进而导致阈值选取误差. 此外, 由于直方图是各灰度的像素统计, 其峰值和谷底特性不一定代表目标和背景, 因此如果没有图像其他方面的知识, 只靠直方图进行图像分割不一定是准确的.

3. 迭代选择阈值法

这种方法的基本思想是: 选择一个阈值作为初始估计值, 然后按照某种迭代规则不断地更新这一估计值, 直到满足给定的终止条件为止. 这个过程的关键是确定什么样的迭代规则. 一个好的迭代规则必须既能够快速收敛, 又能够在每一个迭代过程中产生优于上次迭代的结果.

下面是一种迭代选择阈值的算法.

步 1. 选择一个值作为阈值 T 的初始估计值.

步 2. 利用这个初始阈值把图像分为两个区域 R_1 和 R_2.

步 3. 对区域 R_1 和 R_2 中的所有像素计算平均灰度值 μ_1 和 μ_2.

步 4. 计算新的阈值:

$$T = \frac{1}{2}(\mu_1 + \mu_2). \tag{6.14}$$

步 5. 重复步 2 ~ 4, 直到逐次迭代所得的 T 值的差异比预先设定的参数小为止.

4. 最小均方误差法

另一种选择最佳阈值的常用方法是最小均方误差法. 假设图像的灰度模式是独立分布的随机变量, 并假设待分割的模式服从一定的概率分布. 一般来说, 采用的是正态分布.

首先假设一幅图像仅包含两个主要的灰度区域——前景和背景, 令 z 表示灰度值, $p(z)$ 表示灰度值概率密度函数的估计值, 然后假设概率密度函数中的一个参数对应于背景的灰度值 $p_1(z)$, 另一个参数对应于前景的灰度值 $p_2(z)$, 则描述图像中整体灰度变换的混合密度函数为:

$$p(z) = \alpha_1 p_1(z) + \alpha_2 p_2(z), \tag{6.15}$$

其中, α_1 是前景中具有 z 值的像素出现的概率, α_2 是背景中具有 z 值的像素出现的概率, 两者的关系为:

$$\alpha_1+\alpha_2=1, \tag{6.16}$$

即图像中的像素只能属于前景或者背景, 没有第 3 种情况. 现要选定一个阈值 T, 将图像上的像素进行归类. 采用最小均方误差法的目的是选择 T 时, 使得判断一个给定像素是前景还是背景时出错的概率最小. 使用最小均方误差法确定阈值的示意图, 如图 6.10 所示.

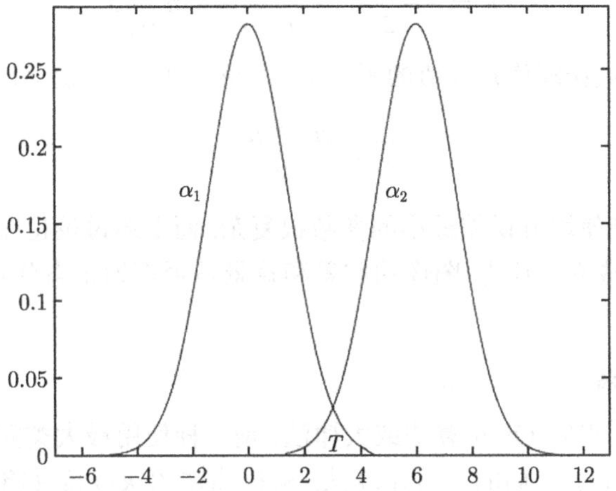

图 6.10 使用最小均方误差法确定阈值

当选定阈值 T 时, 错误地将一个背景点当成前景点的概率为:

$$E_1(T)=\int_{-\infty}^{T}p_2(z)\mathrm{d}z.$$

当选定阈值 T 时, 错误地将一个前景点当成背景点的概率为:

$$E_2(T)=\int_{T}^{\infty}p_1(z)\mathrm{d}z.$$

总错误率为:

$$E(T)=\alpha_1E_2(T)+\alpha_2E_1(T).$$

要找到出错最少的阈值 T, 需要将 $E(T)$ 对 T 求微分并令微分式等于 0, 于是结果是:

$$\alpha_1p_1(T)=\alpha_2p_2(T). \tag{6.17}$$

根据式 (6.17) 解出 T, 即为最佳阈值.

一般情形下, 要从式 (6.17) 解出 T 是很困难的, 但在某些特殊情形下可以得到其解析表达式.

假设图像的前景和背景的灰度分布都服从等方差 σ^2 的正态分布, 则有:

$$p_1(T)=\frac{1}{\sqrt{2\pi}\sigma}\mathrm{e}^{-\frac{(T-\mu_1)^2}{2\sigma^2}}, \tag{6.18}$$

$$p_2(T)=\frac{1}{\sqrt{2\pi}\sigma}\mathrm{e}^{-\frac{(T-\mu_2)^2}{2\sigma^2}}. \tag{6.19}$$

代入式 (6.17) 解出 T 为:

$$T=\frac{\mu_1+\mu_2}{2}+\frac{\sigma^2}{\mu_1-\mu_2}\ln\frac{\alpha_2}{\alpha_1}. \tag{6.20}$$

若 $\alpha_1=\alpha_2=0.5$, 则最佳阈值是均值的平均数, 即位于曲线 $p_1(z)$ 和 $p_2(z)$ 的交点处:

$$T=\frac{\mu_1+\mu_2}{2}. \tag{6.21}$$

一般来讲, 确定能使均方误差最小的参数很复杂, 而上述讨论也在图像的前景和背景都为正态分布的条件下成立. 但是, 图像的前景和背景是否都为正态分布, 也是一个具有挑战性的问题.

5. **最大类间方差法**

最大类间方差法, 也叫 Otsu 算法或大律法, 是一种使用最大类间方差自动确定最佳阈值的方法. 它是一种基于全局的二值化算法, 根据图像的灰度特性将图像分为前景和背景两个部分. 当取最佳阈值时, 两个部分之间的差别应该是最大的, 在 Otsu 算法中所采用的衡量差别的标准就是较为常见的最大类间方差. 前景和背景之间的类间方差越大, 说明构成图像的两个部分之间的差别越大. 当部分目标被错分为背景或部分背景被错分为目标时, 都会导致两个部分差别变小. 当所取阈值的分割使类间方差最大时, 就意味着错分概率最小.

设图像中灰度为 i 的像素数为 n_i, 灰度范围为 $[0,L-1]$, 则总的像素数为:

$$N=\sum_{i=0}^{L-1}n_i.$$

各灰度值出现的概率为:

$$p_i=\frac{n_i}{N}.$$

不难发现, 对于 p_i 有:

$$\sum_{i=0}^{L-1}p_i=1.$$

将图像的像素用阈值 T 分成两类 c_1 和 c_2, c_1 由灰度值在 $[0,T-1]$ 的像素组成, c_2 由灰度值在 $[T,L-1]$ 的像素组成. 区域 c_1 和 c_2 的概率分别为:

$$P_1=\sum_{i=0}^{T-1}p_i,\quad P_2=\sum_{i=T}^{L-1}p_i=1-P_1.$$

区域 c_1 和 c_2 的平均灰度分别为:

$$\mu_1 = \frac{1}{P_1}\sum_{i=0}^{T-1} ip_i = \frac{\mu(T)}{P_1}, \quad \mu_2 = \frac{1}{P_2}\sum_{i=T}^{L-1} ip_i = \frac{\mu - \mu(T)}{1-P_1},$$

其中, μ 是整幅图像的平均灰度:

$$\mu = \sum_{i=0}^{L-1} ip_i = \sum_{i=0}^{T-1} ip_i + \sum_{i=T}^{L-1} ip_i = P_1\mu_1 + P_2\mu_2.$$

两个区域的总方差为:

$$\sigma^2 = P_1(\mu_1-\mu)^2 + P_2(\mu_2-\mu)^2 = P_1P_2(\mu_1-\mu_2)^2. \tag{6.22}$$

让 T 在 $[0, L-1]$ 范围内依次取值, 使 σ^2 最大的 T 值便是最佳区域分割阈值. 该方法不需要人为设定其他参数, 是一种自动选择阈值的方法, 而且能得到较好的结果. 它不仅适用于包含两个区域的单阈值选择, 也同样适用于多区域的多阈值选择.

6.3.2 阈值分割的 MATLAB 实现

本节主要介绍阈值分割的 MATLAB 实现. 第 3 章介绍了 MATLAB 中与阈值变换相关的两个函数 im2bw 和 graythresh. 实际上, 用 graythresh 函数即可实现前一小节介绍的最大类间方差法. 由于在第 3 章已有详细的介绍, 这里不再赘述.

下面主要根据迭代选择阈值法原理编写 MATLAB 函数 imIterThres, 代码如下.

```
function [G, thres]=imIterThres(F)
%迭代法自动阈值分割
%输入:F——要进行自动阈值分割的灰度图像
%输出:G——分割后的二值图像,thres——自动分割采用的阈值
thres=0.5*(double(min(F(:)))+double(max(F(:))));%初始阈值
done=false;%结束标志
while ~done
    s=(F>=thres);
    T=0.5*(mean(F(s))+mean(F(~s)));
    done=(abs(thres-T)<0.5);
    thres=T;
end
G=im2bw(F,thres/255);%二值化
```

例 6.4 利用自定义函数 imIterThres 对 MATLAB IPT 的内置图像 rice.png 进行自动阈值分割.

编制 MATLAB 程序代码如下 (ex605.m).

```
%自动阈值分割
F=imread('rice.png');%读入原图像
```

```
subplot(121);imshow(F);title('原图像');
[G,thres]=imIterThres(F);%迭代选择阈值
subplot(122);imshow(G);title('自动阈值分割');
thres%显示所用阈值
```

上述程序的运行结果如图 6.11 所示.

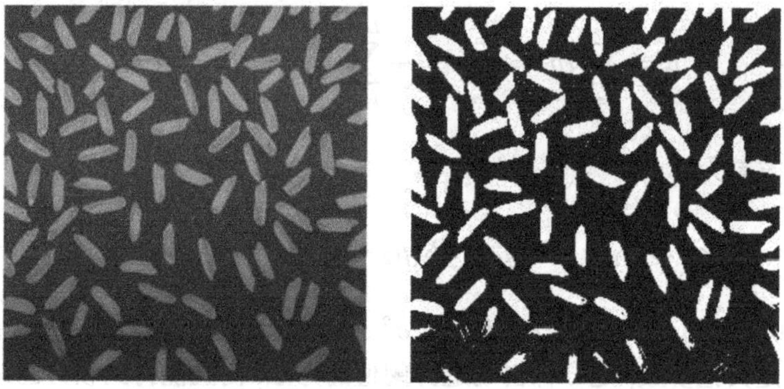

(a) 原图像　　(b) 自动阈值分割

图 6.11　迭代选择阈值法的自动阈值分割结果

6.4 区域分割

区域生长法和分裂合并法是基于区域信息的图像分割的主要方法. 区域生长法有两种实现方式: 一种是先将图像分割成很多一致性较强的小区域, 再按一定的规则将小区域融合成大区域, 达到分割图像的目的; 另一种是给定图像中要分割目标的一个种子区域, 再在种子区域基础上将周围的像素点以一定的规则加入其中, 最终达到目标与背景分离的目的. 分裂合并法对图像的分割是按区域生长法的相反方向进行的, 无须设置种子点, 其基本思想是给定相似测度和同质测度, 从整幅图像开始, 如果区域不满足同质测度, 则分裂成任意大小的不重叠子区域, 如果两个邻域的子区域满足相似测度则合并.

前面所讲的图像分割方法都是基于像素的灰度来进行阈值分割的, 本节将讨论以区域为基础的图像分割技术. 区域分割方法中最基础的是区域生长法.

6.4.1 区域生长及其实现

区域生长是根据事先定义的准则将像素或者子区域聚合成更大区域的过程, 其基本思想是从一组生长点开始 (生长点可以是单个像素, 也可以为某个小区域), 将与该生长点性质相似的相邻像素或者区域与生长点合并, 形成新的生长点, 重复此过程直到不能生长为止. 生长点和相邻区域的相似性判据可以是灰度值、纹理、颜色等多种图像信息.

区域生长一般有 3 个步骤: (1) 选择合适的生长点; (2) 确定相似性准则, 即生长准则; (3) 确定生长停止条件. 一般来说, 在无像素或者无区域满足加入生长区域的条件时, 区域生长就会停止.

图 6.12 给出了一个区域生长的实例.

$$\begin{bmatrix} 2 & 3 & 6 & 2 & 1 \\ 2 & 6 & (7) & 6 & 3 \\ 1 & 4 & 5 & 1 & 2 \\ 2 & 1 & 5 & 1 & 3 \\ 2 & 2 & 1 & 2 & 2 \end{bmatrix} \longrightarrow \begin{bmatrix} 2 & 3 & (6) & 2 & 1 \\ 2 & (6) & (7) & (6) & 3 \\ 1 & 4 & 5 & 1 & 2 \\ 2 & 1 & 5 & 1 & 3 \\ 2 & 2 & 1 & 2 & 2 \end{bmatrix} \longrightarrow$$

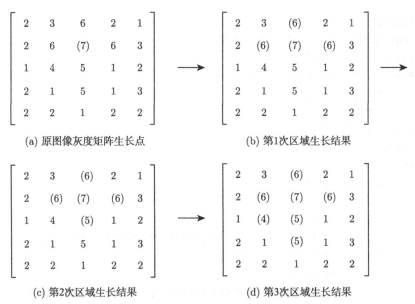

(a) 原图像灰度矩阵生长点　　(b) 第1次区域生长结果

$$\begin{bmatrix} 2 & 3 & (6) & 2 & 1 \\ 2 & (6) & (7) & (6) & 3 \\ 1 & 4 & (5) & 1 & 2 \\ 2 & 1 & 5 & 1 & 3 \\ 2 & 2 & 1 & 2 & 2 \end{bmatrix} \longrightarrow \begin{bmatrix} 2 & 3 & (6) & 2 & 1 \\ 2 & (6) & (7) & (6) & 3 \\ 1 & (4) & (5) & 1 & 2 \\ 2 & 1 & (5) & 1 & 3 \\ 2 & 2 & 1 & 2 & 2 \end{bmatrix}$$

(c) 第2次区域生长结果　　(d) 第3次区域生长结果

图 6.12　区域生长实例

图 6.12 (a) 为原图像, 数字表示像素的灰度. 以灰度为 7 的像素为初始的生长点, 记为 $f(i,j)$. 在 8 邻域内, 生长准则是待测点灰度值与生长点灰度值相差为 1 或者 0. 那么, 如图 6.12 (b) 所示, 第 1 次区域生长后, $f(i-1,j)$, $f(i,j-1)$, $f(i,j+1)$ 与中心点灰度值相差都为 1, 因而被合并. 第 2 次生长后, 如图 6.12 (c) 所示, $f(i+1,j)$ 被合并. 第 3 次生长后, 如图 6.12 (d) 所示, $f(i+1,j-1)$, $f(i+2,j)$ 被合并, 至此, 已经不存在满足生长准则的像素点, 生长停止.

上面的方法比较单个像素与其邻域的灰度特征以实现区域生长, 也有一种混合型区域生长. 把图像分割成若干小区域, 比较相邻小区域的相似性, 如果相似则合并. 在实际中, 区域生长时经常还要考虑生长的 “历史”, 并根据区域的尺寸、形状等图像的全局性质来决定区域的合并.

下面来考虑区域生长的 MATLAB 实现.

例 6.5　对 MATLAB IPT 内置的图像 football.jpg 实现基于种子点 8 邻域的区域生长.

基于种子点 8 邻域的区域生长的 MATLAB 程序代码如下 (ex606.m).

```
F=imread('football.jpg');
%区域生长,需要以交互方式设定初始种子点,具体方法为鼠标单击图像中一点后,按回车键
if isinteger(F)
   F=im2double(F);%转换为double类型
end
if numel(size(F))>2
   F=rgb2gray(F);%将彩色图像转换为灰度图像
end
figure;subplot(121);imshow(F);title('原图像')
```

```
[m,n]=size(F);
[y,x]=getpts;%单击取点后,按回车键结束
x1=round(x);y1=round(y);
seed=F(x1,y1);%获取中心像素灰度值
G=zeros(m,n);G(x1,y1)=1;
count=1;%待处理点个数
threshold=0.15;%设置阈值
while count>0
  count=0;
  for i=1:m %遍历整幅图像
     for j=1:n
        if G(i,j)==1 %点在“栈”内
           if (i-1)>1&(i+1)<m&(j-1)>1&(j+1)<n %3×3邻域在图像范围内
              for u=-1:1 %8-邻域生长
                 for v=-1:1
                    if G(i+u,j+v)==0&abs(F(i+u,j+v)-seed)<=threshold
                       G(i+u,j+v)=1;
                       count=count+1;%记录此次新生长的点个数
                    end
                 end
              end
           end
        end
     end
  end
end
subplot(1,2,2);imshow(G);title('区域生长分割图像');
```

上述程序运行后, 会弹出一个包含原图像的窗口, 用户可以用鼠标在其中选取一个种子点并按回车键, 之后会出现分割结果, 如图 6.13 所示.

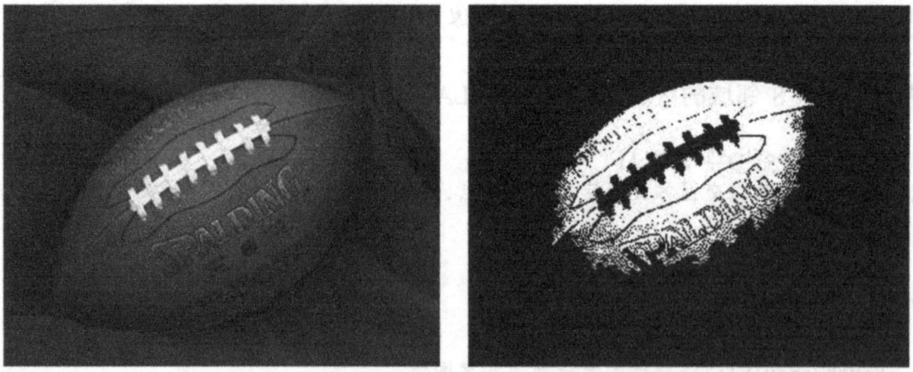

(a) 原始图像　　(b) 区域生长分割图像

图 6.13　区域生长示例

6.4.2 区域分裂合并

区域生长是从某个或者某些像素出发, 最后得到整个区域, 进而实现目标提取的. 区域分裂合并是区域生长的逆过程: 从整个图像出发, 不断分裂得到各个子区域, 然后再把前景区域合并, 实现目标提取. 区域分裂合并的假设是对于一幅图像, 前景区域由一些相互连通的像素组成. 因此, 如果把一幅图像分裂到像素级, 那么就可以判定该像素是否为前景像素. 当所有像素或者子区域完成判断以后, 把前景区域或者像素合并就可得到前景目标.

假定一幅图像分为若干区域, 按照有关区域的逻辑词 P 的性质, 各个区域上所有的像素将是一致的. 区域分裂合并的算法如下:

步 1. 将整幅图像设置为初始区域.

步 2. 选择一个区域 R, 若 $P(R) = \text{false}$, 则将该区域分为 4 个子区域——R_1, R_2, R_3, R_4.

步 3. 考虑图像中任意两个或更多的邻接子区域 $R_1, R_2, \cdots, R_k$.

步 4. 如果 $P(R_1 \cup R_2 \cup \cdots \cup R_k) = \text{true}$, 则将这 k 个区域合并为一个区域.

步 5. 重复上述步骤, 直到不能再进行区域分裂和合并.

四叉树分解法是常见的区域分裂合并算法. 令 R 代表整个图像区域, P 代表逻辑词. 对 R 进行分割的方法是反复将分割得到的结果图分成 4 个区域, 直到对任意区域 R_i, 有 $P(R_i) = \text{true}$. 也就是说, 对整幅图像, 如果 $P(R) = \text{false}$, 那么就将该图像分成 4 等份. 对任何子区域如果有 $P(R_i) = \text{false}$, 那么就将 R_i 分成 4 等份. 以此类推, 直到 R_i 为单个像素.

若只使用分裂, 最后可能出现相邻的两个区域具有相同的性质但并没有合并的情况. 因此, 允许拆分的同时进行区域合并, 即在每次分裂后允许其继续分裂或合并, 如 $P(R_i \cup R_j) = \text{true}$, 则将 R_i 和 R_j 合并起来. 当再无法进行合并或拆分时停止.

MATLAB 中内置的 qtdecomp 函数可实现图像的四叉树分解. 该函数的调用方式如下:

```
S=qtdecomp(F,threshold,[mindim maxdim]);
```

其中, F 是输入图像; threshold 是一个可选参数, 如果某个子区域中的最大像素灰度值减去最小像素灰度值大于 threshold 设定的阈值, 那么继续进行分解, 否则停止并返回; [mindim, maxdim] 是可选参数, 用来指定最终分解得到的子区域大小; 返回值 S 是一个稀疏矩阵, 其非零元素的位置在块的左上角, 每一个非零元素值代表块的大小.

例如, 对下列矩阵进行四叉树分解 (ex607.m):

```
F=[2   2   2   2   9  10   7   7;
   2   2   3   2  10  11   6   8;
   2   3   3   4   8   8   5   5;
   2   2   2   2   7   7   6   6;
   8  10   8  10   0   1   2   3;
   8  10  10   8   4   3   6   7;
   8  10   8   8  11  11  39  19;
   8  10   8   8  12  13  14  15];
S=qtdecomp(F,5);%执行四叉树分解,子块阈值为5
disp(full(S));%显示完整的稀疏矩阵
```

运行上述程序后, 在命令窗口显示如图 6.14 所示的结果.

4	0	0	0	2	0	2	0
0	0	0	0	0	0	0	0
0	0	0	0	2	0	2	0
0	0	0	0	0	0	0	0
4	0	0	0	2	0	2	0
0	0	0	0	0	0	0	0
0	0	0	0	2	0	1	1
0	0	0	0	0	0	1	1

图 6.14　对矩阵进行四叉树分解的结果

例 6.6　用四叉树分解函数 qtdecomp 对图像 Barbara.tif 进行分割.
编制 MATLAB 程序代码如下 (ex608.m).

```
%图像分割的四叉树分解法
F=imread('Barbara.tif');
S=qtdecomp(F,0.2); %阈值0.2为每个方块所需要达到的最小差值
G=full(S);%显示完整的稀疏矩阵
subplot(121);imshow(F);title('原图像')
subplot(122);imshow(G);title('四叉树分解的图像')
```

运行上述程序后, 所得结果如图 6.15 所示.

(a) 原图像　　(b) 四叉树分解的图像

图 6.15　四叉树分解法示例

在 MATLAB IPT 中, 跟区域分裂合并相关的还有另外两个函数——qtgetblk 和 qtsetblk. 在得到稀疏矩阵 S 后, 可利用函数 qtgetblk 进一步获得四叉树分解后所有指定大小的子块像素及位置信息. 常用调用方式如下:

```
[vals, r, c]=qtgetblk(F, S, dim);
```

其中, 参数 F 为输入的灰度图像; 稀疏矩阵 S 是 F 经过四叉树分解函数 qtdecomp 处理的输出结果; dim 是指定的子块大小; 返回值 vals 是 dim×dim×k 的三维矩阵, 包含 F 中所有符合条件的子块数据, 其中 k 为符合条件的 dim×dim 大小的子块的个数, vals(:,:,i) 表示符合条件的第 i 个子块的内容; r 和 c 均为列向量, 分别表示图像中符合条件子块左上角的纵坐标 (行索引) 和横坐标 (列索引).

下面的程序用于寻找给定图像 F 中的 4×4 子块, 并返回每个子块的起始点坐标 (ex609.m) .

```
%qtgetblk函数
F=[2  2  2  2  9 10  7  7;
   2  2  3  2 10 11  6  8;
   2  3  3  4  8  8  5  5;
   2  2  2  2  7  7  6  6;
   8 10  8 10  0  1  2  3;
   8 10 10  8  4  3  6  7;
   8 10  8  8 11 11 39 19;
   8 10  8  8 12 13 14 15];
S=qtdecomp(F,5);
%对于double类型矩阵F,将以5作为阈值进行四叉树分解
[vals,r,c]=qtgetblk(F,S,4);
size(vals,3),%查看4×4子块个数(ans=2)
vals(:,:,1),%显示第1个子块内容
vals(:,:,2),%显示第2个子块内容
[r,c] %显示子块位置的左上角坐标
```

运行上述程序, 在命令窗口显示如下信息:

```
ans =
      2
ans =
      2     2     2     2
      2     2     3     2
      2     3     3     4
      2     2     2     2
ans =
      8    10     8    10
      8    10    10     8
      8    10     8     8
      8    10     8     8
ans =
```

```
     1     1
     5     1
```

这表示找到 2 个 4×4 的子块, 这两个子块左上角的坐标为 $(1,1)$ 和 $(5,1)$.

有时, 在将图像划分为子块后, 还需要使用函数 qtsetblk 将四叉树分解所得到的子块中符合条件的部分全部替换为 vals 中的相应块. 该函数的调用方式如下:

```
G = qtsetblk(F, S, dim, vals);
```

其中, 参数 F 为输入的灰度图像; S 是 F 经过 qtdecomp 函数处理的结果; dim 是指定的子块大小; vals 是 qtgetblk 函数返回的 dim×dim×k 的三维矩阵, 包含了用来替换原有子块的新子块信息, 其中 k 应为图像 F 中大小为 dim×dim 的子块的总数, vals(:,:,i) 表示要替换的第 i 个子块; 返回值 G 是经过子块替换的新图像.

下面的程序根据三维数组 Vals 中的内容替换给定图像 F 中的所有 4×4 子块 (ex610.m).

```
%qtsetblk函数
F=[2  2  2  2  9 10  7  7;
   2  2  3  2 10 11  6  8;
   2  3  3  4  8  8  5  5;
   2  2  2  2  7  7  6  6;
   8 10  8 10  0  1  2  3;
   8 10 10  8  4  3  6  7;
   8 10  8  8 11 11 39 19;
   8 10  8  8 12 13 14 15];
S=qtdecomp(F,5);%对于double类型矩阵F,将以5作为阈值进行四叉树分解
Vals=cat(3,zeros(4),ones(4)); %设定欲替换的子块内容
G=qtsetblk(F,S,4,Vals) %根据Vals中的内容替换F中大小为4的子块
```

运行上述程序, 在命令窗口显示如下结果:

```
G =
     0     0     0     0     9    10     7     7
     0     0     0     0    10    11     6     8
     0     0     0     0     8     8     5     5
     0     0     0     0     7     7     6     6
     1     1     1     1     0     1     2     3
     1     1     1     1     4     3     6     7
     1     1     1     1    11    11    39    19
     1     1     1     1    12    13    14    15
```

可以看到, F 中左半部分的两个 4×4 子块分别被替换为 0 子块和 1 子块 (G 的左半部分). 需要注意的是, sizeof(Vals,3) 必须和 F 中指定大小的子块数目相同, 否则 qtsetblk 会提示错误信息.

下面再来看一个四叉树分解法分割图像的例子.

例 6.7 对蝴蝶图片 butterfly.tif 进行四叉树分解, 并以图像形式显示所得的稀疏矩阵. 同时, 获得 4×4 子块的数目.

编制 MATLAB 程序代码如下 (ex611.m).

```
F=imread('butterfly.tif');%读入原图像
subplot(121);imshow(F);title('原图像');
S=qtdecomp(F,0.25 );
%选取阈值为0.25,对原始图像进行四叉树分解
G=full(S);%原始的稀疏矩阵转换为普通矩阵,使用full函数
subplot(122);imshow(G);title('四叉树分解图像');
[vals,r,c]=qtgetblk(F,G,4);
%获得4×4的子块,内容保存在三维数组vals中
ct=size(vals,3);%子块的数目
```

上述程序的运行结果如图 6.16 所示.

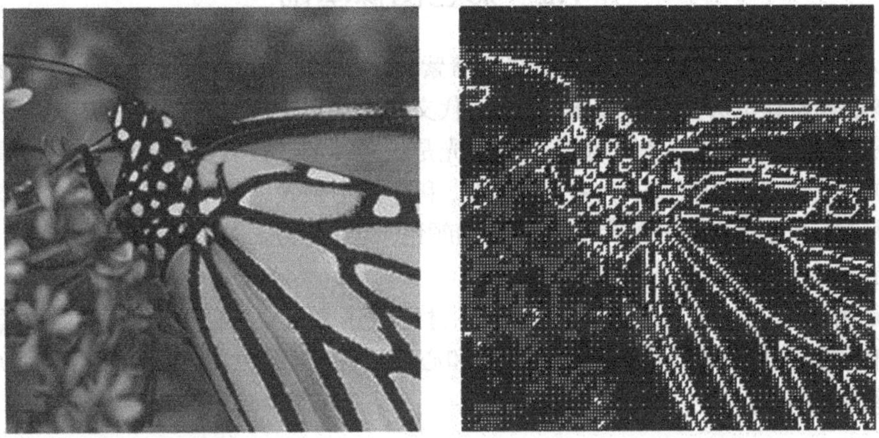

(a) 原图像　　(b) 四叉树分解图像

图 6.16　四叉树分解法示例

最后, 必须指出, 图像分割是一个十分困难的问题, 并且不存在理想或正确的分割. 图像分割过程在本质上具有不可靠性. 尽管一些有用的信息能够被抽取, 但同时也会出现许多错误. 因此, 在任何应用领域中都不存在最优解. 分割结果的好坏或者正确与否, 目前还没有一个统一的评价判断标准, 大多根据分割的视觉效果和实际的应用场景来判断.

尽管人们在图像分割方面做了许多研究工作, 但由于尚无通用分割理论, 因此现已提出的分割算法大都是针对具体问题的, 并没有一种适合于所有图像的通用分割算法. 但是可以看出, 图像分割算法正朝着更快速、更精确的方向发展, 通过与各种新理论和新技术结合, 将不断取得突破和进展.

第 7 章 彩色图像处理

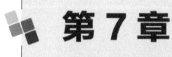

随着信息技术和人工智能的发展, 在图像信息中, 彩色图像所占据的比例越来越高, 而且由于彩色图像处理这部分比较贴近我们的生活, 因而有着广泛的应用前景. 本章主要介绍数字图像的彩色模型以及彩色图像处理的基本知识.

7.1 彩色图像基础

伟人毛泽东曾有两句词: 红橙黄绿青蓝紫, 谁持彩练当空舞? 说的是大千世界多彩绚烂, 美丽的色彩让世界变得更加迷人. 自现代文明发端以来, 人类对色彩的认识经历了一个循序渐进的过程. 最初, 人们普遍认为白色光是一种纯的、没有其他颜色的光, 而彩色光是一种不知何故发生变化的光. 为验证其真伪, 科学家牛顿做了一个实验: 让一束太阳光透过一面三棱镜, 光在墙上被分解为 7 种不同的颜色, 即红、橙、黄、绿、青、蓝、紫, 这后来被光学界称为光谱.

正是由于这 7 个基础色有不同的色谱, 才形成了表面上颜色单一的白色光. 虽然我们还远没有了解人类理解颜色所遵循的生理和心理过程, 但颜色的物理性质得到了许多实验和理论结果的支持.

1. *彩色是什么*

如形状、纹理、重量一样, 彩色也是物体的一种属性. 彩色依赖于光源、物体和成像接收器 3 个方面的因素. 光源反映了照射光的谱性质或谱能量分布; 物体反映了被照射物质的反射性质; 成像接收器 (指眼睛或成像传感器) 反映了光谱能量的吸收性质. 其中, 光特性是颜色科学的核心. 假如光是没有颜色的, 那么它的属性仅仅是亮度或者数值. 可以用灰度值来描述亮度, 它的范围从黑到灰, 最后到白.

而对于彩色光, 通常用 3 个基本量来描述其光源的质量: 辐射率、光强和亮度. 所谓辐射率, 是指从光源流出能量的总量, 其度量单位是瓦特; 光强给出了观察者从光源接收的能量总和的度量, 其度量单位是流明; 亮度则是彩色强度概念的具体化, 它实际上是一个难以度量的主观描绘子.

需要指出的是, 同样作为能量的度量, 辐射率与光强两者往往没有必然的联系. 例如, 在进行 X 光检查时, 光从 X 射线源中发出, 它是具有实际意义上的能量的. 但由于其处于可见光范围以外, 作为观察者很难感觉到, 因而对人们来说, 它的光强几乎为零.

2. 人眼中的彩色

人类能够感受到的物体的颜色是由物体的反射光性质决定的. 可见光是由电磁波谱中较窄的波段组成的. 一个物体反射的光如果在所有可见光波长范围内是平衡的, 则站在观察者的角度它就是白色的; 如果物体仅对有限的可见光谱范围反射, 则物体表现为某种特定颜色. 例如, 反射波长范围在 450~500nm 之间的物体呈现蓝色, 它吸收了其他波长光的多数能量; 而如果物体吸收了所有的入射光, 则将呈现为黑色.

3. 三原色

根据实验结果, 人眼中约有 65% 的细胞对红光敏感, 有 33% 的细胞对绿光敏感, 而只有 2% 的细胞对蓝光敏感. 正是人眼的这些吸收特性决定了被看到的彩色是通常所谓的原色红 (R)、绿 (G)、蓝 (B) 的各种组合. 国际照明委员会 (CIE) 规定, 以红 (约 700nm)、绿 (约 546.1nm)、蓝 (约 435.8nm) 作为主原色. 红 (R)、绿 (G)、蓝 (B) 也因此被称为光学三原色.

三原色光模式, 又称 RGB 颜色模型, 是一种加色模型, 将 RGB 三原色的色光以不同的比例相加, 以产生多种多样的色光. RGB 颜色模型的主要目的是在电子系统中检测、表示和显示图像, 比如电视和计算机, 但是在传统摄影中也有应用. 在电子时代之前, 基于人类对颜色的感知, RGB 颜色模型已经有了坚实的理论支撑.

RGB 是一种依赖于设备的颜色空间: 不同设备对特定 RGB 值的检测和重现都不一样, 因为颜色物质 (荧光剂或者染料) 和它们对红、绿和蓝的单独响应水平随着制造商的不同而不同, 甚至同样的设备不同的时间也不同.

4. 计算机中的彩色

在计算机中, 显示器的任何颜色都可以由 3 种颜色——红、绿、蓝组成, 称为三基色. 每种基色的取值范围是 $0 \sim 255$, 任何颜色都可以用这 3 种颜色按不同的比例混合而成, 这就是所谓的三原色原理. 在计算机中, 三原色原理可以解释为如下 3 点:

(1) R, G, B 三基色之间是相互独立的, 任何一种颜色都不能由其余的两种颜色来组成.

(2) 计算机中的任何颜色都可以由这 3 种颜色按不同的比例混合而成, 而且每种颜色都可以分解成这三种基本颜色.

(3) 混合色的饱和度由这 3 种颜色的比例来决定. 混合色的亮度为 3 种颜色的亮度之和.

形成任何特殊颜色需要的 R, G, B 分量称为三色值, 分别可以用 X, Y 和 Z 来表示. 此时, 一种颜色可由三色值系数来定义:

$$x = \frac{X}{X+Y+Z}, \quad y = \frac{Y}{X+Y+Z}, \quad z = \frac{Z}{X+Y+Z}.$$

显然有

$$x + y + z = 1.$$

7.2 彩色模型

彩色模型通常又叫颜色空间或颜色系统, 其目的是在某些标准下用通常可以接受的方式方便地对彩色加以说明. 彩色模型在本质上是坐标系统和子空间的说明, 位于系统中的每个颜色都由单个点来表示.

当前使用的大部分彩色模型都是面向应用或硬件的. 比如, RGB (红、绿、蓝) 模型是主要针对彩色监视器的, CMY (青、深红、黄) 和 CMYK (青、深红、黄、黑) 模型主要是面向彩色打印机的, 而 HSI (色调、饱和度、亮度) 模型则非常符合人眼描述和解释颜色的方式. 此外, 目前广泛使用的彩色模型还有 HSV 模型、YUV 模型、YIQ 模型、Lab 模型等. 下面将分别介绍这些彩色模型, 并给出它们与最为常用的 RGB 模型之间的转换方式.

7.2.1 RGB 模型

RGB 模型是工业界的一种颜色标准, 它通过对红、绿、蓝 (RGB) 3 种颜色亮度的变化及其相互之间的叠加来得到各种各样的颜色. 该标准几乎包括了人类视觉所能感知的所有颜色, 是目前运用最广的颜色模型之一.

该模型基于笛卡儿坐标, 坐标轴为 R, G, B 三基色; 其彩色子空间是一个立方体, 其中 R, G, B 位于 3 个角上. RGB 彩色空间对应的坐标系统是如图 7.1 所示的立方体. R, G 和 B 位于立方体的 3 个顶点上; 青、深红和黄位于另外 3 个顶点上; 黑色在原点处, 白色位于距离原点最远的顶点处, 而灰度等级就沿这两点的连线分布. 不同的颜色处在立方体上或其内部, 因此可以用 1 个三维数组来表示. 例如, 在所有颜色均已归一化到 $[0,1]$ 的情况下, 红色可表示为 $(1,0,0)$, 绿色可表示为 $(0,1,0)$, 蓝色可表示为 $(0,0,1)$, 而灰色可由 $(0.5,0.5,0.5)$ 来表示.

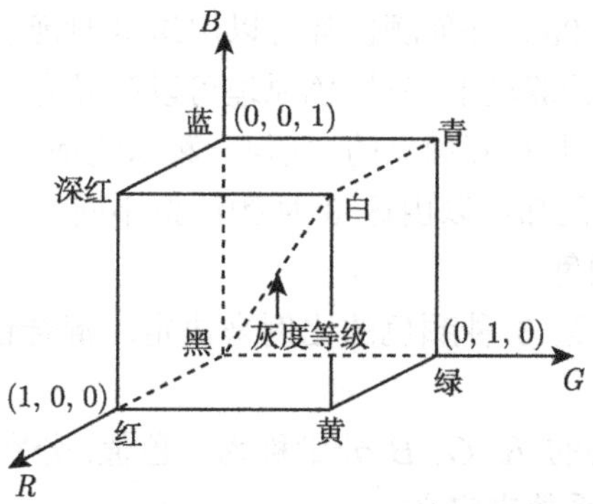

图 7.1 RGB 彩色立方体

在 RGB 模型中, 3 个分量图像组成了所要表示的图像, 而每个分量图像都是其原色图像. 当送入 RGB 监视器时, 这 3 个分量图像便在屏上混合产生一幅合成的彩色图像.

在 RGB 空间中, 用以表示每一像素的比特数 (bit) 叫作像素深度. RGB 图像的 3 个 R, G, B 分量图像都是一幅 8bit 图像, 每一个彩色像素有 24bit 深度. 因此, 全彩色图像常用来定义 24bit 的彩色图像, 总共有 $(2^8)^3 = 16777216$ 种颜色.

彩色显示器系统是 RGB 模型最常见的用途之一, 彩色阴极射线管和彩色光栅图形显示器都使用 R, G, B 数值来驱动 RGB 电子枪发射电子, 并分别激发荧光屏上的 R, G, B 3 种颜色的荧光粉发出不同亮度的光线, 并通过相加混合产生各种颜色. 扫描仪也是通过吸收原稿经反射或透射而发送出来的光线中的 R, G, B 成分, 并用它来表示原稿颜色的. RGB 彩色空间是与设备相关的彩色空间, 因此不同的扫描仪扫描同一幅图像, 会得到不同色彩的图像数据; 不同型号的显示器显示同一幅图像, 也会有不同的色彩显示结果.

在 MATLAB 系统中, 一幅 RGB 图像可表示为一个 $m \times n \times 3$ 的三维数组, 其中每一个彩色像素都在特定空间位置的彩色图像中对应 R, G, B 3 个分量. 分量图像的数据类型决定了它们的取值范围. 若一幅 RGB 图像的数据类型是 double, 则每个分量图像的取值范围为 $[0,1]$, 而如果数据类型为 uint8 或 uint16, 则每个分量图像的取值范围分别是 $[0,255]$ 或 $[0,65535]$.

在 MATLAB 中, 可以用 cat 函数合成一幅 RGB 图像. 如果令 fR, fG, fB 分别代表 R, G, B 3 个分量, 那么一幅 RGB 图像就是利用 MATLAB 函数 cat (级联) 将这些分量图像组合成彩色图像, MATLAB 语句如下:

```
RGB_image = cat(3, fR, fG, fB);%将 fR, fG, fB 3 个矩阵在第 3 个维度上进行级联
```

注意, 在上述 cat 函数的操作中, 图像应按照 fR, fG, fB 的顺序放置. 如果所有的分量图像都相等, 则结果将是一幅灰度图像.

另一方面, 可以对一幅 RGB 图像进行分量提取. 令 RGB_image 代表一幅 RGB 图像, 下面的 MATLAB 语句可以提取 3 个分量图像:

```
fR = RGB_image(: , : , 1);
fG = RGB_image(: , : , 2);
fB = RGB_image(: , : , 3);
```

7.2.2 HSI 模型

HSI 模型从人的视觉系统出发, 直接使用颜色三要素——色调 (Hue)、饱和度 (Saturation) 和亮度 (Intensity) 来描述颜色.

色调是颜色最重要的属性, 决定颜色的本质, 由物体反射光线中占优势的波长来决定, 不同的波长产生不同的颜色感觉. 叫某一种颜色为红、橙或黄, 就是在规定一种色调.

饱和度是指颜色的深浅和浓淡程度, 饱和度越高, 颜色越深. 饱和度的高低和白色的比例有关, 白色比例越大, 饱和度越低.

亮度也叫灰度或密度, 是指人眼感觉光的明暗程度. 光的能量越大, 亮度越大.

可以用一个圆锥模型来描述 HSI 彩色空间, 如图 7.2 所示. 色调与饱和度通常称为色度, 用来表示颜色的类别与深浅程度. 图 7.2 中圆锥中间的横截面就是色度圆, 而圆锥向上或向下延伸的便是亮度分量的表示.

由于人的视觉对亮度的敏感程度远强于对颜色浓淡的敏感程度, 为了便于颜色处理和识别, 人的视觉系统经常采用 HSI 彩色空间, 它比 RGB 彩色空间更符合人的视觉特性. 此外, 由于 HSI 空间中亮度和色度具有可分离特性, 因此图像处理和机器视觉中的大量灰度处理算法都可在 HSI 彩色空间中方便地使用.

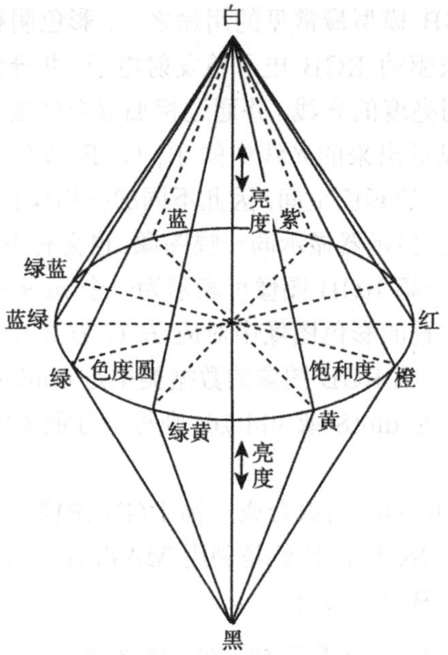

图 7.2 HSI 模型示意图

HSI 彩色空间和 RGB 彩色空间只是同一物理量的不同表示法, 因而它们之间存在着转换关系. 下面介绍它们之间的相互转换.

1. 从 RGB 到 HSI 的转换及其 MATLAB 实现

给定一幅 RGB 图像, 每一个 RGB 像素的 H, S, I 分量可用下面的变换公式得到:

$$(\text{色调})\quad H=\begin{cases}\theta, & B\leqslant G,\\ 2\pi-\theta, & B>G,\end{cases}$$

$$(\text{饱和度})\ S=1-\frac{3}{R+G+B}\min\{R,G,B\},$$

$$(\text{亮度})\quad I=\frac{1}{3}(R+G+B),$$

其中,

$$\theta=\arccos\frac{\frac{1}{2}[(R-G)+(R-B)]}{[(R-G)^2+(R-B)(G-B)]^{1/2}}.$$

注意, 使用上述公式须将 RGB 值归一化到 $[0,1]$ 区间内.

下面来考虑 RGB 转换成 HSI 的 MATLAB 实现. 我们编写一个 MATLAB 函数 imrgb2hsi 来完成转换操作, 程序代码如下.

```
function HSI=imrgb2hsi(RGB)
%功能:把一幅RGB图像转换为HSI图像
```

```
%输入RGB是一个彩色像素的m×n×3的数组, R, G, B对应红、绿、蓝3个分量
%输出HSI是double类型, 其中HSI(:,:,1)是色度分量,它的范围是除以2×pi后的[0,1]
%HSI(:,:,2)是饱和度分量,范围是[0,1]; HSI(:,:,3)是亮度分量,范围是[0,1]
RGB=im2double(RGB);%转换数据类型
R=RGB(:,:,1);G=RGB(:,:,2);B=RGB(:,:,3);%抽取图像分量
num=0.5*((R-G)+(R-B));% 执行转换方程
den=sqrt((R-G).^2+(R-B).*(G-B));
theta=acos(num./(den+eps));%防止除数为0
H=theta;H(B>G)=2*pi-H(B>G);H=H/(2*pi);%计算H分量
num=min(min(R, G), B);den=R+G+B;
den(den==0)=eps; %防止除数为0
S=1-3.*num./den;%计算S分量
H(S==0)=0;
I=(R+G+B)/3;%计算I分量
HSI=cat(3,H,S,I);%将3个分量联合成为一个HSI图像
```

例 7.1　利用自编函数 imrgb2hsi 将 MATLAB IPT 内置的 RGB 图像 onion.png 转换至 HSI 空间.

编制程序代码如下 (ex701.m).

```
RGB=imread('onion.png');%读取RGB图像
subplot(121);imshow(RGB);title('RGB图像');
HSI=imrgb2hsi(RGB);%转换彩色空间
subplot(122);imshow(HSI);title('转换后的HSI图像(以RGB格式显示)');
imwrite(HSI,'myhsi.png');%保存图片
```

上述程序的运行结果如图 7.3 所示.

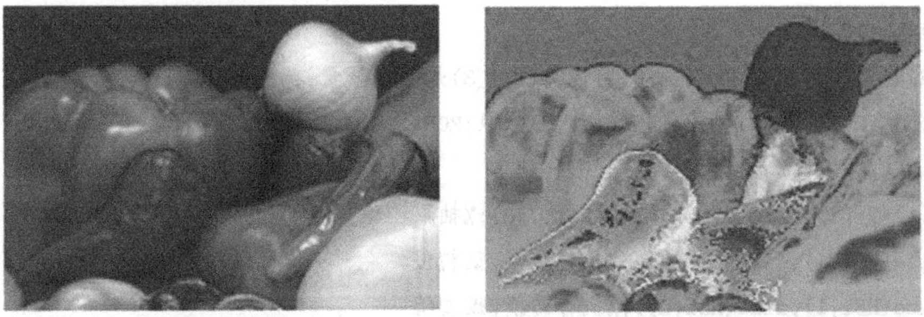

(a) RGB图像　　(b) 转换后的HSI图像(以RGB格式显示)

图 7.3　RGB 转换为 HSI 的效果图 (扫描右侧二维码可查看彩色效果)

2. 从 HSI 到 RGB 的转换及其 MATLAB 实现

在 [0,1] 内给出 HSI 值, 现在要在相同的值域内找到 RGB 值, 可利用 H 值公式. 在原始色分割中有 3 个相隔 $2\pi/3$ 的扇形, 如图 7.4 所示. 从 H 乘以 2π 开始, 这时色调值返回原来的 $[0,2\pi]$ 范围.

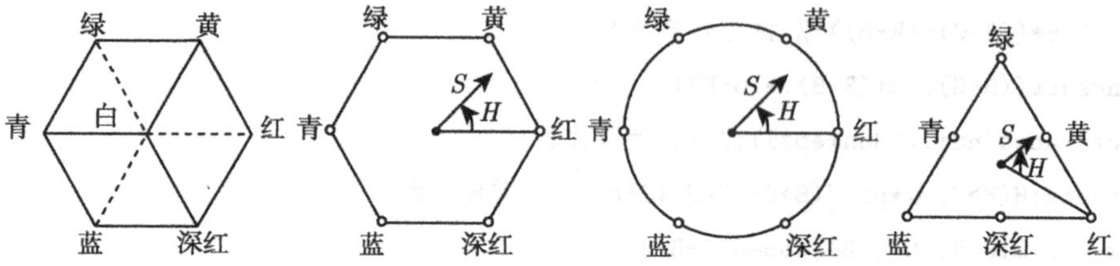

图 7.4　HSI 模型中的色调和饱和度

(1) RG 扇区 ($0 \leqslant H < 2\pi/3$): 当 H 位于这一扇区时, R, G, B 分量为:

$$B = I(1-S),\quad R = I\left(1+\frac{S\cos H}{\cos(\pi/3-H)}\right),\quad G = 3I-(R+B).$$

(2) GB 扇区 ($2\pi/3 \leqslant H < 4\pi/3$): 如果给定的 H 值在这一扇区, R, G, B 分量为:

$$R = I(1-S),\quad G = I\left(1+\frac{S\cos(H-2\pi/3)}{\cos(\pi-H)}\right),\quad B = 3I-(R+G).$$

(3) BR 扇区 ($4\pi/3 \leqslant H < 2\pi$): 如果 H 在这一扇区, R, G, B 分量为:

$$G = I(1-S),\quad B = I\left(1+\frac{S\cos(H-4\pi/3)}{\cos(5\pi/3-H)}\right),\quad R = 3I-(G+B).$$

下面来考虑 HSI 转换成 RGB 的 MATLAB 实现. 我们编写一个 MATLAB 函数 imhsi2rgb 来完成转换操作, 程序代码如下.

```
function RGB=imhsi2rgb(HSI)
%功能:把一幅HSI图像转换为RGB图像, 其中, HSI(:,:,1)是色度分量, 它的范围是除以2*pi
%后的[0,1]
%HSI(:,:,2)是饱和度分量,范围是[0,1];HSI(:,:,3)是亮度分量,范围是[0,1]
%输出图像分量:RGB(:,:,1)为红; RGB(:,:,2)为绿;RGB(:,:,3)为蓝
HSI=im2double(HSI); %转换数据类型
H=HSI(:,:,1)*2*pi;S=HSI(:,:,2);I=HSI(:,:,3);%抽取图像分量
R=zeros(size(HSI,1),size(HSI,2));%执行转换,赋初值
G=zeros(size(HSI,1),size(HSI,2));%执行转换,赋初值
B=zeros(size(HSI,1),size(HSI,2));%执行转换,赋初值
%RG扇形(0<=H<2*pi/3)
```

```
id=find((0<=H)&(H<2*pi/3));
B(id)=I(id).*(1-S(id));
R(id)=I(id).*(1+S(id).*cos(H(id))./cos(pi/3-H(id)));
G(id)=3*I(id)-(R(id)+B(id));
%GB扇形(2*pi/3<=H<4*pi/3)
id=find((2*pi/3<= H)&(H<4*pi/3));
R(id)=I(id).*(1-S(id));
G(id)=I(id).*(1+S(id).*cos(H(id)-2*pi/3)./cos(pi-H(id)));
B(id)=3*I(id)-(R(id)+G(id));
%BR扇形(2*pi/3<=H<2*pi)
id=find((4*pi/3<=H)&(H<=2*pi));
G(id)=I(id).*(1-S(id));
B(id)=I(id).*(1+S(id).*cos(H(id)-4*pi/3)./cos(5*pi/3-H(id)));
R(id)=3*I(id)-(G(id)+B(id));
%将3个分量联合成为一个RGB图像
RGB=cat(3,R,G,B); RGB=max(min(RGB,1),0);
```

例 7.2　利用自编函数 imhsi2rgb 将 HSI 图像 myhsi.png 转换至 RGB 空间.

编制程序代码如下 (ex702.m).

```
HSI=imread('myhsi.png');%读取RGB图像
subplot(121);imshow(HSI);title('HSI图像');
RGB=imhsi2rgb(HSI);%转换彩色空间
subplot(122);imshow(RGB);title('转换后的RGB图像');
```

上述程序的运行结果如图 7.5 所示.

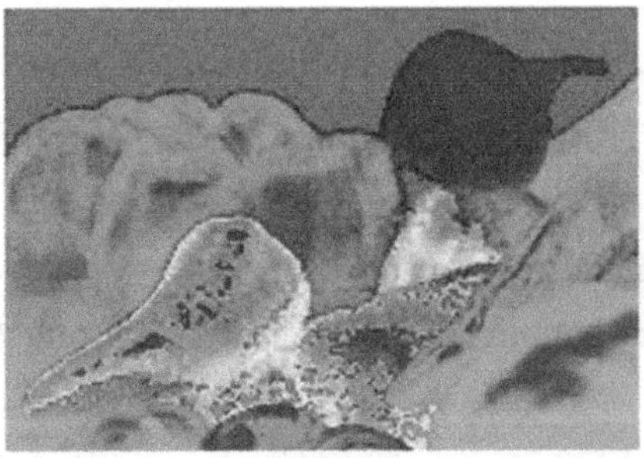

(a) HSI 图像

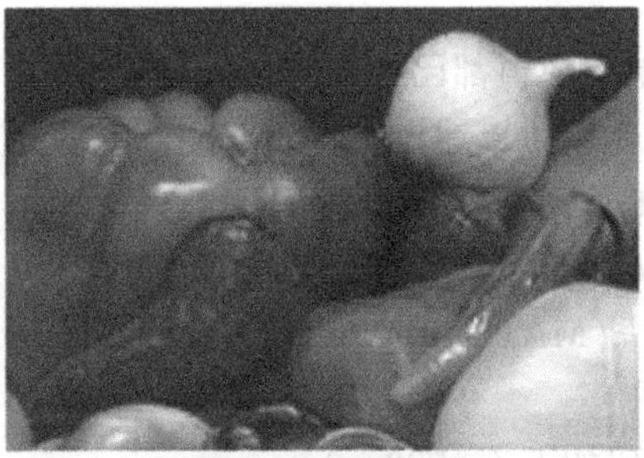

(b) 转换后的RGB图像

图 7.5　HSI 转换为 RGB 的效果图 (扫描右侧二维码可查看彩色效果)

7.2.3 CMY(K) 模型

1. CMY 模型

CMY (Cyan, Magenta, Yellow) 模型是采用青、品红、黄色 3 种基本原色按一定比例合成颜色的方法. 由于色彩不是直接来自光线, 而是光线被物体吸收掉一部分之后反射回来的剩余光线所产生的, 因此 CMY 模型又称为减色混合模型. 当光线都被吸收时, 成为黑色; 都被反射时, 成为白色.

像 CMY 模型这样的减色混合模型正好适用于彩色打印机和复印机这类需要在纸上沉积彩色颜料的设备, 因为颜料不是像显示器那样发出颜色, 而是反射颜色. 例如, 当青色颜料涂覆的表面用白光照射时, 从该表面反射的不是红光, 而是从反射的白光中减去红色而得到的青色 (白光本身是等量的红、绿、蓝光的组合).

CMY 模型适用于本来不会发光的物体, 其颜色是因为该物体在吸收了一些波长的光线后将其他波长的光线反射出来决定的. 日常生活中大多数物体的颜色都是这种 “被动” 的颜色, 比如衣服、墙面等. 值得注意的是, 这些物体的颜色本质上是由于吸收了光线产生的. 因此, 两种颜色叠加后的颜色是将两种波长范围的光线都吸收后还剩下的光线, 是越加越少的. 颜色叠加得越多, 色彩越暗, 所有颜色叠加起来就是黑色. 比如, 黄色的颜料就是由于其吸收了光学中的蓝色, 如果一束白光照射过来, 剩下的红光和绿光反射出来就呈现出黄色.

2. CMYK 模型

CMYK 模型是在青、品红、黄色基础上再加上黑色构成的. 等量的颜料原色 (青、品红和黄) 可以混合产生黑色. 然而在实际当中, 通过这些颜色混合产生的黑色是不纯的. 因此, 为产生真正的黑色 (黑色在打印中起主要作用), 专门在 CMY 模型中加入了第 4 种颜色——黑色, 从而得到了 CMYK 彩色模型. 当出版商说到 “4 色打印” 时, 是指 CMY 彩色模型的 3 种原色再加上黑色.

RGB 与 CMY 之间的转换公式如下

$$\begin{bmatrix} C \\ M \\ Y \end{bmatrix} = \begin{bmatrix} 1 \\ 1 \\ 1 \end{bmatrix} - \begin{bmatrix} R \\ G \\ B \end{bmatrix}, \quad \begin{bmatrix} R \\ G \\ B \end{bmatrix} = \begin{bmatrix} 1 \\ 1 \\ 1 \end{bmatrix} + \begin{bmatrix} C \\ M \\ Y \end{bmatrix},$$

其中, 假设所有的颜色值都已经归一化到范围 $[0,1]$.

在 MATLAB 中可以通过 imcomplement 函数方便地实现 RGB 和 CMY 之间的相互转换, 调用方式如下:

CMY = imcomplement(RGB);　或　RGB = imcomplement(CMY);

例 7.3　利用 MATLAB IPT 的内置函数 imcomplement 将 RGB 图像 onion.png 转换至 CMY 空间.

编制程序代码如下 (ex703.m).

```
RGB=imread('onion.png'); %读取RGB图像
```

```
subplot(131);imshow(RGB);title('RGB图像');
CMY=imcomplement(RGB); %转换彩色空间
subplot(132);imshow(CMY);title('转成CMY图像');
RGB1=imcomplement(CMY);%转换彩色空间
subplot(133);imshow(RGB1);title('转回RGB图像');
```

上述程序的运行结果如图 7.6 所示.

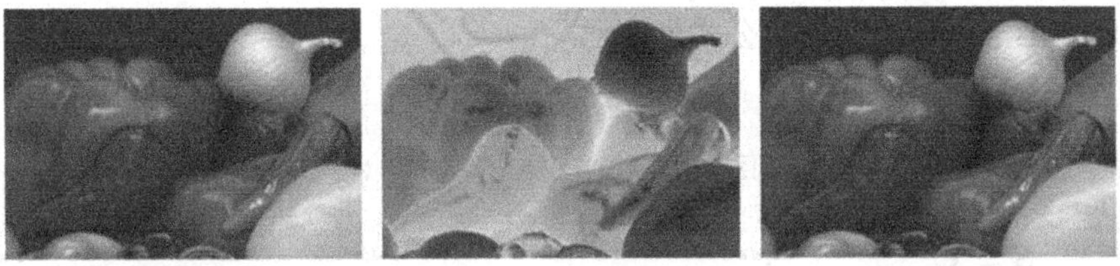

(a) RGB图像　　(b) 转成CMY图像　　(c) 转回RGB图像

图 7.6　RGB 与 CMY 互相转换效果图 (扫描右侧二维码可查看彩色效果)

7.2.4 HSV 模型

HSV (Hue, Saturation, Value) 模型是 A. R. Smith 根据颜色的直观特性在 1978 年创建的一种颜色空间, 它可以用一个倒立的六棱锥来描述, 因此也称为六棱锥模型 (Hexcone Model), 如图 7.7 所示. 该模型中颜色的参数分别是色调 (H)、饱和度 (S) 和明度 (V).

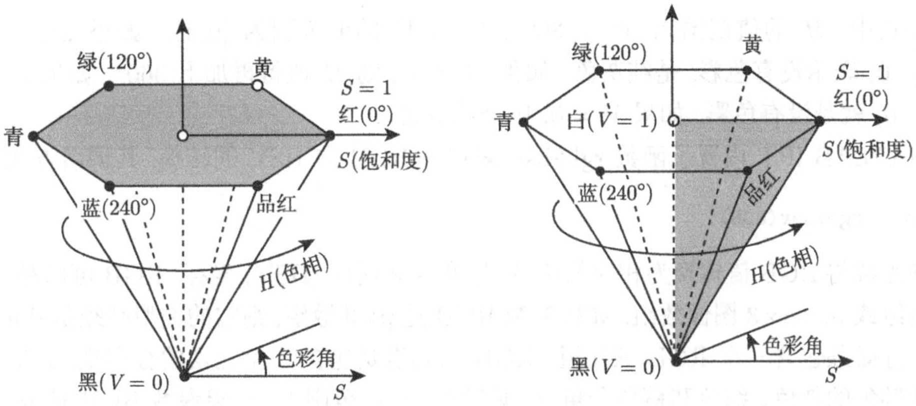

图 7.7　HSV 的六棱锥模型

• 色调: 用角度度量, 取值范围为 0° ~ 360°, 从红色开始按逆时针方向计算, 红色为 0°, 绿色为 120°, 蓝色为 240°. 它们的补色是: 黄色为 60°, 青色为 180°, 紫色为 300°.

• 饱和度: 表示颜色接近光谱色的程度. 一种颜色可以看成是某种光谱色与白色混合的结果, 其中光谱色所占的比例越大, 颜色接近光谱色的程度就越高, 颜色的饱和度也就越高. 饱和度高, 颜色则深而艳. 光谱色的白光成分为 0, 饱和度达到最高. 通常取值范围为 0%~100%, 值越大, 颜色越饱和.

• 明度: 表示颜色明亮的程度. 对于光源色, 明度值与发光体的光亮度有关; 对于物体色, 此值和物体的透射比或反射比有关. 通常取值范围为 0% (黑)~100% (白).

与 RGB 模型面向硬件不同, HSV 模型是面向用户的. 该模型比 RGB 更接近于人们的经验和对彩色的感知. 在绘画术语中, 色调、饱和度和明度用色泽、明暗和调色来表达. 下面介绍 HSV 模型与 RGB 模型的相互转换.

1. 从 RGB 到 HSV 的转换及其 MATLAB 实现

假设所有的颜色值都已经归一化到 [0,1] 区间. 假设 R,G,B 3 个分量中最大的为 max, 最小的为 min, 则 RGB 到 HSV 的转换公式为:

$$V = \max;$$

$$S = \begin{cases} 0, & \text{若 } \max = 0, \\ \dfrac{\max - \min}{\max}; \end{cases}$$

$$H = \begin{cases} \dfrac{G-B}{\max - \min} \times 60^\circ + 0^\circ, & \text{若 } \max = R, \\ \dfrac{B-R}{\max - \min} \times 60^\circ + 120^\circ, & \text{若 } \max = G, \\ \dfrac{R-G}{\max - \min} \times 60^\circ + 240^\circ, & \text{若 } \max = B, \end{cases}$$

上述公式中, H 的值范围为 $0^\circ \sim 360^\circ$, S 和 V 的值范围为 $[0,1]$. 如果 $\max = \min$, 则 $H=0$, 表示没有色彩, 是纯灰色. 如果 $H<0^\circ$, 则 H 值得再加上 360°. 如果 $\max = 0$, 令 $S=0$, 就是没有色彩. 如果 $V=0$, 则是纯黑色.

MATLAB IPT 内置了函数 rgb2hsv 来实现 RGB 向 HSV 的转换, 其调用方式如下.

```
HSV = rgb2hsv(RGB);
```

该函数将 RGB 值转换为相应的色调、饱和度和明度 (HSV) 坐标. RGB 可以是 $p\times3$ 颜色表数组或 $m\times n\times3$ 图像数组. 如果参数 RGB 是 $p\times3$ 数组, 则它的类型必须是 double, 而且每一行必须包含一个 RGB 三元组. RGB 三元组是包含 3 个元素的行向量, 其值分别指定一种颜色的红色、绿色和蓝色分量, 值必须在 [0, 1] 范围内. 如果参数 RGB 是 $m\times n\times3$ 图像数组, 则它的类型可以是 double, single, uint8 或 uint16. 数组的第 3 个维度按像素 (i,j) 指定红色、绿色或蓝色强度, RGB$(i,j,1)$ 为红色强度, RGB$(i,j,2)$ 为绿色强度; RGB$(i,j,3)$ 为蓝色强度. HSV 图像大小与 RGB 图像相同.

例 7.4 利用 MATLAB IPT 的内置函数 rgb2hsv 将图像 onion.png 转换至 HSV 空间. 编制程序代码如下 (ex704.m).

```
RGB=imread('onion.png');%读取RGB图像
subplot(121);imshow(RGB);title('RGB图像');
```

```
HSV=rgb2hsv(RGB); %转换彩色空间
subplot(122);imshow(HSV);title('转换后的HSV图像');
imwrite(HSV,'myhsv.png');%写入HSV图像
```

上述程序的运行结果如图 7.8 所示.

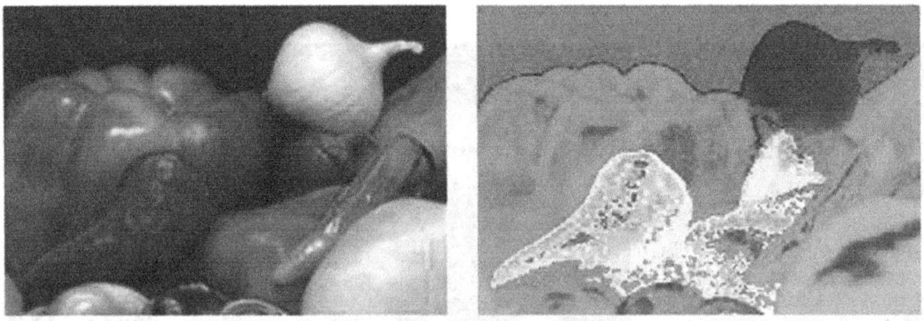

(a) RGB图像　　(b) 转换后的HSV图像

图 7.8　RGB 转换为 HSV 的效果图 (扫描右侧二维码可查看彩色效果)

2. 从 HSV 到 RGB 的转换及其 MATLAB 实现

假设 HSV 颜色值已经转换到这个范围: $H \in [0°, 360°]$, $S, V \in [0, 1]$, 则 HSV 到 RGB 的转换公式如下.

(1) 若 $S = 0$, 则 $R = G = B = V$.

(2) 若 $S \neq 0$, 则 R, G, B 值的计算公式为:

① $H := H/60$; $k = \lfloor H \rfloor$; $C = H - k$;

② $X = V(1 - S)$; $Y = V(1 - CS)$; $Z = V(1 - S + CS)$;

③ if $k = 0 | k = 6$, $R = V$; $G = Z$; $B = X$; end

④ if $k = 1$, $R = Y$; $G = V$; $B = X$; end

⑤ if $k = 2$, $R = X$; $G = V$; $B = Z$; end

⑥ if $k = 3$, $R = X$; $G = Y$; $B = V$; end

⑦ if $k = 4$, $R = Z$; $G = X$; $B = V$; end

⑧ if $k = 5$, $R = V$; $G = X$; $B = Y$; end

MATLAB IPT 也内置了实现 HSV 转成 RGB 的函数 hsv2rgb, 其调用方式如下:

```
RGB = hsv2rgb(HSV);
```

该函数将 HSV 的色调、饱和度和明度 (HSV) 坐标转换为 R, G, B 值, 其用法与前面的 rgb2hsv 函数完全类似.

例 7.5　利用 MATLAB IPT 的内置函数 hsv2rgb 将 HSV 图像转换至 RGB 空间.

编制程序代码如下 (ex705.m).

```
HSV=imread('myhsv.png'); %读取HSV图像
```

```
subplot(121);imshow(HSV);title('HSV图像') ;
HSV=im2double(HSV);%转换数据类型
RGB=hsv2rgb(HSV);%转换彩色空间
subplot(122);imshow(RGB);title('转换后的RGB图像');
```

上述程序的运行结果如图 7.9 所示.

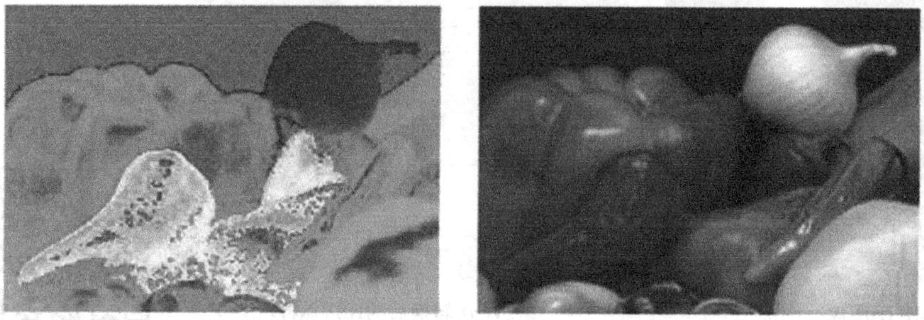

(a) HSV图像　　(b) 转换后的RGB图像

图 7.9　HSV 转换为 RGB 的效果图 (扫描右侧二维码可查看彩色效果)

与 HSI 转换为 RGB 的效果相比, HSV 转换为 RGB 的效果更好, 并且可以快速、高效地实现. 所以, 在实际中 RGB 和 HSV 的逆转换往往比 RGB 和 HSI 的逆转换使用得更多.

7.2.5　YUV 模型

YUV 色彩模型利用人类视觉对亮度的敏感度比对色度的敏感度高的特点获得相较于 RGB 色彩模型的优势, 为彩色电视系统广泛使用. YUV 色彩模型将亮度信息从色度信息中分离了出来, 并且对同一帧图像的亮度和色度采用了不同的采样率. 在 YUV 色彩模型中, 亮度信息 Y 与色度信息 U, V 相互独立. Y 信号分量为黑白灰度图, U, V 信号分量为单色彩色图. 黑白电视只利用 Y 分量, 这也解决了黑白电视和彩色电视的兼容问题.

YUV 模型的采样格式示意图如图 7.10 所示.

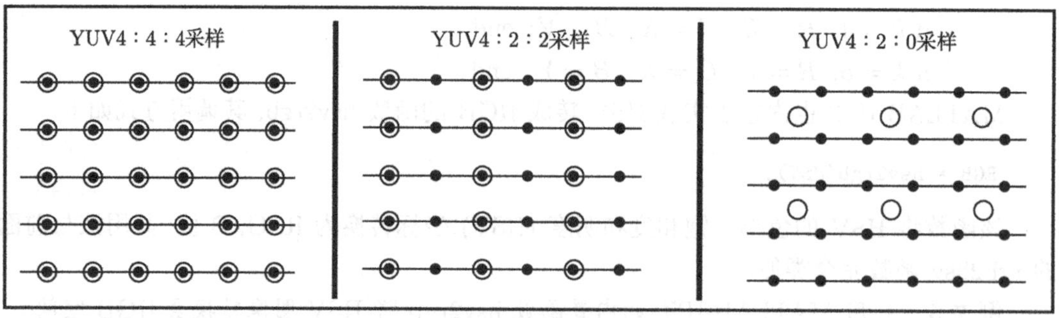

图 7.10　YUV 模型的采样格式示意图

图 7.10 中的 4:4:4, 4:2:2 和 4:2:0 为采样比例, 4:4:4 表示每一个 Y 对应一组 U,

V 分量, 一个 YUV 占用 8 + 8 + 8 = 24 比特、3 字节; 4:2:2 表示每两个 Y 共用一组 U, V 分量, 一个 YUV 占 8 + 4 + 4 = 16 比特、2 字节; 4:2:0 表示每 4 个 Y 共用一组 U, V 分量, 一个 YUV 占 8 + 2 + 2 = 12 比特、1.5 字节.

1. 从 RGB 到 YUV 的转换及其 MATLAB 实现

从 RGB 到 YUV 的转换关系如下:

$$\begin{cases} Y = 0.299R + 0.587G + 0.114B, \\ U = -0.147R - 0.289G + 0.436B, \\ V = 0.615R - 0.515G - 0.100B. \end{cases} \tag{7.1}$$

由于 MATLAB IPT 没有内置 RGB 图像转换至 YUV 图像的函数, 我们根据式 (7.1) 编写函数 imrgb2yuv 来实现这一转换. 程序代码如下.

```
function YUV=imrgb2yuv(RGB)
%功能:将一幅RGB图像转换为YUV图像
%输入参数RGB是一个彩色像素的m×n×3的数组,每个像素对应红、绿、蓝3个分量
%输入图像RGB可能是double(取值范围为[0,1])、uint8或uint16类型,输出图像YUV是double
%类型
RGB=im2double(RGB);%转换为double类型
R=RGB(:,:,1);G=RGB(:,:,2);B=RGB(:,:,3);%抽取每个分量
Y=0.299*R+0.587*G+0.114*B;%执行转换函数
U=-0.147*R-0.289*G+0.436*B;
V=0.615*R-0.515*G-0.100*B;
if(Y<0),Y=0;end %防止溢出
if(Y>1.0),Y=1.0;end
if(U<0),U=0;end
if(U>1.0),U=1.0;end
if(V<0),V=0; end
if(V>1.0),V=1.0;end
%将3个分量联合成为一个YUV图像
YUV=cat(3,Y,U,V);
```

例 7.6　利用函数 imrgb2yuv 将 RGB 图像 onion.png 转换至 YUV 空间.

编制程序代码如下 (ex706.m).

```
RGB=imread('onion.png');%读取RGB图像
subplot(121);imshow(RGB);title('RGB图像');
YUV=imrgb2yuv(RGB);%转换彩色空间
```

```
subplot(122);imshow(YUV);title('转换后的YUV图像');
imwrite(YUV,'myyuv.png');%写入YUV图像
```

上述程序的运行结果如图 7.11 所示.

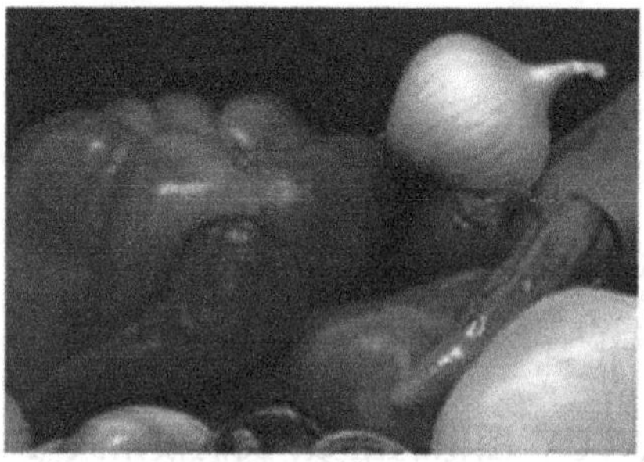
(a) RGB图像

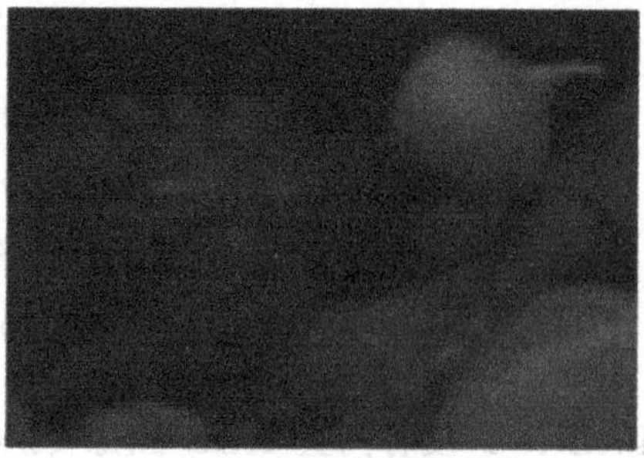
(b) 转换后的YUV图像

图 7.11　RGB 转换为 YUV 的效果图 (扫描右侧二维码可查看彩色效果)

2. 从 YUV 到 RGB 的转换及其 MATLAB 实现

从 YUV 到 RGB 的转换关系如下:

$$\begin{cases} R = Y + 1.1398V, \\ G = Y - 0.3946U - 0.5805V, \\ B = Y + 2.0320U - 0.0005V. \end{cases} \tag{7.2}$$

根据式 (7.2) 编写函数 imyuv2rgb 来实现从 YUV 空间到 RGB 空间的转换. 程序代码如下.

```
function RGB=imyuv2rgb(YUV)
%功能:将一幅YUV图像转换为RGB图像
%输入参数YUV是一个m×n×3的数组,每个像素对应Y,U,V 3个分量
%输入图像YUV可能是double(取值范围是[0,1])、uint8或uint16类型, 输出图像RGB是double
%类型
YUV=im2double(YUV);%转换为double类型
Y=YUV(:,:,1);U=YUV(:,:,2);V=YUV(:,:,3);%抽取每个分量
R=Y+1.1398*V;%执行转换函数
G=Y-0.3946*U-0.5805*V;
B=Y+2.0320*U-0.0005*V;
if(R<0),R=0;end %防止溢出
if(R>1.0),R=1.0;end
if(G<0),G=0;end
if(G>1.0),G=1.0;end
```

```
if(B<0),B=0;end
if(B>1.0),B=1.0;end
%R=R*255;G=G*255;B=B*255;
%将3个分量联合成为一个RGB图像
RGB = cat(3,R,G,B); %RGB=uint8(RGB);
```

例 7.7　利用自编函数 imyuv2rgb 将 YUV 图像 myyuv.png 转换至 RGB 空间.

编制程序代码如下 (ex707.m).

```
YUV=imread('myyuv.png');%读取YUV图像
subplot(121);imshow(YUV);title('YUV图像');
RGB=imyuv2rgb(HSV);%转换彩色空间
subplot(122);imshow(RGB);title('转换后的RGB图像');
```

上述程序的运行结果如图 7.12 所示.

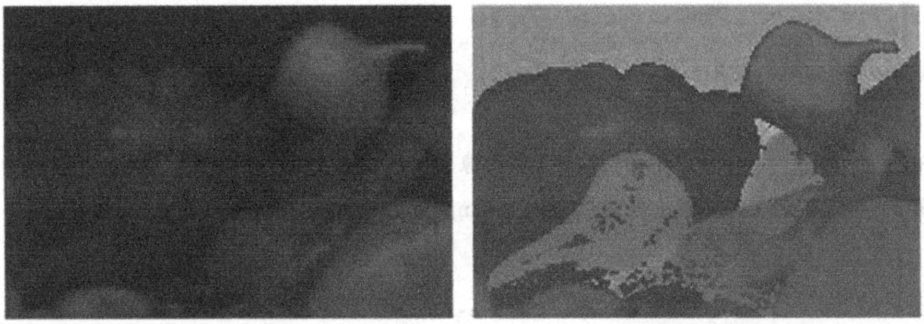

(a) YUV图像　　(b) 转换后的RGB图像

图 7.12　YUV 转换为 RGB 的效果图 (扫描右侧二维码可查看彩色效果)

由图 7.12 可以看出, YUV 图像转换成 RGB 图像的效果并不理想, 或许是构建的转换数学模型不太精确的缘故.

7.2.6　YIQ 模型

YIQ 模型的色彩空间通常被北美的电视系统所采用, 属于 NTSC (National Television Standards Committee) 系统, 此模型与欧洲的 YUV 模型有相同的优势: 灰度信息和彩色信息是分离的. 在 YIQ 模型中, Y 分量代表图像的亮度信息, I, Q 两个分量则携带颜色信息, I 分量代表从橙色到青色的颜色变化, 而 Q 分量则代表从紫色到黄绿色的颜色变化. 将彩色图像从 RGB 转换到 YIQ 色彩空间, 可以把彩色图像中的亮度信息与色度信息分开, 分别独立进行处理.

1. 从 RGB 到 YIQ 的转换

转换公式为:

$$\begin{cases} Y = 0.299R + 0.587G + 0.114B, \\ I = 0.596R - 0.275G - 0.321B, \\ Q = 0.212R - 0.523G + 0.311B. \end{cases} \tag{7.3}$$

写成矩阵形式即

$$\begin{bmatrix} Y \\ I \\ Q \end{bmatrix} = \begin{bmatrix} 0.299 & 0.587 & 0.114 \\ 0.596 & -0.275 & -0.321 \\ 0.212 & -0.523 & 0.311 \end{bmatrix} \begin{bmatrix} R \\ G \\ B \end{bmatrix}.$$

不难发现, 在上面的变换矩阵中, 第 1 行的和为 1, 第 2, 3 两行的和均为 0.

根据式 (7.3) 编写函数 imrgb2yiq 来实现从 RGB 图像到 YIQ 图像的转换. 程序代码如下.

```
function YIQ=imrgb2yiq(RGB)
%功能:将一幅RGB图像转换为YIQ图像
%输入参数RGB是一个彩色像素的m×n×3的数组,每个像素对应红绿蓝3个分量
%输入图像RGB可能是double(取值范围是[0,1])、uint8或uint16类型, 输出图像YIQ是double
%类型
RGB=im2double(RGB);%转换数据类型
R=RGB(:,:,1);G=RGB(:,:,2);B=RGB(:,:,3);%抽取图像分量
Y=0.299*R+0.587*G+0.114*B;
I=0.596*R-0.275*G-0.321*B;
Q=0.212*R-0.523*G+0.311*B;
YIQ=cat(3,Y,I,Q);%将3个分量联合成为一个YIQ图像
```

例 7.8 利用自编函数 imrgb2yiq 将 MATLAB IPT 的内置图像 onion.png 转换至 YIQ 空间.

编制程序代码如下 (ex708.m).

```
RGB=imread('onion.png');%读取RGB图像
subplot(121);imshow(RGB);title('RGB图像');
YIQ=imrgb2yiq(RGB);%转换彩色空间
subplot(122);imshow(YIQ);title('转换后的YIQ图像');
imwrite(YIQ,'myyiq.png');%写入YIQ图像
```

上述程序的运行结果如图 7.13 所示.

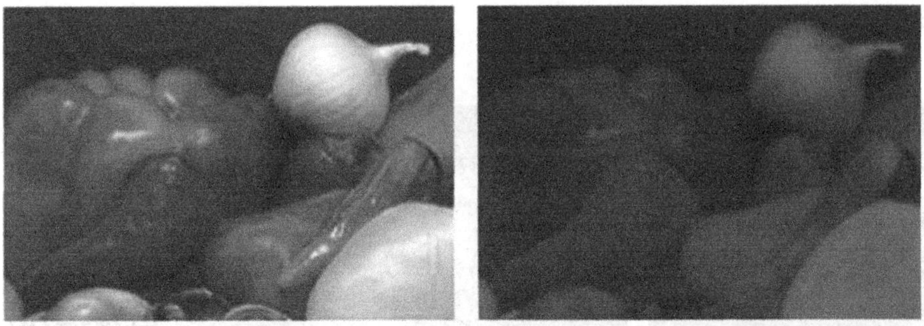

(a) RGB图像　　(b) 转换后的YIQ图像

图 7.13 RGB 转换为 YIQ 的效果图 (扫描右侧二维码可查看彩色效果)

2. 从 YIQ 到 RGB 的转换

转换公式为:

$$\begin{cases} R = Y + 0.956I + 0.620Q, \\ G = Y - 0.272I - 0.647Q, \\ B = Y - 1.108I + 1.705Q. \end{cases} \tag{7.4}$$

根据式 (7.4) 编写函数 imyiq2rgb 来实现从 YIQ 图像到 RGB 图像的转换. 程序代码如下.

```
function RGB=imyiq2rgb(YIQ)
%功能:将一幅YIQ图像转换为RGB图像
%输入参数YIQ是一个m×n×3的数组,每个像素对应Y,I,Q 3个分量
%输入图像YIQ可能是double(取值范围是[0,1])、uint8或uint16类型, 输出图像RGB是double
%类型
YIQ=im2double(YIQ);%转换数据类型
Y=YIQ(:,:,1);I=YIQ(:,:,2);Q=YIQ(:,:,3);%抽取图像分量
R=Y+0.956*I+0.620*Q;
G=Y-0.272*I-0.647*Q;
B=Y-1.108*I+1.705*Q;
RGB=cat(3,R,G,B);%将3个分量联合成为一个RGB图像
```

例 7.9 利用自编函数 imyiq2rgb 将 YIQ 图像 myyiq.png 转换至 RGB 空间.

编制程序代码如下 (ex709.m).

```
YIQ=imread('myyiq.png');%读取YIQ图像
subplot(121);imshow(YIQ);title('YIQ图像');
RGB=imyiq2rgb(YIQ);%转换彩色空间
subplot(122);imshow(RGB);title('转换后的RGB图像');
```

上述程序的运行结果如图 7.14 所示.

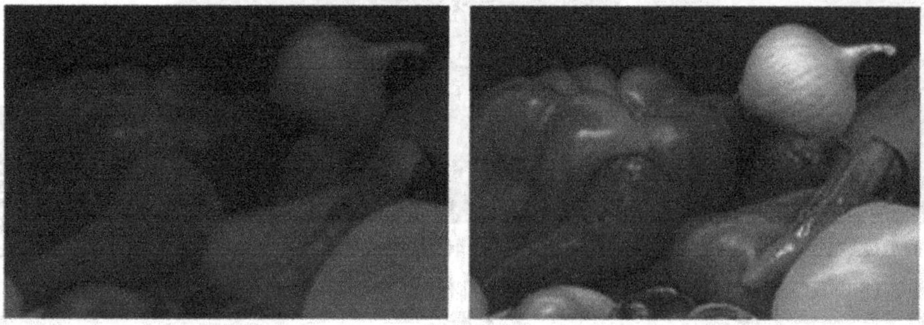

(a) YIQ图像　　(b) 转换后的RGB图像

图 7.14　YIQ 转换为 RGB 的效果图 (扫描右侧二维码可查看彩色效果)

7.2.7　Lab 模型

Lab 颜色模型是根据 CIE 在 1931 年所制定的一种测定颜色的国际标准建立的, 于 1976 年被改进并命名为 Lab 色彩模式. Lab 颜色模型弥补了 RGB 和 CMYK 两种色彩模式的不足. 它是一种与设备无关的颜色模型, 也是一种基于生理特征的颜色模型. Lab 颜色模型由 3 个要素组成, 即亮度 (L) 及 a 和 b 两个颜色通道. a 包括的颜色从深绿色 (低亮度值) 到灰色 (中亮度值) 再到亮粉红色 (高亮度值), b 包括的颜色从亮蓝色 (低亮度值) 到灰色 (中亮度值) 再到黄色 (高亮度值). 因此, 这种颜色混合后将产生具有明亮效果的色彩.

Lab 颜色空间中的 L 分量用于表示像素的亮度, 取值范围是 $[0, 100]$, 表示从纯黑 (L=0) 到纯白 (L=100); a 表示从绿色到红色的范围, 取值范围是 $[-128, 127]$; b 表示从蓝色到黄色的范围, 取值范围是 $[-128, 127]$.

例 7.10　利用 MATLAB IPT 的内置函数 makecform 和 applycform 实现从 RGB 空间到 Lab 空间的转换.

程序代码如下 (ex710.m).

```
RGB=imread('onion.png');%读取RGB图像
subplot(121);imshow(RGB);title('RGB图像');
cform=makecform('srgb2lab');
Lab=applycform(RGB,cform);
subplot(122);imshow(Lab);title('转换后的Lab图像');
```

上述程序的运行结果如图 7.15 所示.

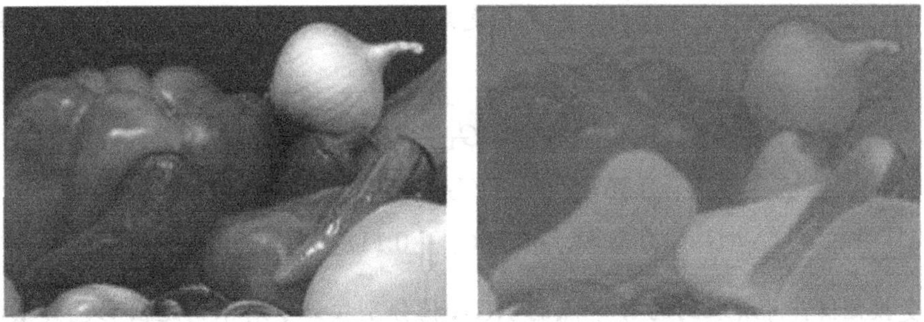

(a) RGB图像　　(b) 转换后的Lab图像

图 7.15　RGB 转换为 Lab 的效果图 (扫描右侧二维码可查看彩色效果)

7.3　RGB 图像处理基础

RGB 图像也叫全彩色图像. 通常, RGB 图像处理技术可以分为两大类:

• 对 RGB 3 个平面分量单独处理, 然后将分别处理过的 3 个分量合成全彩色图像. 对每个分量的处理技术可以应用到对灰度图像处理的技术上. 但是这种通道式的独立处理技术忽略了通道之间的相互影响.

• 直接对 RGB 像素进行处理. 因为全彩色图像至少有 3 个分量, 彩色像素实际上是一个向量. 直接处理就是同时对所有分量进行无差别的处理. 这时, 彩色图像的 3 个分量用向量形式表示, 即:

$$\boldsymbol{C}(x,y)=\left[R(x,y);G(x,y);B(x,y)\right]^{\mathrm{T}}. \tag{7.5}$$

那么对像素点 (x,y) 进行处理实际上是对 R,G,B 这 3 个分量同时进行操作. 不过, 通常大多数图像处理技术都是对每个分量的单独处理. 本节主要简单地介绍 RGB 图像处理的两个常用技术: 彩色补偿和彩色平衡.

7.3.1　彩色补偿

有一些图像处理任务的目的是根据颜色来分离出不同类型的物体. 但由于常用的彩色成像设备具有较宽且相互覆盖的光谱敏感区, 加之待拍摄图像的染色是变化的, 所以很难在 3 个分量图中将物体分离出来, 这种现象称为颜色扩散. 彩色补偿的作用就是通过不同的颜色通道提取不同的目标物.

彩色补偿算法描述如下.

步 1. 在画面上找到主观视觉看是起来纯红、纯绿、纯蓝的 3 个点 (若可根据硬件知道频段的覆盖, 则无须这样做).

$$\begin{array}{l}\boldsymbol{P}_1=[R_1,G_1,B_1]\\ \boldsymbol{P}_2=[R_2,G_2,B_2]\\ \boldsymbol{P}_3=[R_3,G_3,B_3]\end{array}\xrightarrow{\text{它们的理想值为}}\begin{array}{l}\boldsymbol{P}_1^*=[R^*,0,0]\\ \boldsymbol{P}_2^*=[0,G^*,0]\\ \boldsymbol{P}_3^*=[0,0,B^*]\end{array}$$

步 2. 计算 R^*, G^*, B^* 的值. 考虑到彩色补偿之后图像的亮度保持不变, R^*, G^*, B^* 的计算公式为:

$$\begin{aligned} R^* &= 0.30R_1 + 0.59G_1 + 0.11B_1, \\ G^* &= 0.30R_2 + 0.59G_2 + 0.11B_2, \\ B^* &= 0.30R_3 + 0.59G_3 + 0.11B_3. \end{aligned}$$

步 3. 构造变换矩阵. 将所取到的 3 个点的 RGB 值分别按如下所示构造出彩色补偿前和补偿后的两个矩阵 $\boldsymbol{A}_1$ 和 $\boldsymbol{A}_2$.

$$\boldsymbol{A}_1 = \begin{bmatrix} R_1 & R_2 & R_3 \\ G_1 & G_2 & G_3 \\ B_1 & B_2 & B_3 \end{bmatrix}, \quad \boldsymbol{A}_2 = \begin{bmatrix} R^* & 0 & 0 \\ 0 & G^* & 0 \\ 0 & 0 & B^* \end{bmatrix}.$$

步 4. 进行彩色补偿. 设

$$\boldsymbol{S}(x,y) = \begin{bmatrix} R_S(x,y) \\ G_S(x,y) \\ B_S(x,y) \end{bmatrix}, \quad \boldsymbol{F}(x,y) = \begin{bmatrix} R_F(x,y) \\ G_F(x,y) \\ B_F(x,y) \end{bmatrix}$$

分别为新、旧图像的像素值, 则

$$\boldsymbol{S}(x,y) = \boldsymbol{A}_2\boldsymbol{A}_1^{-1}\boldsymbol{F}(x,y).$$

根据上述算法, 编制 MATLAB 函数 imcolorcomp 来实现彩色补偿. 程序代码如下.

```
function S=imcolorcomp(F)
%实现彩色补偿
[m,n,~]=size(F);
[h1,k1]=min(255-F(:,:,1)+F(:,:,2)+F(:,:,3));
[j1,~]=min(h1);i1=k1(j1);%提取图像中最接近红色的点,其在F中的坐标为i1,j1
R1=F(i1,j1,1); G1=F(i1,j1,2); B1=F(i1,j1,3);
Rs=0.30*R1+0.59*G1+0.11*B1;
[h2,k2]=min(255-F(:,:,2)+F(:,:,1)+F(:,:,3));
[j2,~]=min(h2);i2=k2(j2);%提取图像中最接近绿色的点,其在F中的坐标为i2,j2
R2=F(i2,j2,1); G2=F(i2,j2,2); B2=F(i2,j2,3);
Gs=0.30*R2+0.59*G2+0.11*B2;
[h3,k3]=min(255-F(:,:,3)+F(:,:,1)+F(:,:,2));
[j3,~]=min(h3);i3=k3(j3);%提取图像中最接近蓝色的点,其在F中的坐标为i3,j3
R3=F(i3,j3,1);G3=F(i3,j3,2);B3=F(i3,j3,3);
Bs=0.30*R3+0.59*G3+0.11*B3;
```

```
A1=[R1,R2,R3;G1,G2,G3;B1,B2,B3];
A2=[Rs,0,0;0,Gs,0;0,0,Bs];
for i=1:m
    for j=1:n
        FR=F(i,j,1);FG=F(i,j,2);FB=F(i,j,3);
        tmp=A2*inv(A1)*[FR;FG;FB];
        S(i,j,1)=tmp(1);S(i,j,2)=tmp(2);S(i,j,3)=tmp(3);
    end
end
S=uint8(S);
```

例 7.11 利用自编函数 imcolorcomp 对 RGB 图像 lena.png 进行彩色补偿.
编制程序代码如下 (ex711.m).

```
RGB=imread('lena.png');%读取RGB图像
RGB=double(RGB);%转换成double数据类型
subplot(1,2,1);imshow(uint8(RGB));title('原RGB图像');
S=imcolorcomp(RGB);%彩色补偿
subplot(1,2,2);imshow(S);title('彩色补偿后的图像');
```

上述程序的运行结果如图 7.16 所示.

(a) 原RGB图像　　(b) 彩色补偿后的图像

图 7.16 彩色补偿效果图 (扫描右侧二维码可查看彩色效果)

7.3.2 彩色平衡

一幅彩色图像数字化后, 再显示时颜色经常看起来有些不正常, 这是彩色通道的不同敏感度、增光因子和偏移量等原因导致的, 这种现象称其为三基色不平衡. 对其进行校正的过程就是彩色平衡.

彩色平衡校正算法如下.

步 1. 从画面中选出颜色为灰色的两点, 设为

$$\boldsymbol{F}_1 = [R_1, G_1, B_1],\ \boldsymbol{F}_2 = [R_2, G_2, B_2].$$

步 2. 设以 G 分量为基准, 匹配 R 和 B 分量, 则

$$\boxed{\begin{array}{c}\boldsymbol{F}_1 = [R_1, G_1, B_1] \\ \boldsymbol{F}_2 = [R_2, G_2, B_2]\end{array}} \Longrightarrow \boxed{\begin{array}{c}\boldsymbol{P}_1^* = [R_1^*, G_1, B_1^*] \\ \boldsymbol{P}_2^* = [R_2^*, G_2, B_2^*]\end{array}}$$

步 3. 解两个二元一次方程组:

$$\begin{cases} R_1K_1 + K_2 = R_1^*, \\ R_2K_1 + K_2 = R_2^*, \end{cases} \quad \begin{cases} B_1L_1 + L_2 = B_1^*, \\ B_2L_1 + L_2 = B_2^*, \end{cases}$$

得到 K_1, K_2, L_1, L_2:

$$K_1 = \frac{R_1^* - R_2^*}{R_1 - R_2},\ K_2 = R_1^* - R_1K_1;$$
$$L_1 = \frac{B_1^* - B_2^*}{B_1 - B_2},\ L_2 = B_1^* - B_1L_1.$$

步 4. 用 $R^*(x,y) = K_1R(x,y) + K_2$; $G^*(x,y) = G(x,y)$; $B^*(x,y) = L_1B(x,y) + L_2$ 处理后得到的图像就是彩色平衡后的图像.

根据上述算法, 编制 MATLAB 函数 imcolorbala 来实现彩色平衡. 程序代码如下.

```
function Fb=imcolorbala(F)
%实现彩色平衡
F=double(F);
[m,n,~]=size(F);
F1=F(1,1,:); F2=F(1,2,:);
F1_(1,1,1)=F1(:,:,2); F1_(1,1,2)=F1(:,:,2); F1_(1,1,3)=F1(:,:,2);
F2_(1,1,1)=F2(:,:,2); F2_(1,1,2)=F2(:,:,2); F2_(1,1,3)=F2(:,:,2);
K1=(F1_(1,1,1)-F2_(1,1,1))/(F1(1,1,1)-F2(1,1,1));
K2=F1_(1,1,1)-K1*F1(1,1,1);
L1=(F1_(1,1,3)-F2_(1,1,3))/(F1(1,1,3)-F2(1,1,3));
L2=F1_(1,1,3)-L1*F1(1,1,3);
for i=1:m
    for j=1:n
        Fb(i,j,1)=K1*F(i,j,1)+K2;
        Fb(i,j,2)=F(i,j,2);
```

```
        Fb(i,j,3)=L1*F(i,j,3)+L2;
    end
end
Fb=uint8(Fb);
```

例 7.12 利用自编函数 imcolorbala 对 RGB 图像 lena.png 进行彩色平衡.

编制程序代码如下 (ex712.m).

```
F=imread('lena.png');%读取RGB图像
F=double(F);F=uint8(F);%转换数据类型
Fb=imcolorbala(F);%彩色平衡
subplot(1,2,1);imshow(F);title('原RGB图像');
subplot(1,2,2);imshow(Fb);title('彩色平衡后的图像');
```

上述程序的运行结果如图 7.17 所示.

(a) 原RGB图像　　(b) 彩色平衡后的图像

图 7.17　彩色平衡效果图 (扫描右侧二维码可查看彩色效果)

7.4 彩色图像空间增强

7.4.1 彩色图像平滑

空间域平滑单色图像的一种方法是定义相应的系数是 1 的模板, 用空间模板的系数去乘所有像素的值, 并用模板中元素的总数去除. 平滑处理 (以 RGB 空间为例) 采用处理灰度图像的方式并以公式来表达, 除了代替单像素外, 还处理 7.3 节中式 (7.5) 的向量值.

令 S_{xy} 表示彩色图像中以 $(\bar{x},\bar{y})$ 为中心的邻域的一组坐标. 在该邻域中, RGB 向量的平均值是:

$$\bar{\boldsymbol{C}}(x,y)=\frac{1}{K}\sum_{(x,y)\in S_{xy}}\boldsymbol{C}(x,y),$$

其中, K 是邻域中像素点的数量. 根据式 (7.5), 附加向量的特性是:

$$\bar{\boldsymbol{C}}(x,y)=\begin{bmatrix}\frac{1}{K}\sum_{(x,y)\in S_{xy}}R(x,y)\\ \frac{1}{K}\sum_{(x,y)\in S_{xy}}G(x,y)\\ \frac{1}{K}\sum_{(x,y)\in S_{xy}}B(x,y)\end{bmatrix}. \tag{7.6}$$

由式 (7.6) 可以看出, 对彩色图像 (向量) 进行平滑处理, 结果是用每个分量图像执行邻域平均而得到的, 这里使用的是前面提到的滤波器模板. 因此, 可以得出这样的结论: 邻域平均直接在彩色向量空间执行, 等效于用邻域平均的平滑在每个分量图像上执行. 正如在 4.2 节中讨论的那样, 前面讨论的空间平滑滤波器类型是用带选项 'average' 的 fspecial 函数产生的. 一旦滤波器产生, 滤波就用 4.2 节中介绍过的函数 imfilter 来执行. 概念上, 平滑 RGB 彩色图像 fC 时, 线性空间滤波的步骤如下.

步 1. 抽取 3 个分量图像:

```
fR = fC(:, :, 1);   fG = fC(:, :, 2);   fB = fC(:, :, 3);
```

步 2. 分别平滑每个分量图像. 例如, 令 w 表示用 fspecial 函数产生的平滑滤波器, 平滑红色分量图像:

```
fR_filtered = imfilter(fR, w, 'replicate');
```

其他两个分量图像的平滑与此类似.

步 3. 重建平滑过的 RGB 图像:

```
fC_filtered = cat(3, fR_filtered, fG_filtered, fB_filtered);
```

实际上, 用 MATLAB 处理彩色图像可以不必这么烦琐, 可以使用与单色图像相同的语法来执行 RGB 图像的线性滤波, 所以可以把 3 步合并为一步:

```
fC_filtered = imfilter(fC, w, 'replicate');
```

例 7.13　彩色图像平滑处理示例.

编制程序代码如下 (ex713.m).

```
fC=imread('flower.png');%读取RGB图像
subplot(2,2,1);imshow(fC);title('原RGB图像');
fC1=imnoise(fC,'gaussian');%添加高斯噪声
subplot(2,2,2);imshow(fC1);title('高斯噪声图像');
w=fspecial('average',11); %11×11平均模板
F1=imfilter(fC1,w,'replicate');%相关滤波,重复填充边界
```

```
subplot(2,2,3);imshow(F1);title('向量平滑滤波');
fR=fC1(:,:,1);fG=fC1(:,:,2);fB=fC1(:,:,3);
fR_filtered=imfilter(fR,w,'replicate');
fG_filtered=imfilter(fG,w,'replicate');
fB_filtered=imfilter(fB,w,'replicate');
fC_filtered=cat(3,fR_filtered,fG_filtered,fB_filtered);
subplot(2,2,4);imshow(fC_filtered);title('分量平滑滤波');
```

上述程序的运行结果如图 7.18 所示.

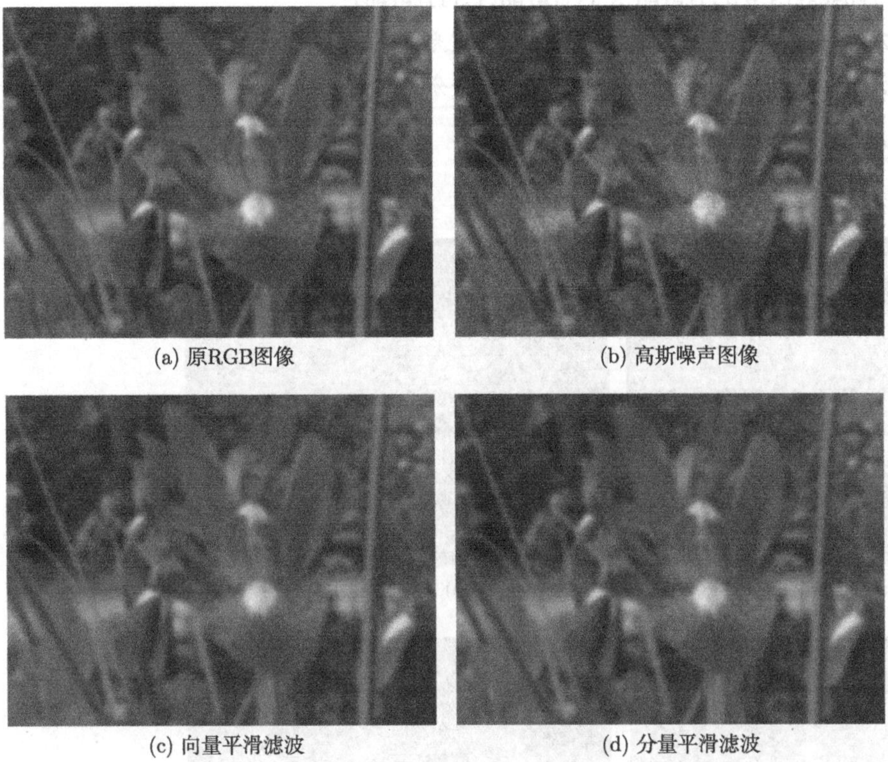

(a) 原RGB图像　(b) 高斯噪声图像

(c) 向量平滑滤波　(d) 分量平滑滤波

图 7.18　彩色图像平滑滤波效果图 (扫描右侧二维码可查看彩色效果)

例 7.14　下面考虑对图 7.18 (b) 中 HSI 版本的亮度分量进行平滑滤波. 用尺寸为 21×21 的平均模板对亮度分量进行滤波.

编制 MATLAB 程序代码如下 (ex714.m).

```
fC=imread('flower.png');%读取RGB图像
subplot(2,2,1);imshow(fC); title('原RGB图像');
fC1=imnoise(fC,'gaussian');%添加高斯噪声
subplot(2,2,2);imshow(fC1);title('高斯噪声图像');
```

```
hsi=imrgb2hsi(fC1); %转换为HSI图像
H=hsi(:,:,1);S=hsi(:,:,2);I=hsi(:,:,3);%读取3个分量图像
w=fspecial('average',21);%21×21模板
I_filtered=imfilter(I,w,'replicate');%对亮度分量I进行滤波
hsi_filtered=cat(3,H,S,I_filtered);
fC2=imhsi2rgb(hsi_filtered); %转换回RGB空间(为了比较)
subplot(2,2,3); imshow(fC2);title('只对亮度分量I进行滤波的图像');
H_filtered=imfilter(H, w,'replicate');%对H分量进行滤波
S_filtered=imfilter(S, w,'replicate');%对S分量进行滤波
hsi1_filtered=cat(3,H_filtered,S_filtered,I_filtered);
fC3=imhsi2rgb(hsi1_filtered); %转换回RGB空间(为了比较)
subplot(2,2,4);imshow(fC3);title('对H,S,I三个分量进行滤波的图像');
```

上述程序的运行结果如图 7.19 所示.

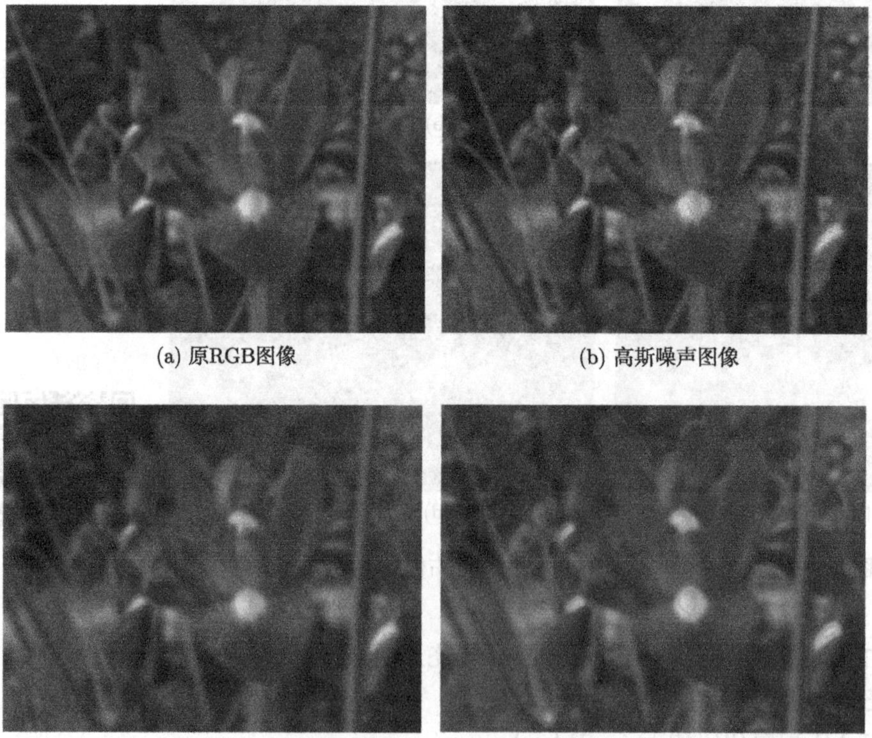

(a) 原RGB图像　(b) 高斯噪声图像

(c) 只对亮度分量 I 进行滤波的图像　(d) 对H, S, I 三个分量进行滤波的图像

图 7.19　HSI 图像平滑滤波效果图 (扫描右侧二维码可查看彩色效果)

由图 7.19 可以看出, 21×21 的平均滤波器已足够大, 可以产生有意义的模糊度. 选择这个尺寸的滤波器, 是为了演示在 RGB 空间中进行平滑处理的效果, 与 RGB 空间被变换

到 HSI 空间后只使用图像的亮度分量达到类似结果之间的不同之处. 另外, 还可以看到分别处理 H, S, I 三个通道的效果.

7.4.2 彩色图像锐化

彩色图像锐化与前一小节的彩色图像平滑的步骤相同, 只是将平滑模板换成锐化模板. 我们从第 4 章知道, 常用的锐化模板是拉普拉斯算子. 由向量分析可知, 一个向量的拉普拉斯算子是一个向量, 其分量为各分量的拉普拉斯算子. 在 RGB 空间, 向量函数 $\boldsymbol{C}(x,y)$ 的拉普拉斯算子是:

$$\nabla^2\boldsymbol{C}(x,y)=\begin{bmatrix}\nabla^2R(x,y)\\ \nabla^2G(x,y)\\ \nabla^2B(x,y)\end{bmatrix}. \tag{7.7}$$

如同前一小节那样, 式 (7.7) 告诉我们, 可以通过分别计算每幅分量图像的拉普拉斯算子来计算彩色图像的拉普拉斯算子. 当然, 在 MATLAB 系统中, 可以直接处理向量拉普拉斯算子.

例 7.15 彩色图像锐化增强示例. 分别在 RGB 空间和 HSI 空间进行操作.

编制程序代码如下 (ex715.m).

```
fC=imread('lena.png');%读取RGB图像
subplot(2,2,1);imshow(fC);title('原RGB图像');
fb=im2double(fC);%将图像转化为double类型
w=fspecial('laplacian',0);%拉普拉斯滤波模板
fen=fb-imfilter(fb,w,'replicate');
subplot(2,2,2);imshow(fen);title('RGB空间拉普拉斯算子增强后');
hsi=imrgb2hsi(fC);%转换为HSI图像
H=hsi(:,:,1);S=hsi(:,:,2);I=hsi(:,:,3);%读取3个分量图像
I_filtered=imfilter(I,w,'replicate');%对亮度分量I进行滤波
hsi_filtered=cat(3,H,S,I_filtered);
fC2=fb-imhsi2rgb(hsi_filtered);%转换回RGB空间(为了比较)
subplot(2,2,3);imshow(fC2);title('HSI空间只对亮度分量I锐化增强后');
H_filtered=imfilter(H,w,'replicate');%对H分量进行滤波
S_filtered=imfilter(S,w,'replicate');%对S分量进行滤波
hsi1_filtered=cat(3,H_filtered,S_filtered,I_filtered);
fC3=fb-imhsi2rgb(hsi1_filtered);%转换回RGB空间(为了比较)
subplot(2,2,4);imshow(fC3);title('HSI空间对H,S,I三个分量锐化增强后');
```

上述程序的运行结果如图 7.20 所示.

(a) 原RGB图像　(b) RGB空间拉普拉斯算子增强后

(c) HSI空间只对亮度分量I锐化增强后　(d) HSI空间对H, S , I三个分量锐化增强后

图 7.20　彩色图像锐化增强效果图 (扫描右侧二维码可查看彩色效果)

由图 7.20 可以看到, 无论在 RGB 空间, 还是转化为 HSI 图像后, 用拉普拉斯算子进行锐化增强都能收到较好的增强效果.

7.5　彩色图像分割

彩色图像分割是彩色图像处理的重要组成部分, 它可以看成是灰度图像分割技术在各种颜色空间中的应用. 图像分割就是把图像分成若干个特定的、具有独特性质的区域并提出感兴趣目标的技术和过程. 它是由图像处理到图像分析的关键步骤. 与灰度图像分割相似, 现有的彩色图像分割方法主要分以下几类: 基于阈值的分割方法、基于区域的分割方法、基于边缘的分割方法以及基于特定理论的分割方法等. 从数学角度来看, 图像分割是将数字图像划分成互不相交的区域的过程. 图像分割的过程也是一个标记过程, 即给属于同一区域的像素赋予相同编号的过程.

下面给出一个以区域内均值和方差为相似度对彩色图像进行分割的例子. 具体步骤是.

步 1. 在红色区域内选择一个矩形 (这个矩形要基本能代表花的颜色, 比如在花内部选一个矩形区域).

步 2. 计算矩形区域内的均值 μ 和标准差 σ.

步 3. 将满足 $R(i,j)\in[\mu-1.25\sigma,\mu+1.25\sigma]$ 的像素值置为 1, 其余置为 0. 这样就分割出了两个区域.

例 7.16　彩色图像分割示例.

编制程序代码如下 (ex716.m).

```
clear all;close all;clc;
RGB=imread('redflower.jpg');
RGB=im2double(RGB);
subplot(2,3,1);imshow(RGB);title('原RGB图像');
R=RGB(:,:,1);%红色分量图像
G=RGB(:,:,2);%绿色分量图像
B=RGB(:,:,3);%蓝色分量图像
subplot(2,3,2);imshow(R);title('R分量');
subplot(2,3,3);imshow(G);title('G分量');
subplot(2,3,4);imshow(B);title('B分量');
%在红色分量中选择一块矩形区域
R1=R(200:350,400:550);
%矩形区域的均值
Ru=mean(mean(R1(:)));
[m,n]=size(R1);
SD=0.0;%计算方差
for i=1:m
    for j=1:n
        SD=SD+(R1(i,j)-Ru)*(R1(i,j)-Ru);
    end
end
Rd=sqrt(SD/(m*n));%标准差
R1=zeros(size(RGB,1),size(RGB,2));
%找到符合条件的点
ind=(R>Ru-1.25*Rd)&(R<Ru+1.25*Rd);
%符合条件的点灰度设为1
R1(ind)=1;
subplot(2,3,5);imshow(R1);title('红色分割');
RGB1=RGB; [m1,n1]=size(R1);
for i=1:m1
    for j=1:n1
```

```
            if R1(i,j)==0
               RGB1(i,j,:)=0;
            end
         end
      end
      subplot(2,3,6);imshow(RGB1);title('根据红色分割');
```

上述程序的运行结果如图 7.21 所示.

(a) 原RGB图像 (b) R分量 (c) G分量 (d) B分量 (e) 红色分割 (f) 根据红色分割

图 7.21 彩色图像分割效果图 (扫描右侧二维码可查看彩色效果)

由图 7.21 可以看到, 已经将红色花区域成功地分割了出来. 另外, 还可以选取其他分割阈值, 如 $[\mu-1.15\sigma, \mu+1.15\sigma]$, $[\mu-1.35\sigma, \mu+1.35\sigma]$ 等, 以观察其分割效果.

参 考 文 献

[1] 张铮, 徐超, 任淑霞, 韩海玲. 数字图像处理与机器视觉 (第2版). 北京: 人民邮电出版社, 2014.

[2] [美] 冈萨雷斯, 等. 数字图像处理 (MATLAB 版) (第2版), 阮秋琦, 译. 北京: 电子工业出版社, 2003.

[3] 何斌, 马天予, 等. Visual C++ 数字图像处理 (第2版). 北京: 人民邮电出版社, 2002.

[4] 胡学龙. 数字图像处理 (第4版). 北京: 电子工业出版社, 2020.

[5] 许录平. 数字图像处理. 北京: 科学出版社, 2018.

[6] 杨帆. 数字图像处理与分析 (第4版). 北京: 北京航空航天大学出版社, 2019.

[7] 孙华东, 等. 基于 Matlab 的数字图像处理. 北京: 电子工业出版社, 2020.

[8] 李俊山. 数字图像处理 (第4版). 北京: 清华大学出版社, 2021.

[9] 陈天华. 数字图像处理及应用——使用 MATLAB 分析与实现. 北京: 清华大学出版社, 2019.

[10] 杨杰, 等. 数字图像处理及 MATLAB 实现 (第2版). 北京: 电子工业出版社, 2013.

[11] 贾永红. 数字图像处理 (第三版). 武汉: 武汉大学出版社, 2015.

[12] 周廷刚. 遥感数字图像处理. 北京: 科学出版社, 2021.

[13] 冯学智, 等. 遥感数字图像处理与应用. 北京: 商务印书馆, 2011 .

[14] 阮秋琦. 数字图像处理基础. 北京: 清华大学出版社, 2009.

[15] 阮秋琦. 数字图像处理学 (第3版). 北京: 电子工业出版社, 2013.

[16] 彭凌西, 等. 从零开始: 数字图像处理的编程基础与应用. 北京: 人民邮电出版社, 2022.

[17] 贾永红, 何彦霖, 黄艳. 数字图像处理技巧. 武汉: 武汉大学出版社, 2017.

[18] 陈丽芳. 数字图像处理技术与应用——Visual C++实现. 北京: 人民邮电出版社, 2021.